土木工程测试与监测技术研究

池　漪　著

吉林科学技术出版社

图书在版编目（CIP）数据

土木工程测试与监测技术研究 / 池漪著. -- 长春 ：吉林科学技术出版社，2023.6
ISBN 978-7-5744-0560-8

Ⅰ. ①土… Ⅱ. ①池… Ⅲ. ①土木工程-建筑测量-研究②土木工程-工程施工-监测-研究 Ⅳ. ①TU198 ②TU712

中国国家版本馆 CIP 数据核字（2023）第 109476 号

土木工程测试与监测技术研究

著　　池　漪
出 版 人　宛　霞
责任编辑　蒋雪梅
封面设计　筱　英
制　　版　筱　英
幅面尺寸　185mm×260mm
开　　本　16
字　　数　312 千字
印　　张　14.25
印　　数　1-1500 册
版　　次　2023年6月第1版
印　　次　2024年1月第1次印刷

出　　版　吉林科学技术出版社
发　　行　吉林科学技术出版社
地　　址　长春市福祉大路5788号
邮　　编　130118
发行部电话/传真　0431-81629529 81629530 81629531
81629532 81629533 81629534
储运部电话　0431-86059116
编辑部电话　0431-81629518
印　　刷　廊坊市印艺阁数字科技有限公司

书　　号　ISBN 978-7-5744-0560-8
定　　价　100.00元

前　言

建筑土木工程是国民经济建设中非常重要的构成部分，在新时期经济发展背景之下，建筑土木工程面临着前所未有的挑战。土木工程管理人员必须重视安全管理工作，保证监测技术优化应用的有效性，减少安全管理中存在的不足。开展土木工程测试与监测技术的探究，有效提升我国土木工程的整体水平，为我国工程建设行业的全面发展奠定坚实的基础并且提供强大的发展推动力。

在土木工程勘察、设计、施工、验收和使用的各个环节，均需定量评估建筑物的质量及其对周边环境的影响，往往需要开展土木工程测试。目前，测试与监测技术已渗透到土木工程的各个领域中，成为工程监测和科学研究的重要手段。对于土木工程专业的技术人员来说，工程测试是一门技术基础课与必修课。

本书从土木工程的基础介绍入手，针对土木工程路基路面工程现场测试与岩土测试进行了分析研究；另外对土木工程电阻应变、动态测试与土木工程无损检测做了一定的介绍；还对土木工程基坑工程监测、隧道工程施工监测、桥梁工程施工监测做了研究。本书可以作为从事土木工程等相关专业学生的参考用书，同时系统地介绍了土木工程测试手段和方法，对从事土木工程专业的相关人员有一定的借鉴意义。

在本书的策划和撰写过程中，曾参阅了国内外有关的大量文献和资料，从中得到启示；同时也得到了有关领导、同事、朋友及学生的大力支持与帮助。在此致以衷心的感谢！本书的选材和撰写还有些许不尽如人意的地方，加上作者学识水平和时间所限，书中难免存在缺点和谬误，敬请同行专家及读者指正，来方便进一步完善提高。

目录

第一章　土木工程概述

第一节　土木工程的概念

一、土木工程概述

土木工程是建造各类工程设施的科学技术的总称，它既指工程建设涉及的工程材料和设备相关的勘测、设计、施工和保养维修等技术活动，也指工程建设的对象，如房屋、道路、铁路、运输管道、隧道、桥梁、运河、堤坝、港口、电站、机场、海洋平台、给水排水及防护工程等。

土木工程和近代科学技术密切联系在一起，使得近代和现代的土木工程区别于历史上的土木工程。其最重要的区别就是近现代的“土木工程”是一门系统的学科。虽然古代的土木工程项目也只有在符合科学原理的基础上才能实现，但从事土木工程项目建设的人们对科学原理的认识，主要是通过经验的积累来感受和获取。近现代的土木工程则不再仅仅依赖经验，而更依托于建立在观察和系统试验基础上的科学理论，包括力学和材料科学的理论，然而这些理论的掌握还有赖于广泛的数学知识。

土木工程与我们的日常生活密切相关，并在人类的发展历史中起到了非常重要的作用。今天，土木工程师则面临更加复杂的问题。水库堤坝和发电厂的建设需要土木工程师，各种大大小小的工程结构的建造，无论是在设计、规划还是在工程的管理上，都需要土木工程师来完成。为我们的生活提供洁净安全水的水处理工厂的系统建造和运营需要土木工程师的技术专长。土木工程师还通过规划和处理人类生活垃圾的技术来减少人类对空气、土地和水的污染，保护我们的大自然环境。

总的来说，土木工程是一门古老的学科，它已经取得了巨大的成就，未来的土木工程将在人们的生活中占据更重要的地位。由于地球环境的日益恶化，人口的不断增加，人们为了争取生存，为了争取更舒适的生存环境，必将更加重视土木工程。科技的发展以及地球不断恶化的环境也将促使土木工程向太空和海洋发展，为人类提供更广阔的空间。人类也更加关注人类社会和自然的可持续发展，包括了土木工程的可持续发展。另外，各种工程材料新技术的涌现也将推动土木工程的进步。传统的工程材料主要是钢材、钢筋、混凝土、木材和砖材。在未来，传统材料将得到改观，一些全新的更加适合建筑的材料将问世，尤其是化学合成材料将推动建筑走向更高点。同时，设计方法的精确化，设计工作的自动化，信息与智能技术的全面引入，将会使人们有一个更加舒适的居住环境。

二、土木工程的分支

土木工程涉及相当广泛的技术领域。建筑工程、交通土建工程、井巷工程、水利水运设施工程、城镇及建筑环境设施工程和防灾减灾工程，都属于广义的土木工程范围。此外土木工程还包括：减少和控制空气和水的污染、旧城改造、规划和建设新的居住区、城市的供水、供电、高速地面交通系统等，这些基础设施的建设都是土木工程师所涉及的技术领域。大坝、建筑、桥梁、隧道、发电厂、公路和港口等设施的建设还关系到自然环境与人类需求之间的和谐。经过多年的发展演变，今天的土木工程已被分为许多分支，如：结构工程、水利与水资源工程、环境工程、交通工程、测量工程和岩土工程等。现代土木工程技术不仅包括对工程的理论分析、设计、规划、建造、维护保养、修缮和管理，还涉及应对和处置遍布全球的各类基础设施工程项目对自然环境可能造成的影响。

（一）结构工程

结构工程是与建筑和桥梁结构设计及建造相关的科学技术。任何结构，无论其功能何用，都会承受自然环境和人类活动引起的荷载。这些结构必须经过设计计算，使其能承受各种可能的荷载作用。结构可以包括建筑、桥梁、管道、机器、汽车甚至是航天飞机。结构工程师的主要工作通常是进行拟建结构的设计、评估和改进既有结构的承载能力，防止其在地震中遭到损坏。为此，结构工程师必须具备扎实的专业知识，知晓结构的变形特性、材料性能、荷载属性、大小以及发生概率、结构设计原理、设计规范及计算机程序的应用等。

（二）水资源工程

水资源工程涉及水供应和水系网络、洪水和洪涝灾害的控制、水利和水质相关的环境问题以及水质环境的遥感预测的规划、管理、设计和营运等。水资源工程中常常会用流体力学原理来解决水流动的相关问题，也包括解决固液混合的半流体力学问题。工程水利学可定量分析水环境中的水的流动与分布等水利学问题，如：洪涝、沉淀物的流动、水量供应、水浪产生的力、水力机械学以及水源地表的保护与形成等。水利和水利工程师还在应用数学、实验室和建设现场等方面进行大量的试验与研究。

（三）环境工程

环境工程不仅涉及水的环境质量，还包括空气质量和土地的使用。环境工程师关注大气污染、水污染、固体废料处理、放射性有害物质控制、昆虫灾害控制和安全洁

净水的供应等与环境有关的问题。他们设计了供应安全饮用水及能控制和防止水、空气和土地污染的系统。在水资源的管理等许多方面起到了关键作用，如供水的处理与配置以及废水处理系统的设计等。这一领域是目前迅速成长起来的新兴行业。世界各国每年在水源配置和水环境处理、固体废料处理以及有害污水的处理方面都投入亿万资金。

（四）交通工程

交通工程是采用某种方式将人群或物体有序高效地从一个地方运送到另一个地方的科学技术。交通系统的设计和作用不仅为人们提供了出行的便利，而且在相当长的时间里，对相关地域经济发展模式和发展程度会产生重要影响。交通工程技术集中反映在交通系统的规划、设计、建造和管理中，并形成包括交通的基础设施、运行车辆、交通管理控制系统和交通管理策略在内的有效交通系统，来保障人员和货物安全和便捷的运送。

（五）测量工程

测量工程是对地表进行精密测量以获取工程项目所在位置的可靠信息。通常，在工程设计开始之前，测量工程人员就已经在现场工作。现代测量工程师会采用大量的电子仪器甚至借助卫星技术来进行工程测量。有些工程建设项目测量会跨越几十平方公里范围。另外，海洋上的工程测量，可以借助 GPS 定位系统，来确定工程的精确位置。

（六）岩土工程

岩土工程是土木工程中处理工程项目设计施工中与土、岩石和地下水相关的专门技术，有时也称为土体或地下工程。岩土工程师专事分析土体和岩石的性能，这些性能会影响土体和岩石所支承的上部结构、路面以及地下结构的结构特性。岩土工程师评估建筑可能出现的沉降，测算填土和边坡的稳定，评估地下水渗漏和地震的影响。参与大体量土石结构、建筑基础以及一些特种结构的设计与施工，如海洋平台、隧道和大坝以及深开挖等其他施工技术。

三、科学、技术和工程

许多人很难分清“工程”与另两个词汇“科学”和“技术”。这主要是对工程在社会中所起的作用缺乏理解。

工程是将科学理论应用于人们社会实践活动的一门专业艺术，工程的主要作用是把自然资源转化为人类服务。工程定义为创新性地应用科学原理来进行结构、机械、仪器设备或者整个制造工艺的设计和生产，其设计和生产的内容可是其中单一个体，也可以是许多单体的组合，所有的东西都可依据设计重复制造生产出来，其在特定使用条件下的性能是可预知的，并符合产品的功用、经济性和安全性要求。

工程师这一单词来源于拉丁文“ingeium”这一单词，其原意表示“有天赋、有才能、聪明和天生有能力”。古代的士兵最早被认为是工程师，因为他们能制作战场上使用的兵器，并很有天赋。所以最早的工程师都是兵器工程师。以后，逐渐需要非“兵器”工程师，又称为“民用”工程师或土木工程师。土木工程师的作用开始被人认识，其职责是指导道路、桥梁运河和水利灌溉工程的建造，之后，又出现了许许多多工程专业分支。今天，工程师具备更一般、更广泛的含义。今天的工程师是掌握并运用科学理论知识和数学工具，具备专业技术能力和良好职业道德，具有创新意识，解决问题满足人类需求的专业技术人员。工程师应该兼具科学家和数学家的素质，具有创新意识，知人善断，善于解决问题，工程师应具备良好职业道德和为公众社会服务的责任心，工程师还应是一位改革创新者，要充分意识技术变革对社会将产生巨大的影响。

与工程密切联系在一起的是浩瀚广博的各种专业知识及其应用的强化训练和专业实习。各种工程技术标准由众多专业技术协会致力建立并不断修订。在这些地区和国家的专业协会组织中，每一位成员都充分意识到自己的公共责任要比对雇主和协会其他成员的责任更为重要。

专业工程的实践不仅要具备各种工程材料物理属性的知识，而且还应掌握数学分析的逻辑推演、系统和过程的运作原理，社会、物质及经济条件的各种制约、公众利益的保护以及现在乃至未来社会和环境的内容。职业工程师不仅是某一个具体技术领域的专家，还应该是知晓其他知识的通才，这样才能在真实世界中充分展示自己的专长。工程活动的核心是设计，是承担独创、想象力、知识、技能、学科和基于经验判断等活动的艺术。

与科学家不同的是，工程师不能根据个人兴趣来自由选择要解决的问题，他必须解决所面临和发生的问题，其结果还需符合充满分歧的要求。例如：高性能、高效率可能伴之高成本，高安全度性能会使结构的重量与复杂程度增大，因此，工程方案的最终解决是考虑众多因素后所得到的一个优化结果。其结果可能是在重量允许值内最可靠的，在满足安全要求下最简单的，或在给定的价格内最有效的。在许多工程问题中，工程的社会影响是至关重要的。

“技术”这个词汇最早来源于古希腊文字，含有艺术和手艺的意义。技术的最基本含义是指：人运用自己的知识，采用工具或其他方式使人们生活得更方便或舒适。人类利用技术来改善和提高工作能力。通过技术，人们能更好地相互通信交流。技术使人们能用上更好的产品。例如，我们居住的房屋，因为技术的使用而越建越好；因为技术的进步，人们能以更舒适、更快的方式旅行。今天，技术给人的印象是与计算机、激光、机器人和其他精密复杂的仪器设备联系在一起的，所以常被称为高科技。但是，我们必须清楚地明白，人类运用技术已经有几千年的历史。

科学和技术常常是密切关联的。有句名言说得好：科学是技术得以存在的基础。因此，技术可以看作为科学理论的应用。通过科学研究，形成科学理论，然后技术就是将这些科学理论应用到解决实际问题，服务于我们的生活和社会。但这仅是其中的一部分，在人类的技术发展史上，技术似乎与科学没有很大关联。今天，社会发展对技术的要求实际上也促进了科学的进步，即科学和技术进步相辅相成。一个领域的技术进步往往还取决于其他领域的进展。

尽管今天绝大多数的技术都是工程师努力工作的结果，但是并不是所有技术都是由工程师的活动所发展形成的。可以说，我们今天是生活在一个充满工程活动的技术世界中。

科学家工作的主要目的是获取和增加人类对自然的知识和了解。在追求新知识的进程中，科学家要进行系统的研究。在研究中，科学家常常会提出一些假说，试图来解释自然现象。然后他们会通过一些实验和数值分析来验证这些假说，随后对结果进行分析，试图得到普遍适用的结论。在研究工作的基础上，如果实验结果呈现的规律与假说相符，科学家们会尝试通过对实验结果的归纳演绎，推演出一般定律或理论。虽然科学家的研究常常会促进其研究成果的应用，但是多数情况下，应用研究成果并不是驱动和引导进行科学研究的直接原因。并不是任何时候都能很容易地分辨出科学家和工程师的工作的。研究工程师经常会为了针对某个具体工程应用，提出一些假定，推演一些基本原理，科学家们也经常会研究一些应用问题。尽管科学家和工程师的工作有时相互交错，但总体上，科学家探寻的是对自然现象和规律的更深理解，工程师则侧重于自然现象和规律知识的应用，来开发出新的装置和工艺。从更广的层面上，工程师和科学家的不同之处在于：工程师开展研究的目的是为了解决实际问题，科学家是为认识并了解自然现象和科学规律，他的研究的目的不在于是否具有实际应用背景。

第二节　土木工程师及培养

一、土木工程师概述

（一）土木工程师的工作范围

土木工程关系并影响着我们的日常生活，譬如我们工作和生活所居住的建筑，我们每天乘坐的交通，我们所喝的饮用水，以及确保人类健康生活所需的城市排水、排污系统都与土木工程密切相关。我们大多数人都会有一些土木工程的基本概念。土木工程师从事房屋、桥梁和交通等基础设施的规划、设计和建造工作。而实际上，土木工程师的工作远不止这些。土木工程中许多工程并不仅简单地为遮风避雨的居所或交通工具，他们还担当着艺术欣赏和美观的载体。举例而言：桥梁除了要求能承受其荷载重量外，还要在其外表上增加具有艺术观赏性的细部来标志其所建造的年代。在许多房屋、公路和桥梁的建造中，我们可以看到土木工程师与建筑师在结构外表上所作的努力，一个外观丑陋的建筑表征着土木与建筑两种专长在沟通上的失败；一栋建筑如果发生倒塌，或者不能正常地被使用，也表征着失败，但是土木工程师的工作可以防止这样的情况发生。

总而言之，土木工程师涉及的工作范围广泛，如：

第一，丈量和测绘地表。

第二，设计并指导桥梁、隧道、房屋、堤坝和海岸结构等的施工。

第三，道路、公路、铁路和机场等的规划、设计和施工。

第四，高效交通流程和控制的系统设计。

第五，水利灌溉和防洪工程的设计与施工。

第六，给水排水体系以及废弃物处置。

第七，管理大型工程项目。

上述各项表明土木工程师的工作范围相当广泛。但是扼要而言，土木工程师应该是规划者、设计者和建造者。和在工厂制造产品一样，土木工程师发挥着自己的聪明才智，将大自然中的原材料建成为造福于人类的有用产品。

土木工程师可以更细分为各类专长，这些专长相对独立，但又相互关联。

1. 结构工程师

结构工程师从事各类工程的设计和技术指导，这些工程包括：民用房屋、剧院建筑、体育场馆、医院、桥梁、油田井架、人造空间卫星与办公楼建筑等。结构工程师必须了解并明确建筑的问题特征，有效合理地应用新的建筑材料，解决结构的抗震、建筑的空气动力学问题，处理好工程的施工管理、结构的养护和修缮、建筑的节能效率等相关问题，并得到合理和创新的结果。

2. 施工工程师

施工工程师在施工现场工作，其职责是在现场将图纸转化为混凝土和钢的实体。施工工程师除了要理解建造结构的设计原理，还必须知晓怎样才能使设计在施工中实现。这涉及对现场建筑材料和工人的管理，根据所要完成的工作目标作出精确而有序的计划和安排。通常施工工程师要意识到工期和项目所需资金的重要性。由于工程主要是户外工作，有时还在偏远地区，所以，施工工程师还要能适应临时的野外生活方式。

3. 测绘测量工程师

测绘工程师的工作在工程设计前开始并伴随工程的整个进行过程。测量工程师采用大量的电子仪器甚至借助卫星技术来进行工程测量。有些工程建设项目地域覆盖可达几十平方公里范围。通过测量来确定工程的立面，计算出了要挖除的土方量，并准确测量出结构的具体位置坐标。

4. 交通工程师

交通工程师的工作涉及与整个公共交通系统有关的规划、设计、施工和维护管理等一切活动，这里所指的公共交通系统包括：公路、铁路、航空、自行车和人行方式的所有设施，还包括智能交通的管理系统等。

5. 环境工程师

环境工程师的工作涉及采用科学技术和方法来进行供水处理和废水处理、土表恢

复补偿、水管沟渠、固体废料处置等技术工作，并尽量减少人类这些活动对环境的不利影响。环境工程师设计了供应安全饮用水和能控制和防止水、空气和土地污染的装置和系统，在水资源的管理等许多方面，起到了关键作用。

6. 水利工程师

生活中许多活动，如公用事业、工厂、农庄甚至江河船舶的日常运行都取决有一个稳定的水源。水利工程师从事与水相关的规划、设计、施工和日常维护的技术工作。像水坝的设计和施工、洪水控制、水库、水井和管道的设计和施工都是水利工程师所经常从事的项目。过去，水利工程师还要解决排水、排污、下水道的疏通清理问题。

7. 岩土工程师

与地质工程师一样，岩土工程师要帮助了解并确定结构基础以下的岩石层和土的条件及特性，这些参数会影响上部道路、水库、桥梁及其他大型结构的安全性。场地的抗震性能评估也属于岩土工程师的工作。岩土工程师通过分析土体和岩石的性能进行工作，这些性能会影响土体和岩石所支承的上部结构、路面以及地下结构的结构特性。岩土工程师通过计算分析，评估建筑可能出现的沉降，测算填土边坡的稳定，评估地下水渗漏和地震的影响。他们的工作还涉及大体积土石结构和建筑基础以及一些特种结构的设计与施工，如海洋平台、隧道和大坝以及深开挖和其他施工技术。

现在我们了解到土木工程师的工作不仅仅是建造摩天大楼或者建造桥梁。土木工程师所受到的训练是解决我们周围各种结构设施中可能出现和存在的技术问题，如结构、土和水，还涉及公路道路、水坝和大型水库等所有应用技术。土木工程技术还与采用的建筑材料密切相关，许多土木工程师就受雇于这些生产建筑材料的企业。建设一个大型建筑或公共设施项目需要精细的计划和有效的实施，因此，土木工程师还可能是一个优秀的项目经理。更重要的是，许多土木工程师的工作还直接关系到自然环境的维护和保护。随着人类文明的进步以及自然环境资源的限制，土木工程师将引导人们对环境问题的更多关注和最大限度地减小人类社会活动对环境的不利影响与冲击。

（二）土木工程师的工作内容

土木工程项目通常是一个多步骤的实践过程，具体包括：收集数据、计划或规划、设计、经济分析、现场施工以及日常运营或维护。大部分土木工程项目都会从收集和整理现场地貌数据、土及场地地质情况、水利资料以及社会及人口的统计资料等开始。

工程项目的规划过程要求通过较大范围的规划分析来确定工程所涉及相关设施的未来需求，要进行尽可能远的需求分析，如果需要，应该进行针对近期需求的初步设计。

工程设计是一个综合过程，是通过采用方案规划和场地勘察的相关数据，根据业主的要求，设计出能满足功能要求的、并可在业主预算下建造出来的结构或设施的过程。显然，设计工程师要与业主互动，共同来确定工程的使用需求，定义空间条件，选择采用的材料和设备，以保证工程的结构安全，合适的使用功能以及工程外表的美观。

施工方案明确后，土木工程师要对项目进行工程估算。如果经业主授权，可以对设计进行相应的调整，确保工程的造价控制在业主的项目预算之内。在项目的招投标时，要准备详细的施工方案和技术要求，招投标可以是竞标也可以是协商邀标。

在施工过程中，土木工程师负责保证所有的工程设施满足规划和技术要求，工程所采用的材料和设备要与设计相符。在许多情况下，还要求施工工程师针对于项目施工中的设计变更，提出经济、有效而且适用的解决方案。

即使工程已经完成，工程设施已移交业主，土木工程师的职责仍然没有结束。土木工程师还要指导工程设施的正常使用和日常维护工作。

（三）土木工程师职业

土木工程师的职业大致可分为咨询、承包和维护三大类。咨询工程师是业主或客户的技术顾问，这些业主和客户可能是个人，也可能是企业商家，也可能是政府部门。咨询工程师通常是一个工程项目的设计者。咨询工程师的职责一般涵盖工程项目总体准备、项目的造价估算、项目监理、场地勘察、项目的工程设计，其中还包括图纸绘制、技术要求和工程量清单、起草承包合同、给业主关于工程招标的建议以及现场施工的督查指导等。在承包合同的执行过程中，当业主和承包商在一些问题上发生分歧时，咨询工程师还要承担相当于仲裁人的角色来作出裁定。咨询工程师通常采取合伙人制开展工作，这种合伙人咨询公司一般具有很强的专业背景，从事细分行业的咨询业务，如：交通、供水、大坝以及大型建筑项目等。

工程承包行业的土木工程师的工作是进行现场的具体工程测量、获取所供材料的相关资料、安排工程施工的实施细节方案，并且决定现场所需的施工机械种类、数量以及所需的劳动力人数。

市政工程师承担着地方和中央政府管辖的公共基础设施项目的规划、督管和维护管理，这些公共基础设施与我们的生活密切相关，如供水、排水及污水处理、道路、桥梁、公众交通系统和公共建筑等。除了众多的工程类项目之外，市政工程师还很大程度地肩负着社区福利、公共健康卫生以及社区公共安全的责任。

上述三大行业分别与土木工程师所参与工程的不同阶段相对应，有的是在工程施工前（如工程的可行性分析、场地勘察和设计），有的是在工程项目的进行过程中（如与业主沟通和工程承包），有的则是在工程竣工后（如保养维护和研究），简述如下：

1. 可行性分析

今天，所有重要的项目，启动前都会有一个详细的项目可行性分析，在对众多方案的初步分析基础上，给出一个或几个建议方案。项目可行性分析会涉及采用不同的方法，例如考虑跨江交通通道方案时，是采用桥梁形式还是采用隧道形式？一旦采用的结构形式确定，还必须要考虑项目涉及的经济和工程问题。

2. 场地勘察

场地初步勘察是工程项目可行性分析的一部分，一旦项目方案被采纳，通常还必须对场地进行进一步详细勘测。通过对场地土和下部结构的仔细检测和分析，从而选择合理恰当的施工方法，这样可以节省相当一部分的工程开支。

3. 设计

工程项目的设计就是把诸如固体力学、水利学、热力学以及核物理等理论应用于解决不同的工程问题。结构分析以及材料技术的研究成果为工程问题提供了许多合理的计算方法、新的设计概念以及高性价比的新材料。结构理论和材料科学的进展带来了更为精细的结构受力分析和试验技术。现在的工程设计人员不仅掌握先进的计算理论，而且还充分利用计算机来完成结构的精密设计。

4. 施工

工程师可以由私营公司雇用，但更多的施工工程师会被规模较大的公司、政府机构以及一些公共专业权威部门所雇用。虽然许多公司有着自己的工程咨询部门，但是，对一些大型高度专业化的工程项目，他们会委托专业咨询工程师。

咨询工程师首先对工程进行可行性分析，然后提出一个建议方案和项目概算。咨询工程师负责工程的设计、提出技术细则要求、绘制工程图纸并提供工程竞标所需详细的规范文件。咨询工程师还必须对工程竞标者提供的竞标文件中的关键指标进行比较，提出合适的中标人选。尽管咨询工程师不是承包合同的参与者，但是其职责和义务在合同中会有明确规定，在工程承包合同的履行过程中，咨询工程师要证明工程的完成与业主的目标一致。职业化的行业组织的行业条律规范着工程师的职业行为。驻场工程师是咨询工程师在现场的最高代表。

交钥匙工程承包方式近年来在土木工程领域之中越来越普遍，采用这种承包方式，承包商要对项目的融资、设计、技术细则、施工和项目委托等实施一体化操作。在这种情况下，咨询工程师是由承包商雇用，而不是业主雇用。承包商一般以公司形式承包工程，以保证合同按照咨询工程师签署的技术要求和设计图纸执行。任何由承包商提出的工程变更以及图纸改变必须得到咨询工程师的签署和同意。

5. 养护与维护

工程承包商对工程项目的维护必须满足咨询工程师的技术要求，维护的职责还会扩展到工程项目的一些辅助和临时设施上。工程项目竣工完成后，有一段时间的维护是由承包商来负责，只有经过负责督察的咨询工程师签署确认后，才能支付承包合同的最后一笔款项。之后，由中央和地方政府的工程部门或者一些公共部门负责公共基础设施的日常养护和维护。

6. 研究

土木工程领域的研究通常是由政府相关机构、企业基金、大学和相关研究院所来承担。许多国家都有政府支持的研究机构，如美国的标准化局、从事基础研究的英国国家物理实验室以及建筑、道路和公路、水利工程、水污染等领域的众多研究机构。许多研究机构都受到政府部门资助，还有很多研究机构得到工业界的研究资助。

（四）土木工程的未来

未来的土木工程师将面临许多挑战：首先是全球持续增长的人口；其次是大量基

础设施的老化与损坏；再者要应对人类所面临的各种自然灾害；不断更新交通设施和系统以满足日益增长的需求。土木工程师应改变传统的思维方式以应对日新月异的技术变革和挑战，如生物和生命技术、现代通信和信息等新技术。土木工程师要与其他行业的工程师们紧密合作，以取得不断创新和技术进步。

中国是一个大国，也是一个充满机遇的发展中国家。中国的土木工程正面临着一个历史上从没有过的机遇时代，这样的时代，激励当代中国土木工程师。21 世纪，中国土木工程师充满着成功的职业机会。

二、土木工程师培养

（一）土木工程师应具备的知识素养

一般而言，要成为土木工程师，首先需要在大学学习，经过土木工程专业或相近专业的工程教育。在许多工业化国家，只有在经过认证合格的土木工程专业或相关专业学习并毕业，才能成为具有执业资格的注册工程师。

当今，大学的工程教育普遍含有“基础教育”和“专业教育”两部分。

工程本质是应用科学原理将自然资源最佳地转换为人类生活所需的各种产品。所以，科学是工程的基础；大学基础教育的重要任务，就是培养学生的科学素养。自觉应用科学理论，是近代土木工程学科与古代的工程建筑活动最大的区别。虽然古代的工程建筑活动也始终必须符合科学原理才能实施，才可以成功，但那时人们对科学原理的理解是局部的，不系统的，基于经验的。

经过若干个世纪的发展，现代科学已经形成了相当完整的知识体系，积累了极其丰富的文献。作为工程科学的初学者，完全没有必要再像前驱者那样，坐在苹果树下从探究宇宙万有引力定律起步，甚至连更为抽象的相对论原理、引力波本质等也无需冥思苦想从头破解。从事工程技术学习和研究的新一代可以直接站在巨人的肩膀上进入科学的殿堂。但是，作为工程专业的科学基础，其范围已变得更加宽广。在土木工程专业的学习科目中，除了传统的力学课程之外，还包含了有近现代物理学、化学、计算机与信息科学、材料科学、环境科学等，以及更多需要了解和把握的科学原理。

现代科学的一个基本特征是其原理可以用数学进行精确、简洁而优美地阐述。工程师必须掌握这一强大的数学工具去解决他们在工程中可能遇到的问题，例如工程规划、设计、分析和控制。工程专业的学生需要学习函数、分析几何、微分和积分、级数、微分方程等称之为高等数学的基本知识。此外还需学习矩阵方法和线性代数、概率论和统计分析、数值方法等。应用这些数学工具，工程师可以相当准确地预期工程结构的状况，例如在地震或强风的作用下，一栋房屋或一座桥梁是否安全。通常工程师根据物理原理和数学方法，将客观对象抽象为一定的分析模型，并对其进行计算，从而了解在一定的外界作用下工程结构会发生何种反应，是否超过结构物自身的承载能力。数学学习不仅提供给工程师坚实的科学基础，更是通过数学学习过程的训练，反复地证明、推导和计算，使工程专业学生习惯严密的逻辑思维，追求合理的概念解

释，并把自己的判断建立在可以量化分析的结果以上，这些都奠定了一个出色工程师必备的专业品格。

一个工程师不仅对自己的技术活动和产品负责，归根到底还肩负着对社会和人类的责任。你所从事的工程技术活动最终是有益于社会和人类，还是有害于他们？一些短期看来可以解决问题的措施，会否对可持续发展造成损害？工程师必须永远将社会责任铭记于心，并用良心警醒自己。为了使工程师具有更高的道德站位、更广的视野、更深刻的思维品质，所有的大学都对工程专业的学生开设人文科学类的课程，包括哲学、伦理学和职业道德、文学、历史学和美学等。注册于工程专业的学生必须经过相应的学习。此外，经济学知识、管理学知识等也将和工程师的职业活动如影相随，在专业课表中，学生们可以找到这些课程。

土木工程的“专业教育”是与未来工程师职业生涯直接关联的相关课程。专业教育通常由专业基础与专门化知识两部分构成。

关于土木工程的专业基础课程所涵盖的知识，将其概括为6个知识领域：力学原理和方法，专业技术相关基础，工程项目经济与管理，结构基本原理和方法，施工原理和方法以及计算机应用技术。因为绝大部分土木工程都可以被视为各种不同形式的结构物。为了保证结构的安全，土木工程师必须理解结构的力学行为，这些力学行为是由结构物自身和设备等的重力、风、车辆、温度变化以及其他外界作用引起的效应，表现为内力、应力、位移和变形等。与此相关的课程有理论力学、材料力学、结构力学、弹性力学等。几乎所有的土木工程结构物都建于地上或地下，因此需要了解岩石和土层的性质，工程地质、土力学和岩石力学以及基础工程等提供了这方面的知识。许多工程结构物会碰到水和风的作用。这两者在宏观力学性质上具有相同的性质，都可以用流体力学的原理来描述，水力学/流体力学则成为土木工程师重要的必修知识。任何工程系统的建造都离不开工程材料，需要掌握有关材料的知识。工程结构物以及其设备需要用工程图来表示，工程图一直被称为工程师的“语言”。掌握空间图形概念的基础是“画法几何”，将设计和建造的工程对象用符合标准的图形表达出来的技术通过“工程制图”教授。此外，工程师们还需具备测绘的知识，电气、机械、工程管理、概算预算与项目招投标等方面的知识。上述这些都是专业基础范围内的相关知识。

由于各种基础设施的建设和房屋的建造都属于土木工程的范畴，所以土木工程专业包含许多专门领域。在土木工程学科的一般原理之下，每一专门领域都有自己独特的技术体系和处理问题的方法和程序。要在大学期间学尽所有专门领域的相关知识将受到大学学制年限和个人精力的限制，因此当今世界上各个学校较为普遍采用的教学课程组织模式是设置若干平行的专门化方向和与之相对应的课程组，要求高年级本科生能够较好地掌握某一专门化方向的知识系统，从而学会如何设计、分析、组织和实施工程项目。土木工程专业的各领域知识是相通的，精深一个专门化方向有助于学生触类旁通，较为容易地进入其他的专门化领域。所以，有条件设置若干专门化方向课程的学校，通常鼓励学生兼学其他，涉猎许多个专门化领域的技术知识，以更容易适应未来不断发展的职业生涯。

（二）大学的专业教育

第一，是课程。大学给学生提供各种课程。各大学制定的专业培养计划中，课程的性质一般有必修课、推荐选修课和任意选修课。

必修课和推荐选修课是在工程专业注册的学生必须学习的。两者的区别在于：培养计划规定的必修课程只有全部通过才能满足毕业条件；推荐选修课则是在一组课程中，通过规定的最低修习门数或最低学分就满足毕业条件。任意选修课则有更大的自由度，但也有院校会要求学生在不同学科门类中进行选择，来满足广泛的知识学习要求。

随着科学技术的发展和社会需求的变化，院校定期修改培养计划和课程内容要求，以满足未来工程师的培养需要。所以培养计划和课程内容也是与时俱进的。

第二，教师是大学又一重要资源。如同在初中、高中一样，大学教师也给学生讲课、布置和批改作业，针对一些专题安排学生的课堂讨论，直到实验和实习，组织课程考试并给出最终成绩。同时，大学教师往往还是科学家或工程师。他们在实验室里工作以获得新的发现，为了工程目的测试材料的性质以及自行研制新材料，设计或发明工程设备和新型结构，在科学技术会议和学术期刊上发表最新的研究成果。土木工程专业的许多教师本身就是注册的工程师，有的还主持设计事务所的工作。在一些顶尖的大学里，聚集着世界著名的科学家和学者，例如中国科学院和工程院的院士们。这些在科研和工程实践一线工作的智者能够给予学生最好的指导和帮助。但是，与初中、高中老师们显著不同的是，大学教师很少直接监督学生的一般学习过程；对大学而言，发自学生内心的学习动力和自我学习能力更为重要。

第三，对工程专业的学生而言，实验室与实习基地是不可或缺的。大学工程专业的实验室内装备有各种实验设备和测试仪器并且面向所有学生开放。作为专业教育的平台基础，大学实验室的装备可能不及工业界那么先进，但是其覆盖面则相对齐全，足以帮助学生完成基本和全面的训练。实验项目在许多教科书中有所描述，实验室还会提供详尽的实验指导书。实验类型有演示、验证、技能操练和自行探索等多种。近年来，由学生自己设计、自己完成的实验项目在许多大学实验室得到开发，在帮助学生掌握基本实验技能的同时，更加注重学生创造能力的发挥。

未来的工程师必须通过参加工程实践逐步积累起丰富的实践经验，因此在土木工程专业的培养计划中，实践环节是基本环节之一。实验室工作是实践环节的组成部分，但实践环节包含更广泛的内容。例如：在学校或设计院所和事务所完成的工程设计作业，具有从局部到系统的渐进式层次，使学生较为切实地熟悉整个设计过程并具有初步设计能力；工程施工现场的参观和实习，使学生了解工程组织和工程技术的细节；通过户外地质勘探，加深对岩土的感性认识；有各种对象的工程测量，有些院校还规定土木工程学生需要一定的金工、木工、泥工的技能学习，以切实感受工程细节。为了保证工程实践环节的实施，大学除了建立专用的实习场所外，还和工业界广泛联系。许多院校都在培养计划中安排一定时间将学生直接安排到企业和工地现场进行实践训

练。让学生自行联系实习单位的做法也在尝试中，以便使得联系企业的过程本身也成为实际工作能力训练的一项内容。

第四，无论课堂学习还是自学，都需要有图书馆以及其他资源。成功的学生往往是那些不满足于课堂听讲和教师布置作业的人，他们总是渴望指定教科书之外的更加广泛和最新发展的知识。图书馆藏的出版物，包括书籍、期刊、报告和各种论文，提供给这些学生取之不尽的知识源泉。如今现代化大学的图书馆所提供的资讯，已不再局限于纸面印刷品；电子图书系统和全球互联的信息系统已经使得学生获取知识的渠道更为多样化和简捷化。寻找、搜集、整理和加工有用的信息在当今世界已变得越来越重要，而这也是大学教育给予学生锻炼的一种基本能力。

第五，大学氛围和大学精神并不是一种抽象的描述，而是实实在在给大学生以实质性影响的一种独特存在。就某种意义而言，每所大学都是一个令人独立思考的殿堂，一个在学术上人人平等的世界，一个处处鼓励创新的社会。每年都在更新着的学生们，特别是新生们，永远给大学带来勃勃生机和发展的动能，传承着、充实着以至升华着每所大学独特的校园精神。

第六，我们还可以提到大学的社团文化。每所大学都有为了不同目的组织起来的学生社团，非常有效地帮助学生将目前的班级或专业学习与将来的职业发展相联系，并在大学生的人格成长上起到重要的作用。例如中国土木工程学会和英国结构工程师协会都在中国大学的土木工程专业高年级学生中发展学生会员，最近美国土木工程师协会也加入了这一行列。大学内有许多的体育组织，完全没有班级、年级、专业、系科甚至校园的界限，使得未来工程师们不仅可以强身健魄，更可以建立广泛的社会联系。类似这样的社团还包括了文学、艺术以及各种其他兴趣上志同道合的学生们的各种组合。这种独到的文化，就其广泛性和功效性来讲，恐怕只有大学才普遍存在。

（三）土木工程师应具备的综合能力

1. 应用各种知识包括工程科学、工程技术知识的能力

经过学习，土木工程专业的学生应该掌握基本而又系统的知识。他们要掌握高等数学，包含微分学与积分学、级数与微分方程、线性代数和概率论；掌握基于高等数学基础之上的现代物理学；掌握大学水平的普通化学；牢固掌握理论力学、材料力学、结构分析以及流体力学、地质工程和土石力学方面的知识；掌握工程测量、工程制图、工程试验的基本技能。掌握土木工程规划、设计、施工的一般过程和相关技术，对某一个或若干个专门化领域的知识有深入的理解和掌握。

近代科学发展过程中，知识按照学科门类进行了细分，形成各个分支和学说。就整体而言，知识是一个完整的系统，但就知识的整理和学习的方式而言，学生们通常是经过一门一门课程的学习和训练逐渐获取完整的知识体系。这一过程不可避免，但却造成了对知识应用的非贯通性。尽管会采用多种方式培养学生综合运用知识的能力，但非经过一定的实践锻炼不能充分具备综合运用各种知识解决实际问题的能力。土木工程专业的学生必须认识这一点，从各类实践环节开始，就加强锻炼自己运用所学到

的各种知识来说明问题和提出解决问题的方案。

2. 进行实验和解释数据的能力

能够策划实验方案，获取实验数据，分析实验结果，说明实验现象是对未来工程师能力的一项基本要求。目前，凭借精细化的数学力学模型，已经能够通过计算机分析预见和认知许多问题，但这绝不是我们碰到的工程问题的全部。当在土木工程中应用新材料、新结构形式时，既有的计算模型往往不能覆盖过去尚未遇见过的新的变数和特点。对看似不符常识的实验现象给出合理的解释，是非常具有挑战性的工作，不仅需要工程师具备综合多学科知识对问题进行分析的能力，也要求工程师们具备创造书本和文献上还没有记录的新知识的能力。

3. 设计能力

能够设计一个部件、一个系统或者一种施工工艺的能力，是对工程师的另一项基本要求。事实上，土木工程师每天每时都在从事为这个世界创建出以往不曾存在的物质性实体的工作。在创建之前，工程师们必须先“描述”这一尚未存在的实体，这就是所谓的“设计”的含义。设计工作需要用工程技术人员和施工人员能够明白的行业术语、图形、模型等来说明：将要建造的是什么？采用何种材料、应用何种方式、经过何种步骤将其建造起来。工程设计与艺术品设计虽有相通之处，但在许多重要方面是完全不同的，虽然我们有时比喻工程结构物如同“优美的雕塑”。工程师的设计一般都要符合各种规范、标准和技术指南的要求，因为这些文献是基于科学原理和过去积累的工程经验的总结，使得“设计”具有合理性和可行性。同时，工程师们必须切记，任何前人的总结都是一定条件下的产物，适合科学、技术、经济和社会的新发展，总有许多过去不可能的设计会变成可能。在一定的限制性条件之下，完成具有创新意义的工程设计，正是工程师设计工作具有强大吸引力的魅力所在。

4. 解决复杂工程问题的能力

工程问题有不同层次，作为工程师所要具备的是能够解决复杂工程问题，而不是一般技术问题的能力。所谓复杂问题，涉及在工程问题中面对多种资源，涉及各方面可能冲突的因素，涉及非过去经验的创新要求以及涉及可预期与难以预期的多种后果的问题。解决复杂工程问题的能力，当然离不开实践经验的积累，但是，在专业学习的过程中，通过不同的知识学习方法，积极参与课内外的实习实践创新活动，逐步摒弃单向的、线性的、简单的、唯书本的思维方式，提升自己的分析问题能力、综合能力、开拓能力、全局观点以及危机意识，这是非常重要的。

5. 与团队协同工作的能力

与某些科学领域的工作不同，工程师绝不可能单独完成自己的任务。每个工程项目都是一个系统，仅就设计工作而言，就包含了许多人的共同努力。对一个大型房屋建筑工程而言，结构工程师就必须和建筑师、测量工程师、地质勘探技师、机械和电气工程师等技术人员合作。过去，一个熟练的工程师可以担当若干个不同领域的技术工作，但现代大型工程设施中，已经难以看到这种情况了。不同专业领域的工作只会由该领域的专家胜任，特别是不同专门技术领域都有自己的职业资格。无论作为工作团队的领导还是其中一员，都要努力保持团队的和谐和合作。为此，工程师们要具有聆听和理解他人的能力，学会从自己和合作者的不同角度考虑问题，并且通过讨论和研究获得必要的共识。

6. 表达和有效沟通的能力

现代社会中的工程师应当注意培养这方面的能力。作为设计者的工程师需要使委托人（业主）确信你的设计在诸多可能的方案中是最佳的，使设计监督和政府主管部门的官员认可你的设计符合行政法规和行业标准，对社会、生命、财产和环境等都是足够安全的，要使所有的工程分包者、制造商、建造商等理解你的设计意图，并通过交流沟通使得你的设计方案以最合理有效的方式得到实现。一旦成为一个职业工程师，你会发现你将出席许多会议，解释你所设计的工程项目，你必须经常到建设现场，了解发生的问题，提出解决问题的措施。所有这些工作都需要你表达自己，进行有效的沟通。

表达和沟通能力的第一要素就是说话。说话也需要技巧。各位可以看到凡是吸引学生的教师在讲课时，总是会用目光留意自己的学生。因此，无论在什么场合，你都要学会用目光与你的听众交流，说话的同时，你就可获得更多和更深入的交流；学会大声说话，学会清晰的有逻辑感的表达，以及学会用明白但不失生动的语言说话，更进一步就是努力培养自己的幽默感。

有效的沟通方式不止于口头表达，写作、图示、数学表达等，都可以在不同场合、不同背景的人群中作为交流的手段。学生可以练习和掌握各种交流的技巧，但你必须明白交流的目的是在你和同事间达成互相理解和共识，乃至和你的竞争对手之间通过充分交流而发现互利互惠之处。交流与舞台上的表演不是同一件事。最大的区别在于双向的信息互换。因此良好的沟通依赖于倾听的能力，以及双向沟通中平等和深入的讨论。

（四）树立终身学习的理念

土木工程师教育，其实只涉及专业培养的第一步，即大学的专业教育。我们建议学生们认真阅读你所进入的大学的专业培养计划，通常你可以在“培养目标”或类似的章节中读到本专业的教育给予学生的是工程师的初步训练。这就是说，在完成大学学业并被授予工程学士学位之后，你还必须继续学习，在实践中学习。在某一个设计院、事务所、建筑企业，在有经验的注册工程师指导下，通过工程项目的规划、设计、施工等过程，熟悉各种相关法律、规范、技术标准，学会处理各种实际问题。在此过程中，更加深入、全面、系统地理解曾在大学里学习过的各种知识，从而积累起属于你个人的独特的经验，经过 4 ~ 5 年的训练，你才能获得职业工程师的注册资格。当然，之前仍要通过执照考试。

即使到此，工程师的学习生涯仍将持续，只要继续土木工程师的职业，就得不断学习。政府规定了获得注册资格的工程师们必须定期参加新技术、新规范的学习，注册资格才能持续有效；而即使没有政府的强制性要求，土木工程师也必须不断学习，不仅要跟上时代和科学技术的发展，还要不断有所创新，引领技术的变革，更好地造福于社会。

第二章　土木工程路基路面工程现场测试

第一节　土木工程路面厚度、压实度、强度与承载力现场测试

一、路面厚度与压实度的现场检测

（一）路面厚度和压实度的基本概念

路面结构层的厚度是保证路面使用性能的基本条件，实际施工检测之时，路面结构的厚度是一项十分重要的技术指标。同时，路面厚度的变化将导致路面受力不均匀，局部将产生应力集中现象，加快路面结构的破坏。路面各结构层厚度和压实度均有严格要求。所以检测路面各结构层施工完成后的厚度和压实度数据是工程交工验收必不可少的项目。

路基路面压实质量是公路工程施工质量管理最重要的内在指标之一，只有对路基、路面结构层进行充分压实，才能保证路基、路面的强度、刚度以及路面的平整度，并可以保证及延长路基路面的使用寿命。

路基路面现场压实质量用压实度表示，对于路基土及路面基层，压实度是工地实际达到的干密度与室内标准击实试验得到最大干密度的比值；对于沥青路面是指现场实际达到的密度与室内试验得到的标准密度之比值，路面厚度按设计值控制，厚度应均匀。

（二）路面厚度测试方法

1. 测试方法

路面基层、路基、砂石路面采用挖坑法进行厚度测试；沥青路面和水泥混凝土路面采用钻孔取芯法进行测试。

随机取样决定挖坑或钻孔检查的位置，例如为旧路，有坑洞等显著缺陷或接缝时，可在其旁边检测。

当采用挖坑法进行测试时，应挖至下层表面，将钢板尺平放横跨于坑的两边，用另一把钢尺或卡尺等量具在坑中间位置垂直至坑底，测量坑底至钢板尺的距离，即为检查层的厚度，以 mm 计，准确至 1mm。

当用路面取芯钻机钻孔时，芯样的直径应符合规定的要求，钻孔深度必须达到层厚。仔细取出芯样，清除底面基层材料，找出与下层的分层面。用钢板尺或卡尺沿圆周对称的十字方向四处量取表面至上下层界面的高度，取其平均值，即为该层的厚度，准确至 1mm。

在施工过程中，当沥青混合料尚未冷却时，可以根据需要，随机选择测点，用大螺丝刀插入量取或挖坑量取沥青层的厚度，但不得使用铁锹扰动四周的沥青层。挖坑后清扫坑边，架上钢板尺，用另一钢板尺量取层厚，或者用螺丝刀插入坑内量取深度后用尺读数，即为层厚，准确至 1mm。

试坑的修补应按照相关施工技术规范的要求进行，需要注意的是：补坑工序如有疏忽、遗留或补得不好，容易成为隐患而导致路面开裂，所以，所有挖坑、钻孔均应仔细修补好。

2. 测试结果计算

（1）按式（2－1）计算实测厚度 T_{li} 与设计厚度 T_{oi} 之差。

$$\Delta T_i = T_{li} - T_{oi} \tag{2-1}$$

式中：T_{li}——路面的实测厚度（mm）；

$\mathrm{T_{oi}}$——路面的设计厚度（mm）；

ΔT_i——路面实测厚度与设计厚度的差值（mm）。

（2）按下面方法计算一个评定路段检测厚度的平均值、标准差、变异系数等。

① 按式（2－1）计算实测值 $\mathrm{T_{li}}$ 与设计值 $\mathrm{T_{oi}}$ 之差 ΔT_i。

② 测定值的平均值、标准差、变异系数、绝对误差、试验精度分别按式（2－2）、（2－3）、（2－4）、（2－5）、（2－6）计算：

$$\bar{T} = \frac{\sum T_i}{N} \tag{2-2}$$

$$S = \sqrt{\frac{\sum (T_i - \bar{T})^2}{(N-1)}} \tag{2-3}$$

$$C_v = \frac{S}{} \times 100\% \tag{2-4}$$

$$m_x = \frac{S}{\sqrt{N}} \tag{2-5}$$

$$P_x = \frac{m_x}{} \times 100\% \tag{2-6}$$

式中：T_i——各测点的测定值（mm）；

S——测试路段的标准差（mm）；

N——一个评定路段内的测点数；

$\bar{T}$个评定路段内测定值的平均值（mm）；

C_v个评定路段内测定值的变异系数（%）；

m_x个评定路段内测定值的绝对误差；

P_x个评定路段内测定值的试验精度（%）。

（三）路面基层压实度与含水量测试方法

路面基层压实度的测试方法有：挖坑灌砂法、环刀法、核子仪法三种。

核子仪法适用于施工现场的快速评定，不宜用作仲裁好试验或评定验收的依据。环刀法适用于细粒土及无机结合料稳定细粒土的密度，但对于无机结合料稳定细粒土，其龄期不宜超过 2 天，且宜用于施工过程中的压实度检验。

1. 灌砂法

（1）灌砂法的基本概念

灌砂法适用于在现场测定基层（或底基层），砂石路面及路基土等各种材料压实层的密度和压实度，也适用于沥青表面处治，沥青贯入式路面层的密度和压实度检测，但不适用于填石路堤等有大孔洞或大孔隙材料的压实度检测。

（2）测试方法

① 按现行规程试验方法对检测对象用同样材料进行标准击实试验，得到了最大干密度及最佳含水量。

② 按规定选用适宜的灌砂筒并标定灌砂筒下部圆锥体内砂的质量 w2。

③ 标定量砂的松方密度 ρ_s（g/cm^3）

a. 用水确定罐的容积 V，准确至 1mL。

b. 在储砂筒中装入质量为 m_1 的砂，并且将灌砂筒放在标定罐上，将开关打开，让砂流出，在整个流砂过程中，不要碰动罐砂筒，直到储砂筒内的砂不再下流时，将开关关闭。取下灌砂筒，称取筒内剩余砂的质量 m^3，准确至 1g。

c. 按式（2－7）计算填满标定罐所需砂的质量 m_a（g）：

$$m_a = m_1 - m_2 - m_3 \tag{2-7}$$

式中：m_1——标定罐中砂的质量（g）；

m_2——灌砂筒下部圆锥体内砂的质量（g）；

m_3——灌砂筒内砂的剩余质量（g）。

d. 重复上述步骤测量三次，取其平均值。

e. 按式（2－8）计算量砂的松方密度

$$\rho_s = \frac{m_a}{V} \tag{2-8}$$

式中：ρ_s——量砂的松方密度（g/cm^3）；

V——标定罐的体积（cm^3）。

f. 按规定试验方法进行现场挖坑、取样、灌砂、含水量测定等相关试验。

（3）数据处理与计算

① 按式（2－9）或（2－10）计算填满试坑所用的砂的质量 m_b（g）：

灌砂时，试坑上放有基板时：

$$m_b = m_1 - m_4 - (m_5 - m_6) \tag{2-9}$$

灌砂时，试坑上不放基板时：

$$m_b = m_1 - m_4' - m_2 \tag{2-10}$$

式中：m_b——填满试坑的砂的质量（g）；

m_1——灌砂前灌砂筒内砂的质量（g）；

m_2——灌砂筒下部圆锥体内砂的质量（g）；

m_4，m_4'——灌砂后，灌砂筒剩余砂的质量（g）；

$m_5 - m_6$——灌砂筒下部圆锥体内以及基板和粗糙表面间砂的合计质量（g）。

② 按式（2-11）计算试坑材料的湿密度

$$\rho_w = \frac{m_w}{m_b} \times \rho_s \tag{2-11}$$

式中：C_w——试坑中取出的全部材料的质量（g）；

ρ_s——量砂的松方密度（g/cm^3）。

③ 按式（2-12）计算试坑材料的干密度：

$$\rho_d = \frac{\rho_w}{1 + 0.01w} \tag{2-12}$$

式中：w——试坑材料的含水量（%）。

④ 当为水泥、石灰、粉煤灰等无机结合料稳定土的场合，可按式（2-13）计算干密度 ρ_d（g/cm^3）：

$$\rho_d = \frac{m_d}{m_b} \times \rho_s \tag{2-13}$$

式中：m_d——试坑中取出的稳定土的烘干质量（g）。

⑤ 按式（2-14）计算施工压实度：

$$K = \frac{\rho_d}{\rho_c} \times 100\% \tag{2-14}$$

式中：K——测试地点的施工压实度（%）；

ρ_d——试样的干密度（g/cm^3）；

ρ_c——由标准击实试验得到的试样的最大干密度（g/cm^3）。

注意：当试坑材料组成和击实试验的材料有较大差异时，可以用试坑材料重新做标准击实试验，求取实际的最大干密度。

2. 环刀法

（1）环刀法的基本概念

环刀法是测量现场密度的传统方法。习惯采用的环刀容积通常为200cm^3，环刀高度通常为5cm。用环刀法测得的密度是环刀内土样所在深度范围内的平均密度。它不能代表整个碾压层的平均密度。由于碾压层的密度一般是从上到下逐渐减小的，若环刀取在碾压层上部，则得到的数值往往偏大，如果环刀取的是碾压层的底部，则所测得的数值明显偏小，就检查路基土和路面结构层的压实度而言，我们需要的是整个碾压层的平均压实度，而不是压实层中某一部分（位）的压实度，因此，在用环刀法测定土的密度时，应使所得密度能代表整个压实层的平均密度。然而，这在实际检测中是比较困难的，只有使环刀所取的土恰好是碾压层中间的土，环刀法所测的结果才可能与灌砂法的结果大致相同。另外，环刀法适用面较窄，对含有粒料的稳定土及松散性材料则无法使用。

（2）环刀法的试验步骤

① 擦净环刀，称取环刀质量 m^2，准确至0.1g。

② 在试验地点，按规定要求将环刀打入压实层，并取出，并修平环刀两端。

③ 擦净环刀外壁，用天平称取环刀及试样合计质量，准确至0.1g。

④ 自环刀中取出试样，取具有代表性的试样，测定其含水量 w。

（3）计算

按下式分别计算试样的湿密度 ρ_w 及干密度 ρ_d

$$\rho_w = \frac{4 \times (m_1 - m_2)}{\pi d^2 h} \tag{2-15}$$

$$\rho_d = \frac{\rho_w}{1 + 0.01w} \tag{2-16}$$

式中：ρ_w ——试样的湿密度（g/cm³）；

ρ_d ——试样的干密度（g/cm³）；

m_1——环刀或取芯套筒与试样的合计质量（g）；

m^2——环刀或取芯套筒的质量（g）；

d——环刀或取芯套筒的直径（cm）；

h——环刀或取芯套筒的高度（cm）；

w——试样的含水量（%）。

3. 核子密度湿度仪法

（1）基本概念

核子密度湿度仪法是利用放射性元素测量土或者路面材料的密度和含水量。这类仪器的特点是测量速度快，需要人员少。此方法适用于测量各种土或路面材料的密度以及含水量，有些进口仪器可贮存、打印测试结果。它的缺点是，放射性物质对人体有害。对于核子仪法，可作施工控制使用，但是需与常规方法比较，以验证其可靠性。

（2）试验方法的选用与适用性

本方法适用于测定沥青混合料面层的压实密度或硬化水泥混凝土等，当测定难以打孔材料的密度时宜使用散射法；用于测定土基、基层材料或非硬化水泥混凝土等可以打孔材料的密度及含水率时，应使用直接透射法。

在表面用散射法测定，所测定沥青面层的厚度应不大于根据仪器性能决定的最大厚度。用于测定土基或基层材料的压实度及含水量时，打洞之后用直接透射法测定，测定层的厚度不宜大于30cm。

检测前仪器应按操作说明书的要求进行标定。

（3）测定方法

① 如用散射法测定时，应将核子仪平稳地置于测试位置之上。测点应随机选择，测定温度应与试验段测定时一致，一组不少于 13 点，取平均值。检测精度通过试验路段与钻孔试件比较评定。

② 如用直接透射法测定时，应将放射源棒放下插入已预先打好的孔内。

③ 打开仪器，测试员退出仪器 2m 以外，按照选定的测试时间进行测量，到达测定时间后，读取显示的各项数值，并迅速关机。

（4）使用安全注意事项

① 仪器工作时，所有人员均应退到距仪器 2m 以外的地方。

② 仪器不使用时，应将手柄置于安全位置，仪器应装入专用的仪器箱内，放置在符合核辐射安全规定的地方。

③ 仪器应由经有关部门审查合格的专人保管，专人使用。对从事仪器保管和使用的人员，应遵照有关核辐射检测的规定，不符合核防护规定的人员，不宜从事此项工作。

（四）沥青面层的压实度测试方法

1. 沥青混合料面层压实度的基本概念

压实沥青混合料面层的施工压实度是指按规定方法采取的现场混合料试样的毛体积密度与标准密度之比，用百分率表示。

2. 适用范围

适用于检验从压实的沥青路面上钻取的沥青混合料芯样试件的密度，以评定沥青面层的施工压实度。

3. 检测方法

（1）钻取芯样

按路面钻孔及切割取样方法钻取路面芯样，芯样直径不宜小于 φ100mm。当一次钻孔取得的芯样包含有不同层位的沥青混合料时，应该根据结构组合情况用切割机将芯样沿各层结合面锯开并分层进行测定。

钻孔取样应在路面完全冷却后进行，对普通沥青路面通常在第二天取样，对改性沥青及 SMA 路面宜在第三天以后取样。

（2）测定试件密度

① 将钻取的试件在水中用毛刷轻轻刷净黏附的粉尘。如试件边角有浮松颗粒，应仔细清除。

② 将试件晾干或电风扇吹干不少于 24h，直到恒重。

③ 按沥青混合料试件密度试验方法测定试件的视密度或毛体积密度 ρ_s。当试件的吸水率小于 2% 时，采用水中重法或表干法测定；当吸水率大于 2% 时，用蜡封法测定；对空隙率很大的透水性混合料及开级配混合料用体积法测定；对吸水率小于 0.5%

特别致密的沥青混合料，在施工质量检验时，允许采用水中重法测定表观相对密度。

4. 检测结果计算

（1）当计算压实度的沥青混合料的标准密度采用马歇尔击实成型的试件密度或者试验路段钻孔取样密度时，沥青面层的压实度按（2－17）计算：

$$K = \frac{\rho_s}{\rho_0} \times 100 \tag{2-17}$$

式中：K——沥青层面的压实度（%）；

ρ_s——沥青混合料芯样试件的实测密度（g/cm^3）；

ρ_0——沥青混合料的标准密度（g/cm^3）。

（2）当沥青混合料标准密度采用最大密度计算压实度，应按式（2－18）进行计算：

$$K = \frac{\rho_s}{\rho_t} \times 100 \tag{2-18}$$

式中：ρ_s——沥青混合料芯样实测密度（g/cm^3）；

ρ_t——沥青混合料的最大理论密度（g/cm^3）。

（3）按方法计算一个评定路段检测的压实度平均值、标准差及变异系数，并计算代表压实度。

二、路面强度与承载力现场测试

（一）路基路面强度与承载力常用测定方法

路基路面强度是衡量柔性路面承载能力的一项重要内容，其测量指标为路面弯沉值，一般采用路面弯沉仪检测。通过测得的弯沉值得出强度指标，可反映路面结构承载能力。然而，路面的结构破坏大多是由于过量的变形所造成的；也可能是由于某一结构层的断裂破坏所造成的。对于前者，采用最大弯沉值表征结构的承载能力较为合适；而对于后者，则采用路面在荷载作用下的弯沉盆曲率半径表征其能力更为合适。

目前使用的路面弯沉测试系统有四种：①贝克曼梁弯沉仪；②自动弯沉仪；③稳态动弯沉仪；④脉冲弯沉仪。前两种为静态测定，可得到路表的最大弯沉值；后两种为动态测定，可得到最大弯沉值和弯沉盆。

1. 贝克曼梁弯沉仪测量法

（1）适用范围

① 本方法适用于测定各类路基路面的回弹弯沉用评定其整体承载能力，可供路面结构设计使用。

② 沥青路面的弯沉检测以沥青面层平均温度 20℃时为准，当沥青路面平均温度在 20℃ ±2℃以内可不修正，在其他温度测试时，对沥青路面厚度大于 5cm 的沥青路面，弯沉值应予以温度修正。

③ 根据实测所得的土基或整层路面材料的回弹弯沉值，按照弹性半空间体理论的

垂直位移公式计算土基或路面材料的回弹模量。

④ 通过对路面结构分层测定所得的回弹弯沉值，根据弹性层状体系垂直位移理论解，反算路面各结构层的材料回弹模量值。

（2）主要仪器和设备

① 弯沉仪 1 ~2 台，国内目前多使用贝克曼梁弯沉仪。通常是由铝合金制成，有总长为 3.6m 和 5.4m 两种，杠杆比（前臂与后臂长度之比）一般为 2∶1。要求刚度好、重量轻、精度高、灵敏度高和使用方便。

在半刚性基层沥青路面或水泥混凝土路面上测定时，应采用长度为 5.4m 弯沉仪；对柔性基层、路基或混合式结构沥青路面可采用长度为 3.6m 弯沉仪测定。弯沉值采用百分表量测，也可以采用自动记录装置进行测量。

为避免支座变形带来的影响，目前一般采用 5.4m 弯沉仪进行检测。贝克曼梁弯沉仪是该方法的关键仪器，应按照相关行业标准及检定规程，对仪器挠度、顺直度等关键性能指标进行必要的检验，为试验准确性提供保障。

② 试验用标准汽车：双轴，后轴双侧 4 轮的载重汽车，其标准荷载、轮胎尺寸、轮胎间隙及轮胎气压等。测试车应采用后轴 100kN 标准轴载 BZZ－100 的汽车。

③ 百分表 1 ~2 只，量程为 10mm，并带百分表支架。

④ 接触式路表温度计：端部是平头，分度不大于 1℃。

（3）测试方法

① 测点应在路面行车车道的轮迹带上，并做好标记。

② 将弯沉仪插入汽车后轮之间的缝隙处，与汽车方向一致，梁臂不得碰到轮胎，弯沉仪测头置于测点上，并安装百分表于弯沉仪的测定杆上，百分表调零，用手轻轻叩击弯沉仪，检查百分表应稳定回零。弯沉仪可以是单侧测定，也可以是双侧同时测定。

③ 测定者吹哨发令指挥汽车缓缓前进，百分表随路面变形的增加而持续向前转动。当表针转动到最大值时，迅速读取初读数 L_1，汽车仍在继续前进，表针反向回转，待汽车驶出弯沉影响半径（约 3m 以上），吹口哨或挥动指挥红旗，汽车停止。待表针回转稳定后，再次读取终读数 L_2。汽车前进的速度宜为 5km/h 左右。

④弯沉仪的支点变形修正。当采用长度 3.6m 的弯沉仪进行弯沉测定时，有可能引起弯沉仪支座处变形，在测定时应检验支点有无变形，如果有变形，此时应用另一台检测用的弯沉仪安装在测定用弯沉仪的后方，其测点架于测定用弯沉仪支点旁。当汽车开出时，同时测定两台弯沉仪的弯沉读数，如检验弯沉仪百分表有读数，应记录并进行支点变形修正。当在同一结构层上测定时，可以在不同位置测定 5 次，求平均值，以后每次测定时以此作为修正值。

当采用长度 5.4m 的弯沉仪测定时，可不进行支点变形修正。

（4）测试结果计算及温度修正

① 路面测点的回弹弯沉值按式（2－19）计算：

$$l_t = (L_1 - L_2) \times 2 \tag{2-19}$$

式中：l_t——在路面温度 f 时的回弹弯沉值（0.01mm）；

L_1——车轮中心临近弯沉仪测头时百分表的最大读数（0.01mm）；

L_2——汽车驶出弯沉影响半径后百分表的终读数（0.01mm）。

② 当需要进行弯沉仪支点变形修正时，路面测点回弹弯沉值按式（2－20）计算：

$$l_t = (L_1 - L_2) \times 2 + (L_3 - L_4) \times 6 \tag{2-20}$$

式中：L_1——车轮中心临近弯沉仪测头时百分表的最大读数（0.01mm）；

L_2——汽车驶出弯沉影响半径后百分表的终读数（0.01mm）；

L_3——车轮中心临近弯沉仪测头时检验用弯沉仪百分表的最大读数（0.01mm）；

L_4——汽车驶出弯沉影响半径后检验用弯沉仪的终读数（0.01mm）。

式（2－20）适用于测定用弯沉仪支座处有变形，但是百分表架处路面已无变形。

2. 拉克鲁瓦（Lacroix）自动弯沉仪测量法：

（1）适用范围

① 本方法适用于各类自动弯沉仪在新建、改建路面工程的质量验收中，在无严重坑槽、车辙等病害的正常通车条件下连续采集路面弯沉数据。

② 本方法的数据采集、传输、记录和处理分别由专用软件自动控制进行。

（2）仪具与技术要求

① Lacroix 型自动弯沉仪由承载车、测量机架以及控制系统、传感器（位移、温度和距离）、数据采集与处理系统等基本部分组成。

② 设备承载车技术要求和参数：自动弯沉仪的承载车辆应为单后轴和单侧双轮组的载重汽车。

（3）测试方法与步骤

根据操作说明书的要求检查设备工作状况，按照规定程序对检测路段进行弯沉的检测。

（4）测试结果分析

① 采用自动弯沉仪采集路面弯沉盆峰值数据；

② 数据组中左臂测值、右臂测值按单独弯沉处理；

③ 对原始弯沉测试数据进行温度、坡度、相关性等修正。

（5）弯沉值的横坡修正

当路面横坡不超过4%时，不进行超高影响修正，当横坡度超过4%时，超高影响的修正参照表 2－1 的规定进行。

表 2－1　弯沉横坡修正

横坡范围	高位修正系数	低位修正系数
>4%	$1/1-i$	$1/1+i$

注：i 是路面横坡。

3. 落锤式弯沉仪测量法

（1）适用范围

本方法适用于测定在落锤式弯沉仪（FWD）标准质量的重锤落下一定高度发生的冲击荷载作用下，路基或路面表面所产生的瞬时变形，即测定在动态荷载作用下产生的动态弯沉及弯沉盆，并可由此反算路基路面各层材料的动态弹性模量，作为设计参数使用。所测结果经转换至回弹弯沉值后可以用于评定道路承载能力，也可用于调查水泥混凝土路面接缝的传荷效果，探查路面板下的空洞等。

（2）测试仪具与技术要求

① 落锤式弯沉仪：简称 FWD，由荷载发生装置、弯沉检测装置、运算控制系统与车辆牵引系统等组成。

② 荷载发生装置：重锤的质量及落高根据使用目的与道路等级选择，荷载由传感器测定，如无特殊要求，重锤的质量为 200kg ± 10kg，可采用产生 50kN ± 2.5kN 的冲击荷载，承载板宜为十字对称，分开成四部分且底部固定有橡胶片的承载板。承载板的直径一般为 300mm。

③ 弯沉检测装置，由一组高精度位移传感器组成，自承载板中心开始，沿道路纵向隔开一定距离布设一组传感器，传感器总数不少于 7 个，建议布置在 0 ~ 250cm 范围以内，必须包括 0、30cm、60cm、90cm 四个点，其他根据需要及设备性能决定。

④ 运算及控制装置：能在冲击荷载作用的瞬间内，记录冲击荷载以及各个传感器所在位置测点的动态变形。

⑤ 牵引装置：牵引 FWD 并安装运算及控制装置的车辆。

（3）测试方法

① 承载板中心位置对准测点，承载板自动落下，放下弯沉装置的各个传感器。

② 启动落锤装置，落锤瞬间自由落下，冲击力作用于承载板上，又立即自动提升至原来固定位置。同时，各个传感器检测结构层表面变形，记录系统将位移信号输入计算机，并得到峰值，即路面弯沉，同时得到弯沉盆。每一测点重复测定不少于 3 次，除去第一个测定值，取后几次测定值的平均值作为计算依据。

③ 提起传感器及承载板，牵引车向前移动至下一个测点，重复以上步骤，进行测定。

（4）水泥混凝土路面板现场测试方法

① 在测试路段的水泥混凝土路面板表面布置测点，当为调查水泥混凝土路面接缝传荷效果时，测点布置在接缝的一侧，位移传感器分开在接缝两边布置。当为探查路面板下的空洞时，测点布置位置随测试需要而定，应该在不同位置测定。

② 按测试步骤进行测定。

（5）测试结果分析与计算

① 按桩号记录各测点的弯沉及弯沉盆数据，计算一个评定路段的平均值、标准差、变异系数。

② 当为调查水泥混凝土路面接缝的传力效果时，利用分开在接缝两边布置的位移

传感器的测定值的差异及弯沉盆的形状，进行判断。

③ 当为探查路面板下的空洞时，利用在不同位置测定的测定值的差异及弯沉盆的形状，进行判断。

4. 稳态弯沉仪测量法

利用震动力发生器在路面上作用一固定频率的正弦动荷载，通过沿荷载轴线相隔一定间距布置的速度传感器，量测路表面的动弯沉曲线。目前应用在公路上的有重型弯沉仪，所作用的动荷载约达150kN。为保证施加震动荷载时仪器不跳离路面，仪器的自重必须大于动荷载。因此，在施加动荷载前，路面实际上已受到一较重的静载作用，这将影响测定的结果。

（二）路基路面模量测定

1. 概述

路基是路面结构的支承基础，车轮荷载通过路面结构传至路基。所以路基的荷载—变形特性对路面结构的整体强度和刚度有很大影响。路面结构的损坏，除了它本身的原因外，主要是由于路基变形过大所引起的。在路面结构的总变形中，路基的变形占有很大部分，为70%~90%。以回弹模量表征路基的荷载—变形特性可以反映路基在瞬时荷载作用下的可恢复变形性质。对于各种以半空间弹性体模型来表征路基特性的设计方法，无论是柔性路面或是刚性路面，都以回弹模量 E_R 作为路基的强度或刚度的计算技术指标。路基回弹模量测定方法有：承载板测试方法与分层测定法。

2. 承载板测试方法适用范围

（1）本方法主要适用于在现场路基表面，通过用承载板对路基逐级加载、卸载的方法，测出每级荷载下相应的回弹变形值，通过计算确定路基回弹模量。

（2）本方法测定的路基回弹模量可作为路面设计参数使用。

3. 测试仪具与技术要求

（1）加载设备：载有铁块或集料等重物，后轴不小于60kN的载重汽车一辆，作为加载设备。在汽车大梁的后轴后约80cm处，附设加劲横梁一根作为反力架。汽车轮胎充气压力0.50MPa。

（2）现场测试装置：由千斤顶、测力计（测力环或压力表）及球座组成。

（3）刚性承载板一块，板厚20mm，直径为30cm，直径两端设有立柱和可以调节高度的支座，供安放弯沉仪测头用。承载板安放在路基表面。

（4）路面弯沉仪两台，由贝克曼梁弯沉仪、百分表及其支架组成。

（5）液压千斤顶一台，80~100kN，装有经过标定的压力表或测力环，测定精度不小于测力计量程的1%。

（6）秒表、水平尺以及其他用具。

4. 测试方法

（1）测试设备与仪表安装

根据需要选择测点，所有测试设备和仪表的安装应符合现行规程的要求，同时应

确保安全可靠。

（2）测试方法

① 用千斤顶开始加载，注视测力环或压力表，预压0.05MPa，稳定1min，使承载板与土基紧密接触，同时检查百分表，其工作情况应正常，之后放松千斤顶油门卸载，稳压1min后将指针对零，或记录初始读数。

② 测定路基的压力—变形曲线。用千斤顶加载，采用逐级加载卸载法，用压力表或测力环控制加载量，荷载小于0.1MPa时，每级增加0.02MPa，以后每级增加0.04MPa左右。为了使加载和计算方便，加载值可适当调整为整数。每次加载至预定荷载P后稳定1min，立即读记两台弯沉仪百分表数值，然后轻轻放开千斤顶油门卸载至0，待稳定1min后再次读数，每次卸载后百分表不再对零。当两台弯沉仪百分表读数之差不超过平均值的30%时，取平均值；如超过30%，则应重测，当回弹变形值超过1mm时，即可停止加载。

③ 各级荷载的回弹变形和总变形，按式（2－21）和（2－22）计算：

回弹变形（L）=（加载后读数平均值－卸载后读数平均值）×弯沉仪杠杆　（2－21）

总变形（L'）=（加载后读数平均值－加载初始前读数平均值）×弯沉仪杠杆比（2－22）

④ 测定总影响量a最后一次加载卸载循环结束后，取走千斤顶，重新读取百分表读数，然后将汽车开出10m以外，读取终读数，两个百分表的初、终读数差的平均值即为总影响量a。

⑤ 在试验点下取样，测定材料含水率。取样数量如下：

最大粒径不大于4.75mm，试样数量约120g；

最大粒径不大于19.0mm，试样数量约250g；

最大粒径不大于31.5mm，试样数量约500g。

⑥ 在靠近试验点旁边的适当位置，用灌砂法或环刀法等测定土基的密度。

5. 测试结果分析与计算

（1）各级压力的回弹变形值加上该级的影响量后，则为计算回弹变形值。表2－2是以后轴重60kN的标准车为测试车的各级荷载影响量计算值。每当使用其他类型测试车时，各级压力下的影响量a，按式（2－23）计算：

$$a_i = \frac{(T_1 + T_2)\pi D^2 p_i}{4T_1 Q} \times a \tag{2-23}$$

式中：T_1——测试车前后轴距离（m）；

T_2——加劲小梁距后轴距离（m）；

Q——测试车后轴重（N）；

D——承载板直径（m）；

p_i——该级承载板压力（MPa）；

a——总影响量（0.01mm）；

a_i——该级压力的分级影响量（0.01mm）。

表 2-2 各级荷载影响量（后轴 60kN 车）

承载板压力（MPa）	0.05	0.10	0.15	0.20	0.30	0.40	0.50
影响量	0.06a	0.12a	0.18a	0.24a	0.36a	0.48a	0.60a

（2）将各级计算回弹变形点绘于标准计算纸上，排除了显著偏离的异常点并绘出顺滑的 $p-l$ 曲线。

（3）按式（2-24）计算相应于各级荷载下的路基回弹模量 E_i 值：

$$E_i = \frac{\pi D}{4} \times \frac{p_i}{l_i}(1-\mu_0^2) \tag{2-24}$$

式中：E_i——相应于各级荷载下的路基回弹模量（MPa）；

μ_0——土的泊松比，根据相关路面设计规范规定取用；

D——承载板直径 30cm；

p_i——承载板压力（MPa）；

l_i——相对于荷载 A 的计算回弹变形（cm）。

（4）取结束试验前的各计算回弹变形值按线性归纳方法由式（2-25）计算路基回弹模量 E_0 值。

$$E_0 = \frac{\pi D}{4} \times \frac{\sum p_i}{\sum l_i}(1-\mu_0^2) \tag{2-25}$$

式中：E_0——土基回弹模量（MPa）；

μ_0——土的泊松比，根据相关路面设计规范规定取用；

D——承载板直径 30cm；

p_i——承载板压力（MPa）；

l_i——相对于荷载 p_i 的计算回弹变形（cm）。

计算路基回弹模量值 E_i 时，泊松比 μ_0 是必须用的指标，可是根据有关设计规范的规定选用，当无规定时，非粘性土可取 0.35，高粘性土取 0.50，一般土可取 0.35 或 0.40。

（三）水泥混凝土路面的承载力检测

1. 概述

目前，在水泥混凝土路面设计中，采用小挠度弹性薄板理论，把水泥混凝土路面结构看成是弹性层状体系。水泥混凝土路面不同于沥青路面的特征是：首先，混凝土路面板的弹性模量及力学强度大大高于基层和土基的相应模量和强度；其次，混凝土的抗弯拉强度远远小于抗压强度，为其 1/6～1/7，因此决定水泥混凝土板的强度指标是抗弯拉强度。

由于混凝土的抗弯强度比抗压强度低得多，在车轮荷载作用下当弯拉应力超过混凝土的极限抗弯拉强度时，混凝土板便产生断裂破坏，并且在车轮荷载的重复作用下，混凝土板会在低于其极限抗弯强度时出现破坏。此外，由于温差会使板产生翘曲应力。另外，水泥混凝土又是一种脆性材料，它在断裂时的相对拉伸变形很小。因此，不均

匀的基础和基层的变形情况对混凝土板的影响很大，不均匀的基础变形会使混凝土板与基层脱空，在车轮荷载作用下板产生过大的弯拉应力而遭破坏。

我国水泥混凝土路面设计规范规定，混凝土面板下必须设置厚为0.15～0.2m的基层，或者是具有足够刚度的老路面。其顶面的当量回弹模量E_t值不应该低于表2－3的规定，表2－3中还列出了相应的最大计算弯沉值。

表2－3　刚性路面下地基刚度指标的要求值

交通分类	E_t不小于/MPa	表面弯沉l_a不大于（精确至0.01mm）
特重	100	120
重	80	150
中等	60	200
轻	40	300

混凝土抗弯拉弹性模量试件尺寸及加载方式同抗弯拉强度试验，并规定用挠度法。取四级荷载中级（即极限抗弯拉荷载的一半）时的割线模量为标准。

2. 路面接缝传荷能力的现场检测

（1）接缝传荷能力的定义

混凝土路面的纵向和横向接缝具有一定的传荷能力。路面接缝的荷载传递机构分为三种类型：

① 集料嵌锁

依靠接缝处断裂面上集料的啮合作用传递剪力，例如不设传力杆的横向缩缝。

② 传力杆

依靠埋设在接缝处的传力杆传递剪力、弯矩及扭矩，如设传力杆账缝和施工缝等。

③ 传力杆和集料嵌锁

上述两种类型的综合，如设传力杆缩缝等。

接缝的传荷能力可用传荷系数表征。它以接缝两侧相邻板的弯沉（即挠度）、应力或荷载量的比值定义。

（2）影响接缝传荷能力的因素

影响接缝传荷能力的因素很多，包括接缝传荷机构、路面结构相对刚度、环境（温度）与轴载（大小及作用次数）等。表2－4所列为依据试验数据提出各类接缝的弯沉传荷系数建议范围。

表2－4　各类接缝的传荷系数

接缝类型	挠度传荷系数E_w（%）	应力传荷系数
设传力杆胀缝	≥60	≤0.82
不设传力杆胀缝	50～55	0.84～0.86
设传力杆缩缝	≥75	≤0.75
设拉杆平口纵缝	25～55	0.80～0.91
设拉杆企口纵缝	77～82	0.72～0.74

(3) 路面接缝传荷能力测定方法

水泥混凝土路面接缝传荷能力测定可以采用弯沉仪法或者落锤弯沉仪法。弯沉法是用两台弯沉仪组合进行，并用公式（2-26）计算接缝的传荷能力。测定时应注意弯沉仪的支座不能在测定板上，落锤弯沉仪则可利用其中的两个传感器测定接缝两边的弯沉。

$$E_w = \frac{W_2}{W_1} \times 100\% \tag{2-26}$$

式中：E_w——表示传荷系数；

W_1, σ_1——分别为受荷板边缘的挠度和应力；

W_2, σ_2——分别为未受荷板边缘的挠度和应力；

σ_{sj}——考虑接缝传荷作用的板边应力；

σ_c——无传荷作用（自由边）的板边应力。

（四）沥青混凝土路面的承载力检测

1. 概述

目前我国沥青路面承载力用容许弯沉心来衡量。路面容许弯沉的确切含义是：路面在使用期末的不利季节，在设计标准轴载作用下容许出现的最大回弹弯沉值。当由标准汽车按前进卸荷法测定的路表回弹弯沉值大于容许弯沉值时，说明了该路段的承载能力不足，须进行加强、修补或改善。

容许弯沉值与使用寿命的关系可通过现场调查和检测确定。选择使用多年并出现某种破坏状况的路面，测定弯沉值，调查累计交通量，进行分析整理。其中对于路面破坏状况的判定十分重要，既要考虑路面的使用要求，又能兼顾能够达到这种要求的经济力量。因此世界各国确定容许弯沉值采用的标准不尽统一。我国对公路沥青路面按外观特征分为五个等级，如表2-5，并把第四外观等级作为路面临界破坏状态，以第四级路面的弯沉值的低限作为临界状态的划界标准。从表中所列的外观特征可知，这样的临界状态相当于路面已疲劳开裂并伴有少量永久变形的情况。对相同路面结构不同外观特征的路段进行测定后发现，外观等级越高，弯沉值越大，对于不同极限状态，容许弯沉值也不同。

表2-5　沥青路面外观等级评判

外观等级	外观状况	路面表面外观特征
一	好	坚实，平整，无裂纹，无变形
二	较好	平整，无变形，少量开裂
三	中	平整，无变形，有少量纵向或不规则裂纹
四	较坏	无明显变形，有较多纵横向裂纹或局部网裂
五	坏	连片严重龟（网）裂或伴有车辙、沉陷

路面达到某种临界状态时，累计交通量同设计弯沉值之间存在良好的双对数关系，

可普遍地表示为：

$$l_d = \frac{600}{N_e^{0.2}} A_c A_s A_b \tag{2-27}$$

式中：l_d ——路面设计弯沉值（0.01mm）；

N_e ——累计当量轴载作用次数；

A_c 的取值：高速公路与城市快速路为 0.85；

一级公路和大城市主干路为 1.0；

二级公路和大城市次干路为 1.1；

三级公路和大城市支路及中、小城市次干路、支路为 1.2。

A_s 的取值：沥青混凝土和热拌沥青碎石为 1.0；

冷拌沥青碎石、沥青贯入式和沥青上拌下贯式为 1.1；

沥青表面处治为 1.2；

粒料类面层为 1.3。

A_b 的取值：半刚性基层取 1.0；

柔性基层取 1.6。

路面结构强度评定时，可利用测定的弯沉值和路面设计弯沉值进行比较。

2. 检测方法

（1）路面结构模量测定方法

① 破损法：钻孔取芯进行室内试验法、分层试验法；

② 波传法：频谱分析法（表面波法）、雷达波法；

③ 非破损法：静态弯沉法、动态弯沉法。

（2）多层体系模量反算非破损法

① 力学分析法；

② 目标函数法；

③ 以数据库为基础的模量反算方法；

④ 回归分析法。

第二节　土木工程路面使用性能与抗滑性能现场测试

一、路面使用性能的现场测试方法

（一）路面使用性能的概念

1. 路面使用性能的基本含义

路面是铺筑在路基上供车辆行驶的结构层。它要求按照其相应等级的设计标准而修建，能提供舒适良好的行车条件。路面的使用性能可分为五个方面：功能性、结构性能、结构承载力、安全性和外观。

2. 路面平整度的概念与检测的意义

路面平整度即是以规定的标准量规，间断地或者连续地量测路表面的凹凸情况，即不平整度。它既是一个整体性指标，又是衡量路面质量及现有路面破坏程度的一个重要指标。

路面的不平整性有纵向和横向两类，但这两种不平整性的形成原因基本是相同的。首先是由于施工原因而引起的建筑不平整，其次是由于个别的或多数的结构层承载能力过低，特别是沥青面层中使用的混合料抗变形能力低，致使道路产生永久变形。

纵向不平整性主要表现为坑槽、波浪。路面不平整所造成的影响，如纵向高低畸变，不同频率和不同振幅的跳动会使行驶在这种路面上的汽车产生振荡，进而影响行车速度和乘客的舒适性。

横向不平整性主要表现为车辙和隆起，它除造成车辆跳动外，还妨碍行驶时车道变换及雨水的排出，以致影响行车的安全和舒适。

3. 路面平整度的常用检测方法与不平整度的表示方法

目前国际上对路面的平整度测试方法大致有四种：一是3m直尺法；二是连续式平整度仪法；三是车载颠簸累积仪法；四是激光平整度仪法。这四种测试方法目前在我国也普遍采用。路面的不平整度的主要表示方法有：①单位长度上的最大间隙；②单位长度间的间隙累积值；③单位长度内间隙超过某定值的个数；④路面不平整的斜率；⑤路面的纵断面；⑥振动和加速度（根据行车舒适感作为评价指标）。

（二）路面平整度测试方法

1. 3m 直尺测定平整度试验方法

（1）适用范围

① 用3m直尺为基准面测定距离路表面的最大间隙表示路基路面的平整度，用mm计。

② 本方法适用于测定压实成型的路面各层面的平整度，用评定路面的施工质量及使用质量，也可用于路基表面成型后的施工平整度检测。

（2）检测方法

① 按有关规范规定选定测试路段。

② 在测试路段路面上选择测试地点：当为施工过程中质量检测需要时，测试地点根据需要确定，可以单杆检测；当为路基路面工程质量检查验收或进行路况评定需要时，应连续测量10尺。除特殊需要者外，应以行车道一侧车轮轮迹（距车道线80～100cm）作为连续测定的标准位置。对旧路已形成车辙的路面，应取车辙中间位置为测定位置，用粉笔在路面上做好标记。

③ 将3m直尺摆在测试地点的路面上，目测3m直尺底面与路面之间的间隙情况，确定间隙为最大的位置。

④ 用有高度标线的塞尺塞进间隙处，量测其最大间隙的高度（mm），准确至0.2mm。

⑤施工结束后检测时，按规定每1处连续检测10尺，测记10个最大间隙。

（3）检测结果计算

单杆检测路面的平整度计算，以3m直尺与路面的最大间隙为测定结果。连续测定10尺时，判断每个测定值是否合格，根据要求计算合格百分率，并且计算10个最大间隙的平均值。

2. 连续式平整度仪检测平整度测试方法

（1）适用范围

① 采用连续式平整度仪量测路面的不平整度的标准差σ，以表示路面的平整度，以mm计。

② 本方法适用于测定路表面的平整度，评定路面的施工质量和使用质量，但是不适用于在已有较多坑槽、破坏严重的路面上测定。

（2）检测设备与配套仪器

① 连续式平整度仪：除特殊情况外，连续式平整度仪的标准长度3m，其质量应符合仪器标准的要求。测定轮上装有位移传感器、距离传感器等检测器，自动采集位移数据时，测定间距为10cm，每一计算区间的长度为100m，输出一次结果。

② 配套设备牵引车：小面包车或其他小型牵引汽车与皮尺等。

（3）选择测试路段

当为施工过程中质量检测需要时，测试地点根据需要决定；当为路面工程质量检查验收后进行路况评定需要时，通常以行车道一侧车轮轮迹带作为连续测定的标准位置。对旧路已形成车辙的路面，取一侧车辙中间位置为测量位置，按规定在测试路段路面上确定测试位置，当以内侧轮迹带（IWP）或外侧轮迹带（OWP）作为测定位置时，测定位置距车道标线80～100cm。

（4）检测方法

① 将连续式平整度测定仪置于测试路段路面起点上。

② 在牵引汽车的后部，将平整度仪的挂钩挂上后，放下测定轮，启动检测器及记录仪，随即启动汽车，沿道路纵向行驶，横向位置保持稳定，并检查平整度检测仪表上测定数字显示、打印、记录的情况。如遇检测设备中某项仪表发生故障，即须停止检测。牵引平整度仪的速度应保持匀速，速度宜为5km/h，最大不得超过12km/h。

在测试路段较短时，亦可用人力拖拉平整度仪测定路面的平整度，但是拖拉时应保持匀速前行。

（5）检测结果计算

① 连续式平整度测定仪测定后，可按每10cm间距采集的位移值自动计算每100m计算区间的平整度标准差（mm），还可记录测试长度（m）、曲线振幅大于某一定值的次数、曲线振幅的单向（凸起或凹下）累计值及以3m机架为基准的中点路面偏差曲线图，计算打印。当为人工计算时，在记录曲线上任意设一基准线，每隔一定距离（宜

为 1.5m）读取曲线偏离基准线的偏离位移值。

② 每一计算区间的路面平整度以该区间测定结果的标准差表示，按式（2－28）计算：

$$\sigma_i = \sqrt{\frac{\sum d_i^2 - \left(\sum d_i\right)^2/N}{N-1}} \tag{2-28}$$

式中：σ_i——各计算区间的平整度计算值（mm）；

d_i——以 100m 为一个计算区间，每隔一定距离（自动采集间距为 10cm，人工采集间距为 1.5m）采集的路面凹凸偏差位移值（mm）；

N——计算区间用于计算标准差的测试数据个数。

3. 车载式颠簸累积仪测定平整度试验方法

（1）适用范围

① 采用车载式颠簸累积仪测量车辆在路面上通行时，后轴和车厢之间的单向位移累积值表示路面的平整度，以 cm/km 计。

② 本方法适用于测定路面表面的平整度，以评定路面的施工质量与使用期的舒适性。但不适用于在已有较多坑槽、破损严重的路面上测定。

（2）测试方法

① 测试车与仪器

a. 测试车辆有下列条件之一时，都应进行仪器测值与国际平整度指数的相关性标定，相关系数只应不低于 0.99；在正常状态下行驶超过 20 000km；标定的时间间隔超过 1 年；减震器、轮胎等发生更换、维修。

b. 检查测试车轮胎气压，应达到规定的标准气压，且车胎应清洁，不得黏附杂物，车上载重、人数以及分布应与仪器相关性标定试验时一致。

c. 距离测量系统需要现场安装的，依据设备操作手册说明进行安装和调试，确保紧固装置安装牢固。

② 测试步骤

a. 测试车停在测试起点 300～500m 处，启动平整度测试系统程序，按照设备操作手册的规定和测试路段的现场技术要求设置完毕所需的测试状态。

b. 驾驶员在进入测试路段前应保持车速在规定的测试速度范围内，沿正常行车轨迹驶入测试路段。

c. 进入测试路段后，测试人员启动系统的采集和记录程序，在测试过程中必须及时准确地将测试路段的起点、终点和其他需要特殊标记的位置输入测试数据记录中。

d. 当测试车辆驶出测试路段后，仪器操作人员停止数据采集和记录，并且恢复仪器各部分至初始状态。

（3）测试结果的计算

颠簸累积仪直接测试输出的颠簸累积值 VBJ，要按照相关性标定试验得到相关关系式，并以 100m 为计算区间换算成（以 m/km 计）。

4. 颠簸累积仪测值与国际平整度指数相关关系对比试验

（1）基本要求

由于颠簸累积仪测值受测试速度等因素的影响，因此测试系统的每一种实际采用的测试速度都应单独进行标定，建立相关关系公式。标定过程及分析结果应详细记录并存档。

（2）试验条件

① 按照每段 IRZ 值变化幅度不小于 1.0 的范围，选择不少于 4 段不同平整度水平的路段，且具有够加速或减速长度的路段，根据实际测试道路的分布情况，可增加某些范围内的标定路段。

② 每一路段长度不小于 300m。

③ 每一段内平整度应均匀，包括路段前 50m 的引道。

④ 选择坡度变化较小的直线路段，路段交通量小，便于疏导。

⑤ 标定宜选择在车道的正常行驶轮迹上进行，明确地标出标定路段的轮迹、起点和终点。

（3）测试方法

① 距离标定

a. 依据设备供应商建议的长度，选择坡度变化较小的平坦直线路段，标出起点、终点和行驶轨迹。

b. 将测试车的前轮对准起点，启动距离校准程序，然后令车辆沿着路段轨迹直线行驶，避免突然加速或减速，接近终点时看指挥人员手势减速停车，确保测试车的前轮对准终点线，结束距离的校准程序。重复此过程，确保距离传感器脉冲当量的准确性，应在允许误差范围之内。

c. 参照上述测试步骤，令颠簸累积仪按选定的测试速度测试每个标定路段的反应值，重复测试至少 5 次，取其平均值作为该路段的反应值。

② *IRI* 值的确定

以精密水准仪作为标准仪具，分别测量标定路段两个轮迹的纵断高程，要求采样间隔为 250mm，高程测量精度为 0.5mm；然后用标准计算程序对每个轮迹的纵断面测量值进行模型计算，得到该轮迹的值，两个轮迹值的平均值即为该路段的值。

（4）试验数据处理

用数理统计的方法将各标定路段的 *IRI* 值和相应的颠簸累积仪测值进行回归分析，建立相关关系方程式，相关系数值不得小于 0.99。

① 平整度测试报告应包括颠簸累积值 *VBI*、国际平整度指数 *IRI* 平均值和现场测试速度。

② 提供颠簸累积值 *VBI* 与国际平整度指数 *IRI* 在选定测试条件下的相关关系式及相关系数。

（三）路面行驶质量的现场检测与评定原则

1. 路面行驶质量检测

路面使用性能评定是依据所采集到的路面状况数据，对路面性能满足使用要求的程度作出判断。利用这一判断可以了解路网的服务水平，判断路网内需要采取养护和改建措施的路段，为之选择相应的养护和改建对策。路面行驶质量的评价，不但依赖于路面平整度和车辆特性，也取决于乘客对车辆颠簸的接受程度。

对路面行驶质量而言，主要是采用所述三种方法检测路面的平整度，按照现行规范的要求进行行驶质量的评定。

2. 路面行驶质量评定原则

目前我国是根据国际平整度指数与行驶质量指数 *IRI* 进行评定的。国际平整度指数 *RQI* 是指国际上公认的衡量路面行驶舒适性指数 *RCI* 或路面行驶质量指数 *RQI* 的指数，因此可作为路面平整度的标定值，不同设备的实际结果都可以换算成国际平整度指数 *IRI*。

3. 行驶质量指数 *RQI*

路面行驶质量的好坏，可以通过实测路段的车载颠簸累积仪的测试结果 *VBI*，换算成国际平整度指数 *IRI*，或用激光平整度仪直接测得 *IRI*，再按照式（2－29）计算出行驶质量指数只 *RQI*，按表 2－2 确定该路段行驶质量的等级。

$$RQI = 11.5 - 0.75IRI \qquad (2-29)$$

式中：*RQI*——行驶质量指数，数值范围为 0～10。若出现负值，则 *RQI* 值取 0；如果计算结果大于 10，*RQI* 值取 10。

4. 路面平整度质量指数计算公式

路面平整度用路面行驶质量指数（*RQI*）进行评定，按下式计算

$$RQI = \frac{100}{1 + \alpha_0 e^{\alpha 1 IRI}} \qquad (2-30)$$

式中：*IRI*——国际平整度指数（m/km）；

α_2——高速公路和一级公路采用 0.026，其他等级公路采用 0.0185；

α_1——高速公路和一级公路采用 0.65，其他等级公路采用 0.58。

5. 路面平整度评价标准（见表 2－6）

表 2－6　路面平整度评价标准

评价指标	优	良	中	次	差
行驶质量指数	8.5	7.0≤*RQI*<8.5	5.5≤*RQI*<7	4.0≤*RQI*<5.5	*RQI*<4.0

路面行驶质量的好坏，可以通过实测路段的车载颠簸累积仪的测试结果 *VBI*，换算成国际平整度指数 *IRI*，再按式（2－29）计算行驶质量指数 *RQI*，按表 2－6 确定该路段行驶质量等级。

二、路面抗滑性能的现场检测

（一）路面抗滑性能基本概念

据资料分析，造成行车事故的原因除人为因素以汽车故障等之外，很大部分是直接或间接与路面滑溜有关。一般情况下，事故中25%是与路面潮湿而产生的滑溜有关，在严重的情况下大概为40%，在冰雪路面百分率则更高，因此对路面有一定的粗糙度要求，即抗滑性能。

这种情形在我国尤为明显，目前我国高速公路路面所占的比例仍不高，大多数为多年修建的低等级路面，由于施工水平及原材料的缺陷，路面的抗滑性能相对较差，从而影响路面的使用安全。

影响路面的安全因素主要分为以下几个方面：①刹车阻力；②车辙；③路表反光；④车道的划分；⑤碎片及外部物体等。

1. 刹车阻力

汽车安全行驶的一个重要条件是路面应有一定的摩擦系数和粗糙度。沥青面层的粗糙度主要与材料和级配有关，而摩擦系数的变化主要与级配和矿料的性质有关。路面必须保证有一定的粗糙度，同时轮胎花纹对抗滑性能有很大的影响。

刹车阻力直接影响到行车安全，如果笼统地说路面具有某一摩擦系数值是不正确的，不同的测试方法和条件，可得到不同的摩擦系数值，其测量方法国际上通用的有：①摆式摩擦系数测定仪法；②横向力系数测定仪法；③制动距离法；④锁轮拖车法等。摩擦阻力的大小除路面的状况外还取决于轮胎的特性、车速大小、温度、路面积水与是否有积雪或结冰等。

2. 车辙

车辙是影响路面使用安全的另一方面原因，路表车辙深度在大雨过后可以直观看到，通常采用直尺进行量测。当路面上积滞的水深达5mm以上，而行车速度又等于或大于式（2－31）所定的数值时，便有可能出现水面漂滑现象，即轮胎和路面之间由一层水膜所隔开。

$$V = 192.5\sqrt{P} \tag{2-31}$$

式中：V——有水膜时可能出现漂滑的临界车速（km/h）；

P——轮胎内压力（MPa）。

路面车辙深度大于10～13mm时，就有可能积滞一定深度的水而引起漂滑的出现。因此，在车辙较严重的路段，应测定车辙深度以判别出现漂滑的可能。通常采用开级配沥青混凝土或刻槽法，通过增加路表面的粗糙度减轻漂滑的影响。

此外，路面的颜色、路表反光以及车道的划分对路面的使用安全也有较大影响。

（二）路面摩擦系数测定

1. 摆式仪测定路面抗滑值测试方法

（1）适用范围

本方法主要适用于以摆式摩擦系数测定仪（摆式仪）测定沥青路面及水泥混凝土路面的抗滑值，用以评定路面在潮湿状态之下的抗滑能力。

（2）测试仪具与材料技术要求

① 摆式仪

摆及摆的连接部分总质量为（1500 ± 30）g，摆动中心至摆的重心距离为（410 ±5）mm，测定时摆在路面上滑动长度为（126 ±1）mm，摆上橡胶片端部距摆动中心的距离为508mm，橡胶片对路面的正向静压力为（22.2 ±0.5）N。

② 橡胶片

当用于测定路面抗滑值时的尺寸为6.35mm ×25.4mm ×76.2mm，当橡胶片使用后，端部在长度方向上磨耗超过1.6mm或边缘在宽度方向上磨耗超过3.2mm，或有油类污染时，即应更换新橡胶片。新橡胶片应先在干燥路面上测试10次后再用于测试。橡胶片的有效使用期为出厂日期起算12个月。

③ 标准量尺：长126mm。

（3）测试方法

选择测试地点，一般在行车道轮迹带上，并且与构造深度测点位置相对应。

① 仪器调平；

② 仪器调零；

③ 校核滑动长度。校核滑动长度时应以橡胶片长边刚刚接触路面为准，不可借摆的力量向前滑动，以免标定的滑动长度过长。

④ 洒水测试，并读记每次测定的摆值，即 *BPN*，5次数值中最大值和最小值的差值不得大于3BPN。如果差值大于3BPN时应检查产生的原因，并再次重复上述各项操作，至符合规定为止。取5次测定的平均值作为每个测点路面的抗滑值（即摆值 F_B），取整数，以BPN表示。

⑤ 在测点位置上用路表温度计测记潮湿路面的温度，准确至1℃。

⑥ 按以上方法，同一处平行测定不少于3次，3个测点均位于轮迹带上，测点间距3 ~5m。该处的测定位置以中间测点的位置表示，每一处均取3次测定结果的平均值作为试验结果，准确至1BPN。

（4）抗滑值的温度修正

当路面温度为 T（℃）时测得的摆值为 *BPN*，必须按式（2 -32）换算成标准温度20℃的摆值 BPN_{20}：

$$BPN_{20} = BPN_t + \Delta BPN \tag{2-32}$$

式中：BPN_{20} ——换算成标准温度20℃时的摆值（*BPN*）；

BPN_t ——路面温度 T 时测得的摆值（*BPN*）；

ΔBPN——温度修正值，按表 2－7 采用。

表 2－7　温度修正值

温度 T/℃	0	5	10	15	20	25	30	35	40
温度修正值 ABPN	－6	－4	－3	－1	0	+2	+3	+5	+7

2. 摩擦系数测定车测定路面横向力系数测试方法

（1）适用范围

① 本方法主要适用于横向力系数测试系统在新建、改建路面工程质量验收和无严重坑槽、车辙等病害的正常行驶条件下连续采集路面的横向力系数。

② 本方法的数据采集、传输、记录与处理分别有专用软件自动控制进行。

（2）测试仪具与技术要求

① 测试系统构成

测试系统由承载车辆、距离测试装置、横向力测试装置、供水系统和主控系统组成示。主控系统除实施对测试装置和供水装置的操作控制外，同时还控制数据的传输、记录与计算等环节。

② 测试承载车基本技术要求和参数

横向力系数测试系统的承载车应为能够固定和安装测试、储供水、控制和记录等系统的载货车底盘，具有在水罐满载状态下最高车速大于 100km/h 的性能。

（3）测试方法

① 在正式开始测试之前，应按设备操作手册规定的时间要求对系统进行通电预热。

② 进入测试路段前应将测试轮胎降至路面上预跑约 500m。

③ 按照设备操作手册的规定和测试路段的现场技术要求设置所需要的测试状态。

④ 驾驶员在进入测试路段前应保持车速在规定的测试速度范围内，沿着正常行车轨迹驶入测试路段。

⑤ 进入测试路段后，测试人员启动系统的采集和记录程序。在测试过程中必须及时准确地将测试路段的起点、终点和其他需要特殊标记点的位置输入测试数据记录中。

⑥ 当测试车辆驶出测试路段后，仪器操作人员停止数据采集与记录，提升测量轮并恢复各部分至初始状态。

⑦ 操作人员检查数据文件应完整，内容应该正常，否则需要重新测试。

⑧ 关闭测试系统电源，结束测试。

（4）*SFC* 值的修正

① *SFC* 值的速度修正

测试系统的标准测试速度范围规定为 50km/h ± 4km/h，其他速度条件下测试的 *SFC* 值必须通过式（2－33）转换至标准速度下的等效 SFC 值。

$$SFC_{标} = SFC_{测} - 0.22\ (v_{标} - v_{测}) \tag{2-33}$$

式中：$SFC_{标}$——标准测试速度下的等效 *SFC* 值；

$SFC_{测}$——现场实际测试速度条件下的 *SFC* 测试值；

$v_标$——标准测试速度，取值50km/h；

$v_测$——现场实际测试速度。

（2）*SFC*值的温度修正

测试系统的标准现场测试地面温度范围为20℃±5C，其他地面温度条件下测试的*SFC*值必须通过表2-8转换至标准温度条件之下的等效*SFC*值。系统测试要求地面温度控制在8~60℃范围内。

表2-8　*SFC*值温度修正

温度/℃	10	15	20	25	30	35	40	45	50	55	60
修正	-3	-1	0	+1	+3	+4	+6	+7	+8	+9	+10

（三）路面构造深度测定

现行规范中路面构造深度测试方法有：手工铺砂法、电动铺砂法和激光构造深度仪法。

1. 手工铺砂法测定路面构造深度测试方法

（1）适用范围

本方法主要适用于测定沥青路面及水泥混凝土路面表面构造深度，用以评定路面的宏观粗糙度、路面表面的排水性能和抗滑性能。

（2）测试仪具与技术要求

① 人工铺砂仪：由量砂筒、推平板组成。

② 量砂：足够数量的干燥洁净的匀质砂，粒径0.15~0.3mm。

③ 量尺：钢板尺、钢卷尺，或者采用已按式（2-33）将直径换算成构造深度作为刻度单位的专用构造深度尺。

（3）测试方法

① 用扫帚或毛刷子将测点附近的路面清扫干净，面积不小于30cm×30cm。

② 用小铲向圆筒中注满砂（不可直接用量砂筒装砂，以免影响量砂密度的均匀性），手提圆筒上方，在硬质路表面上轻轻地叩击3次，让砂密实，补足砂面并用钢尺一次刮平。

③ 将砂倒在路面上，用底面粘有橡胶片的推平板，由里向外重复做摊铺运动，稍稍用力将砂细心地向外摊开，使砂填入凹凸不平的路表面的空隙中，尽可能将砂摊成圆形，并不得在表面上留有浮动余砂。注意摊铺时不可用力过大或向外摊挤。

④ 用钢板尺测量所构成圆的两个垂直方向的直径，取其平均值，准确至5mm。

⑤ 按以上方法，同一处平行测定不少于3次，3个测点均位于轮迹带上，测点间距3~5m。对同一处，应该由同一个试验员进行测定，该处的测定位置以中间测点的位置表示。

（4）测试结果计算

① 路面表面构造深度测定结果按下式计算：

$$TD = \frac{1000V}{\pi D^2/4} = \frac{31831}{D^2} \tag{2-34}$$

式中：TD——路面表面的构造深度（mm）；

V——砂的体积（$25cm^3$）；

D——砂的平均直径（mm）。

② 每一处均取3次路面构造深度测定结果的平均值作为试验结果，准确至0.01mm。

③ 按规定的方法计算每一个评定区间路面构造深度的平均值、标准差及变异系数。

2. 车载式激光构造深度仪测定路面构造深度测试方法

（1）适用范围

① 本方法适用于各类车载式激光构造深度仪在新建、改建路面工程质量验收和无严重破损病害（无积水、积雪、泥浆）等正常行车条件下测定，连续采集路面构造深度，但不适用于带有沟槽的水泥混凝土路面构造深度测定。

② 本方法的数据采集、传输、记录和处理分别由专用软件自动控制进行。

（2）测试仪具与技术要求

① 测试系统构成

测试系统由承载车辆、距离传感器、激光传感器和主控系统组成。主控系统对测试装置的操作实施控制，完成数据采集、传输、存储与计算过程。

② 设备承载要求

根据设备供应商的要求选择测试系统承载车辆。

（3）测试方法

① 按照设备使用说明书规定的预热时间对测试系统进行预热。

② 测试车停在起点前50～100m处，启动测试系统程序，按设备操作手册的规定和测试路段的现场技术要求设置所需的测试状态。

③ 驾驶员应按照设备操作手册要求的测试速度范围驾驶测试车，避免急加速和急减速，急弯路段应放慢车速，沿正常行车轨迹驶入测试路段。

④ 进入测试路段后，测试人员启动系统的采集和记录程序，在测试过程中必须及时准确地将测试路段的起点和其他需要特殊标记的位置输入测试数据记录中。

⑤ 当测试车辆驶出测试路段后，测试人员停止数据采集和记录，并且恢复仪器各部分至初始状态。

⑥ 检查：测试数据文件应完整，内容正常，否则需重新测试。

⑦ 关闭测试系统电源，结束测试。

（4）激光构造深度仪测值与铺砂法构造深度值相关关系对比试验

① 选择构造深度分别为0～0.3mm、0.3～0.55mm，0.55～0.8mm，0.8～1.2mm范围的4个各长100m的试验路段。试验前将路面清扫干净，并在起终点做上标记。

② 在每个试验路段上沿行车轮迹用铺砂法测试至少10个点的构造深度值，并计算平均值。

③ 驾驶测试车以30～50km/h速度驶过试验路段，并且保证激光构造深度仪的传

感器探头沿铺砂法所测构造深度的行车轮迹运行，计算试验路段的构造深度平均值。

④ 建立两种方法的相关关系，要求相关系数仅不小于0.97。

（四）沥青路面渗水系数测试方法

1. 适用范围

本方法适用于用路面渗水仪测定沥青路面的渗水系数。

2. 测试仪具与技术要求

（1）路面渗水仪：上部盛水量筒由透明有机玻璃制成，容积600mL，上有刻度，在100mL及500mL处有粗标线，下方通过±10mm的细管与底座相接，中间有一开关。量筒通过支架连接，底座下方开口径φ150mm，外径+220mm，仪器附不锈钢压重铁圈两个，每个质量约5kg，内径160mm。

（2）测试用水及漏斗；

（3）秒表及其他工具；

（4）密封材料：防水腻子、油灰或橡皮泥。

3. 测试方法

（1）在测试路段的行车道路面上，按照规定的随机取样方法选择测试位置，每一个检测路段应测定5个测点，并用粉笔画上测试标记。

（2）试验前，首先用扫帚清扫表面，并用刷子将路面表面的杂物去掉，杂物的存在一方面会影响水的渗入；另一方面也会影响渗水仪和路面或者试件的密封效果。

（3）将塑料圈置于试件中央或路面表面的测点上，用粉笔分别沿塑料圈的内侧和外侧画上圈，在外环和内环之间的部分就是需要用密封材料进行密封的区域。

（4）用密封材料对环状密封区域进行密封处理，注意不要使密封材料进入内圈，如果密封材料不小心进入内圈，必须用刮刀将其刮去。之后再将搓成拇指粗细的条状密封材料摞在环状密封区域的中央，并且摞成一圈。

（5）将渗水仪放在试件或路面表面的测点上，注意使渗水仪的中心尽量和圆环中心重合，然后略微使劲将渗水仪压在条状密封材料表面，再把配重加上，以防止压力水经底座与路面间隙流出。

（6）将开关关闭，向量筒中注满水，然后打开开关，使量筒中的水下流并排出渗水仪底部内的空气，当量筒中水面下降速度变慢时，用双手轻压渗水仪使渗水仪底部的气泡全部排出。关闭开关，并再次向量筒中注满水。

（7）将开关打开，待水面降至100mL刻度时，立即开动秒表开始计时，每间隔60s，读记仪器管的刻度一次，水面下降至500mL时为止。测试过程中，如水从底座与密封材料间渗出，说明底座与路面密封不好，应移至附近干燥路面处重新操作。当水面下降速度较慢，则测定3min的渗水量即可停止；如果水面下降速度较快，在不到3min的时间内到达500mL刻度线，则记录到达500mL刻度线时的时间；若水面下降至一定程度后保持不动，说明基本不透水或根本不透水，在报告当中注明。

（8）按上述步骤在同一个检验路段选择5个测点测定渗水系数，取其平均值作为

检测结果。

4. 测试结果计算

计算时以水面从100mL下降至500mL刻度线所需的时间为标准，如果渗水时间过长，亦可采用1~3min通过的水量计算：

$$C_w = \frac{V_2 - V_1}{t_2 - t_1} \times 60 \tag{2-35}$$

式中：C_w——路面渗水系数（mL/min）；

V_1——第一次读数时的水量（mL），通常为100mL；

V_2——第二次读数时间的水量（mL），通常为500mL；

t_1——第一次读数时的时间（min）；

t_2——第二次读数时间的时间（min）。

（五）路面抗滑性能评定标准和评定方法

1. 概述

路面抗滑性能是评价路面性能质量和行车安全的重要指标。而影响路面抗滑能力的因素有路面表面特性、细构造和粗构造、路面潮湿程度及行车速度等很多方面。

（1）摩擦阻力随时间、交通量和气候的变化

（2）路面表面特性（细构造和粗构造）

路面的细构造是指集料表面的粗糙度。它随车轮的反复磨耗作用而逐渐磨光，通常采用石料的磨光值（PSV）表征其抗磨光的性能。细构造在低速（30~50km/h以下）时，对路表抗滑能力起决定作用。而在高速时，起主要作用的是粗构造，它是由路表外露集料间构成的构造，其功能是使车轮下的路表水迅速排除，以免形成水膜。粗构造由构造深度表征其性能。

路面的抗滑能力可以采用不同的方法测定，不同测定方法和采用不同车速，其测定的结果（系数或数值）不相同，路面所具有的最低抗滑能力，视道路状况，规定方法与行车速度等条件而定。

2. 沥青路面抗滑标准（见表2-9）

表2-9 沥青路面抗滑标准

公路等级	一般路段			环境不良路段		
	BPN	构造深度/mm	PSV	BPN	构造深度/mm	PSV
高速、一级公路	52~55	0.6~0.8	42~45	57~60	0.6~0.8	47~50
二级公路	74~50	0.4~0.6	37~40	52~55	0.3~0.5	42~45
三、四级公路	>45	0.2~0.4	>35	>50	0.2~0.4	>0.4

注：1. 环境不良路段，对高速公路是指立体交叉或加速车道；对一至四级公路是指交叉路口、急弯、陡坡或集镇附近。

2. 对公路等级低或年降雨量<500mm的地方可用表列数值的低限；反之，用高限；年降雨量<100nun的干旱地区可不考虑抗滑要求。环境不良路段的构造深度在易于形成薄冰时应取1.0~1.2。

3. BPN为摆式仪测定值。

3. 路面抗滑能力评价标准

路面抗滑能力以摆值 *BPN* 或横向力系数 *SFC* 表示，评价标准见表 2－10。

表 2－10　路面抗滑能力评价标准

评价指标	优	良	中	次	差
横向力系数 *SFC*	≥0.5	≥0.4—0.5	≥0.3—0.4	≥0.2～0.3	<0.2
摆值 *BPN*	≥42	≥37～42	≥32～37	≥27～32	<27

4. 路面抗滑性能指数

路面抗滑性能用路面抗滑性能指数评价，按下式计算：

$$SRI = \frac{100 - SRI_{\min}}{1 + \alpha_0 e^{\alpha_1 SFC}} + SRI_{\min} \qquad (2-36)$$

式中：SFC——横向力系数；

$SRI_{\min}$——标定参数，采用35.0；

α_0——模型参数，采用28.6；

α_1——模型参数，采用－0.105。

第三节　土木工程路面破损现场调查与测试

一、路面破损现场调查分类

公路路面一般分为刚性路面和柔性路面，下面用水泥混凝土路面和沥青混凝土路面为例，简要介绍路面的破损分类。

（一）水泥混凝土路面破损分类

1. 断裂类破损：包括板角断裂、*D* 型裂缝、纵向裂缝、横向裂缝、断板等；

2. 接缝类破损：包括接缝材料损坏、接缝脱开、无接缝材料、缝被砂石尘土填塞、边角剥落、唧泥、错台（台阶）、拱起（翘曲）等；

3. 表面类破损：包括表面网状细裂缝、层状剥落、起皮、露骨、集料磨光及坑洞等；

4. 其他类破损：如板块沉陷等。

破损严重程度可分为轻微、中度及严重三种情况。

（二）沥青混凝土路面破损分类

1. 裂缝类破损：包括龟裂、块裂及各类单根裂缝等；

2. 变形类破损：包括车辙、沉陷、拥包、波浪等；

3. 松散类破损：包括掉粒、松散、脱皮等引起的集料散失现象，以及坑槽等；

4. 其他类破损：包括泛油、磨光（抗滑性能差）及各类修补。

破损严重程度可分为轻微、中度、严重三种不同情况。

二、水泥混凝土路面错台测试方法

（一）适用范围

本方法主要适用于测定水泥混凝土路面在人工构造物端部接头、水泥混凝土路面的伸缩缝两侧由于沉降所造成的错台（台阶）高度，来评价水泥混凝土路面行车舒适性能（跳车情况），并且作为计算维修工作量的依据。

（二）测试方法

1. 错台的测定位置，以行车道错台最大处纵断面为准，依据需要也可以其他代表性纵断面为测定位置。

2. 选择根据需要测定的断面，记录位置及桩号，检查发生错台的原因。

3. 路面由于沉降造成的接头错台的测定方法：

（1）将精密水准仪架在距构造物端部不远的路面平顺处调平。

（2）从构造物端部无沉降或鼓包的断面位置起，沿路线纵向用皮尺量一定距离，作为测点，在该处立起塔尺，测量高程。如此重复，直至无明显沉降的断面为止。无特殊需要，从构造物端部起的 2m 内应每隔 0.2m 量测一次，在 2～5m 之间，宜每隔 0.5m 量测一次，5m 以上可每隔 1m 量测一次，由此得出沉降纵断面及最大沉降值，即最大错台高度 D_m，准确至 1mm。

4. 测定由水泥混凝土路面或桥梁的伸缩缝或路面横向开裂造成的接缝错台时，可以按 3 的方法用水准仪测定接缝或裂缝两侧一定范围内的道路纵断面，确定最大错台位置及高度 D_m，准确到 1mm。

5. 当发生错台变形的范围不足 3m 时，可在错台最大位置沿路线纵向用 3m 直尺架在路面上，其一端位于错台高出的一侧，另一端位于无明显沉降变形处，作为基准线。可用钢板尺或钢卷尺每 0.2m 量取路面与基准线之间的高度 D，同时记录最大错台高度 D_m，准确至 1mm。

（三）资料整理

以测定的错台高度读数 D 与各测点的距离绘成纵断面图作为测定结果，图中应标明相应断面的设计纵断面高程、最大错台位置与高度 D_m，准确至 1mm。

三、沥青混凝土路面车辙现场调查与测试方法

（一）适用范围

本方法主要适用于测定沥青混凝土路面的车辙，供评定路面使用状况及计算维修

工作量时使用。

（二）车辙的定义与危害

1. 车辙是指沿道路纵向在车辆集中通过的位置处路面产生的带状凹槽。在一个行车道上它总是成双出现，使路表呈现凹陷，如“W”的形状，车辙已成为高速公路沥青路面的一种主要病害，是导致沥青路面破坏的重要原因。

随着我国高等级公路建设的迅猛发展，因为交通量、车辆轴载的不断增大和车辆行驶的渠道化，车辙将成为沥青路面的主要病害。为此，必须给予充分的关注。

2. 车辙的危害

路面平整度是保证车辆高速行驶的主要指标。平整度一旦恶化高速公路将失去“高速”的意义。不言而喻，路面出现车辙以后，平整度下降，轻则影响道路行车舒适，重则不能保证汽车正常行驶。

（三）车辙现场测定方法

世界各国测定车辙的方法各不相同。日本多用高速自动测定车或横断面仪进行测定。每100mm为一个评价区间，每隔20m测一断面，取5个断面车辙的平均值作为该区间内的车辙深度。断面处车辙的测定，对于高速公路是取峰值，即以车道两侧标线内最高点与最低点至基准线垂距离之差为该断面处的车辙深度。

直尺法是将直尺置于车辙两侧的拥包顶部，以辙槽底至直尺底面的最大距离作为车辙深度。曲尺法是以横断面两侧为基点，拉伸曲尺，如果两侧基点最高则尺被拉成直线；若两侧基点有更高的拥包，则曲尺为弧形，然后量取辙槽底至曲尺的最大距离作为车辙深度。

1. 测试仪具与技术要求

（1）路面横断面仪：长度不小于一个车道宽度，横梁上有一位移传感器，可自动记录横断面形状，测试间距小于20cm，测试精度1mm。

（2）激光或超声波车辙仪：包括多点激光或超声波车辙仪、线激光车辙仪和先扫描激光车辙仪等类型，通过激光测距技术或激光成像和数字图像分析技术得到车道横断面相对高程数据，并按规定模式计算车辙深度。

要求激光或超声波车辙仪有效测试宽度不小于3.2m，测点不少于13个，测试精度1mm。

（3）横断面尺：硬木或金属制直尺，刻度间距5cm，长度要不小于一个车道宽度。顶部平直，最大弯曲不超过1mm。两端有把手和高度为10～20cm的支脚，两支脚的高度相同。

（4）量尺：钢板尺、卡尺、塞尺，量程大于车辙深度，精度到1mm。

2. 测试方法

（1）车辙测定的基准测量宽度应符合下列规定：

① 对高速公路及一级公路，以发生车辙的一个车道两侧标线宽度中点到中点的距

离为基准测量宽度。

② 对二级及二级以下公路，有车道区划线时，以发生车辙的一个车道两侧标线宽度中点到中点的距离为基准测量宽度；无车道区划线时，用形成车辙部位的一个设计车道宽度作为基准测量宽度。

（2）以一个评定路段为单位，用激光车辙仪连续检测时，测定断面间隔不大于10m。用其他方法非连续测定时，在车道上每 50m 作为一测定断面，用粉笔画上标记。根据需要也可按有关的方法随机选取测定断面，在特殊需要的路段如交叉口前后可予加密。

（3）采用激光或超声波车辙仪的测试方法如下：

① 将检测车辆就位于测定区间起点前；

② 启动并设定检测系统参数；

③ 启动车辙和距离测量装置，开动测试车沿车道轮迹位置且平行于车道线平稳行驶，测试系统自动记录出每个横断面和距离数据；

④ 到达测定区间终点后，结束测定；

⑤ 系统处理软件按照规定的方法通过各横断面相对高程数据计算车辙深度。

（4）用路面横断面仪测定的方法

① 将路面横断面仪就位于测定断面上，方向和道路中心线垂直，两端支脚立于测定车道的两侧边缘，记录断面桩号；

② 调整两端支脚高度，使其等高；

③ 移动横断面仪的测量器，从测定车道的一端移至另一端，记录出断面形状。

（5）用横断面尺测定的方法

① 将横断面尺就位于测定断面上，两端支脚置于测定车道两侧；

② 沿横断面尺每 20cm一点，用量尺垂直于路面上，用目光平视测记横断面尺顶面与路面之间的距离，准确至 1mm，如断面的最高处或最低处明显不在测定点上应加测该点距离；

③ 记录测定读数，绘出断面图，最后连接成圆滑的横断面曲线；

④ 横断面尺可用线绳代替；

⑤ 当不需要测定横断面，仅需要测定最大车辙时，也可用不带支脚的横断面尺架在路面上由目测确定最大车辙位置，用皮尺量取。

（四）测定结果计算整理

1. 根据断面线画出横断面图及顶面基准线（通常选取其中一种形式）。

2. 在图上确定车辙深度，精确至 1mm。以其中最大值作为断面的最大车辙深度。

3. 求取各测定断面最大车辙深度的平均值就作为该评定路段的平均车辙深度。

四、路面破损等级评判

（一）路面破损的评价因素

路面结构的破损状况，反映了路面结构在行车和自然因素作用下保持完整性或完好程度。路面破损须从三个方面进行描述和评价：①破损类型；②破损严重程度；③出现破损的范围或密度。综合这三方面，才可以对路面结构的破损状况作出全面评价。

（二）路面破损类型

常见的主要破损类型，可按破损模式和影响程度的不同而分为四大类：

1. 裂缝或断裂类：路面结构的整体性因裂缝或断裂而受到破坏；
2. 永久变形类：路面结构虽仍保持整体性，但形状在各种因素的作用下发生较大的变化；
3. 表面损坏类：路面表层部分出现的局部缺陷，如材料的散失或磨损等；
4. 接缝损坏类：水泥混凝土接缝及其邻近范围出现的局部损坏。

（三）路面破损分级

各种路面破损都有一个产生和发展的过程。在这过程中，处于不同阶段的损坏，对于路面使用性能有不同程度的影响。例如，裂缝初现时，缝隙细微，边缘处材料完整。因而对行车舒适性的影响极小，裂缝间也尚有较高的传荷能力；而发展到后期，缝隙变得很宽，边缘处严重碎裂，行车出现较大颠簸，而裂缝间已几乎无传荷能力。因而，为了区别同一种损坏对路面使用性能的不同影响程度，对于各种损坏须按其影响的严重程度一般划分为 2 ~ 3 个等级。

对于断裂或裂缝类损坏，分级时主要考虑对结构整体性影响的程度，可采用缝隙宽度、边缘碎裂程度、裂缝发展情况等指标表征。对于变形类损坏，主要考虑对行车舒适性的影响程度，可采用平整度作为指标进行分级。对于表面损坏类，往往可以不分级。具体指标和分级标准，可根据各地区的特点，经过调查分析后确定。损坏严重程度分级的调查，往往通过目测进行。为了使不同调查人员得到大致相同的判别，对分级的标准要有明确的定义和规定。

各种损坏出现的范围，对于沥青路面和砂石路面，通常按面积、长度或条数量测，再除以被调查子路段的面积或长度后，以损坏密度计。而对水泥混凝土路面，则调查出现该种损坏的板块数，用损坏板块数占该子路段总板块数的百分率计。

（四）路面破损的现场调查

路面破损调查通常由 2 人调查小组沿线通过目测进行。调查人员鉴别调查路段上出现的损坏类型和严重程度并丈量损坏范围后，记录在调查表格中。同一个调查路段

上如出现多种损坏或多种严重程度，应分别计算和记录。

目测调查很费时，如果调查的目的不是为了确定养护对策和编制养护计划，则可采用抽样调查的方法，不必对整个路网的每一延米的各种损坏都进行调查。通常，可采取每公里抽取其中100m长的路段代表该公里的方法，但是每次调查都要在同一路段上进行，以减少调查结果的变异性和保证各次调查结果的可比性。

（五）路面破损状况评价

根据不同路面，按每个路段的路面可能出现各种不同类型、严重程度和范围的损坏。为了使各路段的损坏状况或程度可以进行定量比较，需采用一项综合评价指标，把这三方面的状况和影响综合起来。通常采用的是扣分法。选择一项损坏状况度量指标，即采用路面状况指数PCJ，以百分制或十分制计量。对不同的损坏类型、严重程度和范围规定不同的扣分值，按路段的损坏状况累计其扣分值后，以剩余的数值表征或评价路面结构的完好程度。用式（2－37）、式（2－38）进行计算：

$$PCI = 100 - \alpha_0 DR^{ai} \qquad (2-37)$$

$$DR = 100 \times \frac{\sum_{i=1}^{i0} w_i A_i}{A} \qquad (2-38)$$

式中：DR——路面破损率，为各种损坏的折合损坏面积之和与路面调查面积的百分比（%）；

A_i——第i路面损坏的面积（m^2）；

A——调查的路面面积（调查长度和有效路面宽度之积）（m^2）；

w_i——第i类损坏的权重，沥青路面按表2－11取值，水泥混凝土路面按表2－12取值，砂石路面按表2－12取值；

α_0——沥青路面采用15.00，水泥混凝土路面采用10.66，砂石路面采用10.10；

α_1——沥青路面采用0.412，水泥混凝土路面采用0.461，砂石路面采用0.487；

i——考虑损坏程度（轻、中、重）的第i项路面损坏类型；

i_0——包含损坏程度（轻、中、重）的损坏类型总数，沥青路面取21，水泥混凝土路面取20，砂石路面取6。

表2－11　沥青路面损坏类型和权重

类型i	损坏名称	损坏程度	权重w_i	计量单位
1	龟裂	轻	0.6	面积，m^2
2		中	0.8	
3		重	1.0	
4	块状裂缝	轻	0.6	面积，m^2
5		重	0.8	
6	纵向裂缝	轻	0.6	长度，m（影响宽度：0.2m）
7		重	1.0	

续表

类型 i	损坏名称	损坏程度	权重 w_i	计量单位
8	横向裂缝	轻	0.6	长度，m（影响宽度：0.2m）
9		重	1.0	
10	坑槽	轻	0.8	面积，m^2
11		重	1.0	
12	松散	轻	0.6	面积，m^2
13		重	1.0	
14	沉陷	轻	0.6	面积，m^2
15		重	1.0	
16	车辙	轻	0.6	长度，m（影响宽度：0.2m）
17		重	1.0	
18	波浪拥包	轻	0.6	面积，m^2
19		重	1.0	
20	泛油	—	0.2	面积，m^2
21	修补	—	0.1	面积，m^2

表 2-12　水泥混凝土路面损坏类型和权重

类型 i	损坏名称	损坏程度	权重 w_i	计量单位
1	破碎板	轻	0.8	面积，m^2
2		重	1.0	
3	裂缝	轻	0.6	长度，m（影响宽度：1.0m）
4		中	0.8	
5		重	1.0	
6	板角断裂	轻	0.6	面积，m^2
7		中	0.8	
8		重	1.0	
9	错台	轻	0.6	长度，m（影响宽度：1.0m）
10		重	1.0	
11	唧泥	—	1.0	长度，m（影响宽度：1.0m）
12	边角剥落	轻	0.6	长度，m（影响宽度：1.0m）
13		中	0.8	
14		重	1.0	
15	接缝料损坏	轻	0.4	长度，m（影响宽度：1.0m）
16		重	0.6	
17	坑洞	—	1.0	面积，m^2
18	拱起	—	1.0	面积，m^2
19	露骨	—	0.3	面积，m^2
20	修补	—	0.1	面积，m^2

表 2-13 砂石路面损坏类型和权重

类型（i）	损坏名称	权重（w_i）	计量单位
1	路拱不适	0.1	长度，m （影响宽度：3.0m）
2	沉陷	0.8	面积，m^2
3	波浪搓板	1.0	面积，m^2
4	车辙	1.0	长度，m （影响宽度：0.4m）
5	坑槽	1.0	面积，m^2
6	露骨	0.8	面积，m^2

路面损坏状况评价标准见表 2-14 所示。

表 2-14 路面损坏状况评价标准

损坏状况评级	特优	优	良	中	差	很差
路面状况指数 *PCI*	100~91	90~81	80~71	70~51	50~31	≤30
养护对策	不需	日常养护	小修	小修中修	中修大修	大修重修

第四节 路基路面检测新技术简介

一、车载式激光平整度仪测定平整度试验方法

用 3m 直尺检测路面的平整度，尽管设备简单且直观，但测试速度太慢，劳动强度大。连续式平整度仪的测量速度最高只有 15km/h，工作效率也较低。

平整度的测量设备可分为两大类，一类是测试路表不平整程度（反应类设备）。另外一类是测试路表凹凸情况（断面测试仪）。目前，颠簸累积仪是应用最为广泛的反应类设备，激光平整度仪则是最先进的断面类设备，这类测量设备提高了路面平整度的测试速度和精度。

激光路面平整度仪是一种与路面无接触的测量仪器，测试速度快，精度高。这种仪器还可同时进行路面纵断面、横坡、车辙等测量，所以，也被称为激光路面断面测试仪。

二、短脉冲雷达测定路面厚度试验方法

路面雷达测试系统，能在高速公路时速下，实时收集公路的雷达信息，然后将信

息输入计算机程序内，在很短的时间里，计算机程序便会自动分析出公路或者桥面内各层的厚度、湿度、空隙位置、破损位置以及程度。

目前，我国公路路面厚度测试常采用钻孔测量芯样厚度的方法，给路面造成损坏或留下后患。而路面雷达测试系统是一种非接触、非破损的路面厚度测试技术，检测速度高，精度也较高，检测费用低廉。因此，它不仅适用于沥青路面或水泥混凝土路面各层厚度及总厚度测试、路面下坑洞探测、路面下相对高湿度区域检测及路面下的破损状况检测，还可用于检测桥面混凝土剥落状况、检测桥内混凝土和钢筋的脱离状况、测试桥面沥青铺装层的厚度。

第三章 土木工程岩土测试

第一节 土的基本物理指标测定试验

一、土的基本物理指标概述

在区分了土粒中颗粒大小之后，我们从“细观世界回到了宏观世界”，将对由这些颗粒所组成的土体的基本特性进行研究。但在层层深入了解的过程中，作为宏观特性的基础土的物理性质指标将为我们首先所关注。

土的物理特性指标中，直接测定的三个最基本指标：含水率、密度和比重，是进行工程中指标换算的基础，其他诸如饱和度、干密度、孔隙比等都可通过这些指标换算得到，亦或就是它们的某些变体，因此掌握测定这三个基本指标就显得尤为重要。

而为了说明基本指标的换算作用，表 3 –1 列出采用三个基本指标表示的常用物理性质指标换算公式。

表 3 –1　采用三大基本指标表示的常用物理性质指标

指标名称	符号表示	换算公式	备注说明
干密度	ρ_d	Pa = 1P I + w	
孔隙比	e	$e = \frac{G_s\rho_w(1+w)}{\rho} - 1$	
孔隙率	n	$n = 1 - \frac{\rho}{G_s\rho_w(1+w)}$	
饱和密度	ρ_{sat}	$\rho_{sat} = \frac{(G_s - 1)\rho}{G_s(1+w)} + \rho_w$	
饱和度	S_r	$S_r = \frac{wG_s\rho}{G_s\rho_w(1+w) - \rho}$	
浮重度	γ'	$\gamma' = \frac{(G_s - 1)\rho g}{G_s(1+w)}$	由于密度是材料本质，所以一般不称浮密度，而仅仅用浮重度表示

二、含水率测定试验

（一）概述

含水率定义为土体在高温下，减少水分至恒重时，所失去的水质量与烘干土体颗粒质量之比。一般烘干温度不大于110℃，而土中强吸着水沸点通常在150℃以上，因此含水率定义中的水，包含了自由水和弱吸着水，含水率的高低在一定程度上反映了土的可塑程度，对土体的强度、变形都有着密切的影响。

（二）烘干法

1. 试验原理

实验室内的烘干法是含水率测定中最基本也是最标准的一种方法。即利用恒温烘箱设定规定的温度，让土体在其中烘干至恒重，依据烘干前后土体的质量差求得土中水的质量，进而计算含水率。

2. 试验设备

（1）恒温烘箱：烘箱的调控温度要求在50~200℃的变化范围内设定。

（2）天平：称量200g，最小分度值0.01g。

（3）其他设备：包括铝盒、干燥器、铅丝篮、温度计等。

3. 试验步骤

（1）称取铝盒质量m_0，之后对细粒土，取得具有代表性试样15~30g，对有机质土、砂类土和整体状构造冻土取50g，对砾类土，取100g，放入铝盒内，盖上盒盖，称盒加湿土的质量m_1，准确至0.01g，得到湿土质量为$m_1 - m_0$。

（2）打开盒盖，将盒置于烘箱内，设定在105~110℃的恒温下烘至恒量。烘干时间根据土质不同而变化，其中对黏土约10h，粉土或者粉质黏土不得少于8h，对砂土不少于6h，对含有机质超过干土质量5%的土，应该将温度控制在65~70℃的恒温下烘至恒量。

（3）将称量盒从烘箱中取出，盖上盒盖，放入干燥容器内冷却至室温，称盒加干土质量m_2，准确至0.01g。扣除铝盒质量m_0，即得干土质量$m_s = m_2 - m_0$。

（4）根据式（3-1）计算试样的含水率，准确至0.1%：

$$w = \frac{m - m_s}{m_s} \times 100 = \frac{m_1 - m_2}{m_2 - m_0} \times 100 \tag{3-1}$$

式中：w——试样的含水率，%；

m——湿土质量，g。

（5）若是对层状和网状构造的冻土测定含水率，则其在进行前述（1）~（4）步骤前，应按下列步骤进行取样：

采用四分法切取土样200~500g放入搪瓷盘中，称盘和试样质量，准确至0.1g。扣除称盘质量，得冻土试样m_3。

待冻土试样融化后，调成均匀糊状，称土糊和盘质量，准确至0.1g，扣除了盘质量，得土糊质量m_4。从糊状土中取样，按照前述的（1）~（4）步骤进行糊状制样的含水率测定。

对层状和网状冻土的含水率，应按下式计算，准确至0.1%。

$$w = \left[\frac{m_3}{m_4} \times (1 + 0.01w_n) - 1\right] \times 100 \tag{3-2}$$

式中：w——冻土试样的含水率,%；

w_n——糊状试样的含水率,%；

m_3——冻土试样质量，g；

m_4——糊状试样质量，g。

（6）同一含水率下的土，需要平行测定两组的含水率值，取其算术平均值作为确定土体的含水率值。针对重塑均匀土质，如果平均含水率高于40%时，两次含水率测定差异不得大于2%；若平均含水率在10%~40%时，两次含水率测定差异不得大于1%，若平均含水率低于10%时，两次含水率测定差异不得大于0.5%；对层状和网状构造的冻土含水率差值不得大于3%。而对于原状土质，其天然条件下，上下部位土的含水率即可能有差异，此时可适当放宽平行试验结果的差值允许范围。

（三）酒精燃烧法

1. 试验原理

酒精燃烧法是室内或在室外条件下，不具备烘干法条件时，所常用的一种含水率测定方法。其原理就是利用酒精燃烧产生的热量使土中水汽化蒸发。根据灼烧前后土体的质量差求得土中水的质量，进而计算含水率。

2. 试验设备

（1）酒精：纯度高于95%。

（2）天平：称量200g，最小分度值0.01g。

（3）其他设备：包括铝盒、干燥器、铅丝篮、温度计、滴管、火柴与调土刀等。

3. 试验步骤

（1）取代表性的试样放入铝盒内，一般对黏性土取5~10g，砂性土取20~30g，盖上盒盖，称量质量m_1,（此类实验称量均准确至0.01g），扣除铝盒质量m_0，即得到湿土的质$m = m_1 - m_0$。

（2）用滴管将酒精注入放有试样的铝盒中，直到盒中出现自由液面为止。同时轻轻敲击铝盒，使酒精在试样中充分混合均匀。

（3）点燃铝盒中的酒精，烧至火焰熄灭。

（4）待试样冷却几分钟后，重复（2）~（3）步，反复燃烧两次。当第三次火焰熄灭后，立即盖好盒盖，称干土加铝盒的质量m_2，扣除铝盒质量m_0，即得干土质量m_s。

（5）同一试样的含水率需要平行测定两次，取两次所得的含水率算术平均值，作为该土的含水率，有关误差的限制要求，与烘干法相同。

二、密度测定试验

土的密度的基本定义是单位体积土体质量，这里特指的是土体在天然情况下固——液——气三相共存时的密度，一般也称天然密度，和土体在饱和状态下的饱和密度，以及在完全干燥条件下的干密度对应。土的密度是直接测定的土的三大基本物理性质指标之一，其值与土的松紧程度、压缩性、抗剪强度等均有着密切联系。

干密度、饱和密度，都不是直接测定，而是通过天然密度换算得到的。干密度不宜采用试验方法测定，是因为土体由湿到干会有体积收缩，而干密度定义上的体积，则是天然状态下收缩前土体的体积，因此如果用试验方法计算得到的干密度要比真实值偏大。

测定密度的基本思想，都是用各类方法将土体的体积确定出来，再称量土体的质量，从而求得土体的密度。具体而言，有先确定一定体积，再称量土体质量的环刀法；亦有先确定了土体质量，再测定该土块所占据体积的蜡封法、灌砂法、灌水法等。

（一）环刀法

1. 试验原理

环刀法的原理是利用环刀切取一定体积的土体，再测得环刀与土体质量，扣除环刀质量，进而求得土样密度。环刀法适用的对象是细粒土。

2. 试验设备

（1）环刀：内径 61.8mm、79.8mm，高度 20mm。

（2）天平：称量 500g，最小分度值 0.1g；称量 200g，最小分度值 0.01g。

（3）其他：刮刀、钢丝锯、凡士林等。

3. 试验步骤

（1）取原状或制备好的重塑黏土土样，把土样的两端整平。在环刀内壁涂一薄层凡士林，称量涂抹凡士林后的环刀质量 m_0，再将环刀刃口向下放在土样上。

（2）一边将环刀垂直下压，一边用刮刀沿环刀外侧切削土样，压切同步进行，直至土样高出环刀。

（3）根据试样的软硬采用钢丝锯或切土刀对环刀两端土样进行整平。取剩余的代表性土样测定含水率。擦净环刀外壁，称环刀和土的总质量 m_1，准确至 0.1g，扣除环刀质量 m_0 后，即得土体的质量 $m = m_1 - m_0$。

（4）根据式（3－3）和式（3－4）确定试样的密度与干密度：

$$\rho = \frac{m_1 - m_0}{V} \tag{3-3}$$

$$\rho_d = \frac{\rho}{1 + 0.01w} \tag{3-4}$$

式中：ρ，ρ_d——分别为土体的密度和干密度，g/cm³；

V——环刀的容积，cm³；

w——含水率,%。

（5）环刀法测定密度，应进行两次平行测定，两次测定密度的差值不得大于 0.03g/cm^3，取两次测值的算术平均值为最终土样密度。

（二）蜡封法

1. 试验原理

蜡封法，是先确定土体质量，再测定该土块所占据体积，进而求得土体密度的方法。其核心思路是通过阿基米德浮力排水的原理来测定土体体积。具体实践方法见试验步骤。该方法属于室内试验，适用于黏结性较好，但易破裂土和形状不规则的坚硬土。

2. 试验设备

（1）蜡封设备：熔蜡加热器、蜡。

（2）天平：称量200g，最小分度值0.01g；具有吊环方式称量方法。

（3）其他设备：切土刀、温度计、纯水、烧杯、细线及针等。

3. 试验步骤

（1）从原状土样中，切取体积约 30cm^3 的试样，清除表面浮土及尖锐棱角后，将其系于细线上，放置在天平中，称其质量 m，准确至0.01g。

（2）用熔蜡加热器将蜡溶解，形成蜡溶液，持线将试样缓缓浸入刚过熔点的蜡液中，浸没后立即提出，检查试样周围的蜡膜，例如周围有气泡应用针刺破，再用蜡液补平，冷却后称蜡封试样的质量 m_1，准确至0.01g。

（3）将蜡封试样挂在天平一端，浸没于盛有纯水的烧杯中，称蜡封试样在纯水中的质量准确至0.01g，并测定纯水的温度。

（4）取出试样，擦干蜡面上的水分，再称蜡封试样质量。如果浸水后试样质量增加，应另取试样重做试验。若无，则按照式（3－5）计算试样密度：

$$\rho = \frac{m}{\dfrac{m_1 - m_2}{\rho_{w,T}} - \dfrac{m_1 - m}{\rho_n}} \tag{3-5}$$

式中：m——湿土质量，g；

m_1——湿土与蜡的质量和，g；

m_2——湿土蜡封后在水中称得的质量，g；

ρ_n——蜡的密度，g/cm^3；

$\rho_{w,T}$——纯水在T℃时的密度，g/cm^3，可由表3－2查到。

而试样的干密度，按式（3－4）计算即可。

（5）蜡封法测定密度，亦应进行两次平行测定，两次测定差值不得大于0.03g/cm^3，取两次测值的算术平均值。

表3－2 水在不同温度下的密度表

温度/℃	水的密度/ $g \cdot cm^{-3}$	温度/℃	水的密度/ $g \cdot cm^{-3}$	温度/℃	水的密度/ $g \cdot cm^{-3}$
4	1.0000	15	0.9991	26	0.9968
5	1.0000	16	0.9989	27	0.9965
6	0.9999	17	0.9988	28	0.9962
7	0.9999	18	0.9986	29	0.9959
8	0.9999	19	0.9984	30	0.9957
9	0.9998	20	0.9982	31	0.9953
10	0.9997	21	0.9980	32	0.9950
11	0.9996	22	0.9978	33	0.9947
12	0.9995	23	0.9975	34	0.9944
13	0.9994	24	0.9973	35	0.9940
14	0.9992	25	0.9970	36	0.9937

（三）灌水法

1. 试验原理

灌水和灌砂法适用于现场试验，特别适于建筑工程中出现的杂填土、砾类土、二灰土等。就测定精度而言，灌水法要较灌砂法精确，这个法也是先确定了需测定土体的质量，然后用排水的方法，来确定土块的体积。

2. 试验设备

（1）台秤：称量50kg，最小分度值10g。

（2）储水筒：直径应均匀，并附有刻度以及出水管。

（3）聚氯乙烯塑料薄膜袋。

（4）其他：铁锹、铁铲、水准尺。

3. 试验步骤

（1）如表3－3所示，依据试样中土粒的最大粒径，确定试坑尺寸。

表3－3 用于灌水法和灌砂法的试坑尺寸

试样最大粒径/mm	试坑尺寸	
	直径/mm	深度/mm
5～20	150	200
40	200	250
60	250	300

（2）将选定试验处的试坑地面整平，除去表面松散的土层。整平场地要略微大于开挖试坑的尺寸，并且用水准尺校核试坑地表是否水平。

（3）根据确定的试坑直径，划出坑口轮廓线，在轮廓线内用铁铲向下挖至要求深

度，边挖边将坑内的试样装入盛土容器内，称试样质量 m，准确到10g，同时测定试样含水率。

（4）挖好试坑后，放上相应尺寸套环，用水准尺找平，把略大于试坑容积的塑料薄膜袋平铺于坑内，翻过套环压在薄膜四周。

（5）记录储水筒内初始水位高度 H_1，拧开储水筒出水管开关，将水缓慢注入塑料薄膜袋中。当袋内水面接近套环边缘时，将水流调小，直至袋内水面与套环边缘齐平时关闭出水管，静置3～5min，如果袋内出现水面下降时，表明塑料袋渗漏，应另取塑料薄膜袋重做试验，若水面稳定不变，那记录储水筒内水位高度 H_2。

试坑的体积以及试样的体积，应按下式计算：

$$V = (H_1 - H_2) \times A - V_0 \tag{3-6}$$

式中：V——试坑的体积，cm^3；

H_1——储水筒初始水位高度，cm；

H_2——储水筒注水终了时水位高度，cm；

A——储水筒断面积，cm^2；

V_0——套环体积，cm^3。

试样的密度，按式（3－7）计算：

$$\rho = \frac{m}{V} \tag{3-7}$$

式中：ρ——试样密度，g/cm^3；

m——试样质量，g；

V——试样（试坑）体积，cm。

三、比重测定试验

土粒比重，亦称为土粒的相对密度，定义成干土粒质量与4℃下同体积纯水的质量比值，其作为土的三大基本物理性质指标之一，是计算土体孔隙比、饱和度等参数的重要基础。

目前常见土体的比重，砂砾为2.65左右，黏性土稍高，约在2.67～2.74范围，而当土中含有有机质时，比重会明显下降到2.4。引起比重差异的原因，主要是组成各种土的矿物成分的比重以及各种矿物的含量不同。

在实验室中测定比重的方法有很多，比较典型的有比重瓶法、浮称法和虹吸筒法。其中比重瓶法适用于粒径小于5mm的土；浮称法适用于粒径大于5mm，且粒径大于20mm的土粒含量小于10%的土；但虹吸法适用于粒径大于5mm，且粒径大于20mm的土粒含量大于10%的土。

此外，在测定比重前应注意一个问题：对于混合粒组而言，其颗粒比重肯定与单一粒组的比重有差异，其反映的是土体的综合比重，因此在称量前应约定粒组。例如，土体的粒径在5mm上下的质量数大致相当时，过5mm筛，分成两个粒组，按照两种方法进行测定大于和小于5mm粒径的孔径，再根据式（3－8），算得加权调和平均比重：

$$G_s = \frac{1}{\frac{P_1}{G_{s1}} + \frac{P_2}{G_{s2}}} \tag{3-8}$$

式中：G_s——土颗粒的平均比重；

G_{s1}——大于5mm土粒的比重；

G_{s2}——小于5mm土粒的比重；

P_1——大于5mm土粒占总土质量的百分比，%；

P_2——小于5mn土粒占总土质量的百分比，%。

（一）比重瓶法

1. 试验原理

比重瓶法的基本原理是利用阿基米德浮力定律，把称量好的干土放入盛满水的比重瓶中，根据比重瓶的前后质量差异，来计算土粒比重。该法适用于测定粒径小于5mm的土的比重。

2. 试验设备

（1）长颈或短颈形式的比重瓶：容积为100mL或者50mL的比重瓶若干只。

（2）恒温水槽：精度控制±1℃。

（3）天平：称量200g，最小分度值0.001g。

（4）砂浴：可以调节温度。

（5）真空抽气设备：可以控制负压程度。

（6）温度计：量程范围0～50℃，最小分度值0.5℃。

（7）分析筛：孔径为2mm及5mm。

（8）辅助设备：烘箱、中性液体（如煤油等）、漏斗及滴管等。

3. 试验步骤

（1）比重瓶的校准：在测定比重前，需要先对一定温度下的比重瓶及比重瓶与纯水的质量进行标定校正。校正方法可分为称量校正法和计算校正法。相对而言，前者的精度更高。

（2）将比重瓶烘干后称得瓶质量为m_0，取烘干土约15g，放入100cm^{3}的比重瓶中（若采用50cm^{3}比重瓶，则称取干土12g），称得瓶和干土总质量，准确至0.001g。

（3）排气。①煮沸法排气。在装土的比重瓶中，注入纯水至瓶的体积约一半处，摇动比重瓶后，将其放置于砂浴上煮沸，并保证悬液在煮沸过程中不溢出瓶外。煮沸时间，以悬液沸腾起算，砂及砂质粉土不少于30min，黏土及粉质黏土不少于1h。②真空抽气法排气。某些砂土在煮沸过程中容易跳出，而采用中性液体进行测定时，不能采用煮沸法排气，采用本步骤排气。抽气时，负压应接近一个大气压，从负压稳定开始计时，约抽1～2h，直到悬液内不再出现气泡为止。

（4）将纯水或中性液体注入排气后的比重瓶中，如比重瓶为长颈瓶，则注水高度略低于瓶的刻度处，再用滴管补足液体至刻度处。而对短颈瓶，加纯水或中性液体至

几乎满，待瓶子上口的悬液澄清后，用瓶塞封口，使得多余水分从瓶塞的毛细管中溢出。

（5）将瓶子擦干，称得瓶、液体和土粒的总质量 m_2，并且测定瓶内的水温，准确至0.5℃。

（6）根据水温以及比重瓶标定所得到的温度与瓶水总质量的关系曲线，得到当前温度下瓶子与水（或中性液体）的总质量 m_3。

根据式（3-9）计算土粒的比重：

$$G_s = \frac{m_s}{m_s - (m_2 - m_3)} \times G_{w,T} \tag{3-9}$$

式中：G_s ——土粒比重；

m_s ——干土质量，g；

m_2 ——瓶与干土、液体的总质量，g；

m_3 ——瓶与液体的总质量，g；

$G_{w,T}$ ——T℃时水或其他中性液体的比重。

该式子分母部分 $m_2 - m_3$ 实际上是一定体积干土与同体积水的质量差，再被 m_s 扣除，即计算得到与土相同体积的水的质量，故与分子干土质量比值，即得比重。

同一种试样平行测定两次结果，当两次算得比重值差异小于0.02时，取其算术平均值，否则得重做。

（二）浮称法

1. 试验原理

此法的基本原理，是利用了阿基米德浮力定律，通过计算浮力原理来进行测定比重。该法用于粒径大于等于5mm，且粒径大于20mm的土粒含量小于10%的土的比重测定。

2. 试验设备

（1）浮秤天平：称量2kg，分度值0.2g；称量10kg，分度值1g。

（2）铁丝筐：孔径小于5mm，边长约10~15cm，高度约10~20cm。

（3）盛水容器：尺寸应大于铁筐。

（4）辅助设备：烘箱、温度计、孔径5mm和20mm的分析筛等。

3. 试验步骤

（1）取代表性土样500~1000g，冲洗，将其表面尘土与污浊物清除彻底。

（2）将试样浸没在水中一昼夜。

（3）将铁丝筐安放于天平一侧，在另一侧放入砝码，测定铁丝筐在水中质量 m_1，并同时测定容器中的水温，精度至0.5℃。

（4）将浸没水中之试样取出，立即放入铁丝筐中，缓缓浸没于水中，并不断摇晃铁丝筐，直至无气泡溢出为止。

（5）用砝码测定铁丝筐和试样在水中的总质量 m_2。

（6）将试样从筐中取出，烘干至衡重，称量干土质量 m_s。

根据式（3－10）计算土粒的比重：

$$G_s = \frac{m_s}{m_s - (m_2 - m_1)} \times G_{w,T} \tag{3-10}$$

式中：G_s ——土粒比重；

m_s ——干土质量，g；

m_1 ——铁丝筐在水中质量，g；

m_2 ——铁丝筐和试样在水中的总质量，g；

$G_{w,T}$ ——T℃时水的比重。

该式分母部分实际上是计算得到干土在水中所受到的浮力，浮力定义为土粒体积与水重度的乘积，所以与分子比值，即得比重。

同一种试样平行测定两次结果，当两次算得比重值差异小于0.02时，取其算术平均值，否则重做。

（三）虹吸筒法

1. 试验原理

此法的基本原理，是利用阿基米德浮力定律，直接通过测定土粒的排水体积来确定比重。该法用于粒径大于等于5mm，并且粒径大于20mm的土粒含量大于10%的土的比重测定。

2. 试验设备

（1）虹吸筒

（2）台秤：称量10kg，最小分度值1g。

（3）量筒：容积应大于2000cm^3。

（4）辅助设备：烘箱、温度计，孔径5mm和20mm分析筛等。

3. 试验步骤

（1）取代表性土样1000～7000g，将试样彻底冲洗，清除表面尘土和污浊物。

（2）将试样浸没在水中一昼夜，晾干或擦干试样表面水分之后，称量其质量 m_1，并称量量筒质量 m_0。

（3）将清水注入虹吸筒，直至虹吸管口有水溢出时停止注水。待管口不再出水后，关闭管夹，将试样缓缓放入虹吸筒中，并同时边搅清水，直至无气泡溢出，搅动过程不能使液体溅出筒外。

（4）等待虹吸筒中水平平静后，放开管夹，让试样排开的水通过虹吸管流入量筒中。称量筒加水质量 m_2，量测筒内水温，精确至0.5℃。

（5）取出虹吸管内试样，烘干称重，得到了试样干土质量 m_s。

根据式（3－11）计算土粒的比重：

$$G_s = \frac{m_s}{(m_2 - m_0) - (m_1 - m_s)} \times G_{w,T} \tag{3-11}$$

式中：G_s——土粒比重；

m_s——烘干土质量，g；

m_0——量筒的质量，g；

m_1——晾干试样的质量，g；

m_2——量筒和水的总质量，g；

$G_{w,T}$——T℃时水的比重。

该式分母中 $m_1 - m_s$ 是晾干土样孔隙中所还存留水的质量，$m_2 - m_0$ 是与晾干土样等体积的 T℃水的质量；故分母即为和晾干土样中土颗粒等体积的水的质量；分子干土质量与之的比值，即为土粒比重。

同一种试样平行测定两次结果，当两次算得比重值差异小于0.02时，取其算术平均值为结果，否则重做。

第二节　土的渗透系数测定试验

一、土的渗透系数测定概述

岩土力学应用于工程中有三大问题需要解决——渗流、强度及变形，而渗流是其中首当其冲的问题。所谓渗流，是指土孔隙中的自由水在重力作用下发生运动迁移的现象。有关渗流需要解决的工程问题有很多，从站在水的角度所考虑的流量、流网的确定，防渗与固结排水压缩量的关注，到立足于土粒角度所分析的渗流中对土粒稳定产生显著影响的渗流力的计算，以及在固结这一本质属于不稳定渗流问题中沉降速率的计算等等。

从微、细观层面上看，渗流就是水在土的孔隙中流动，其方向实际上是千变万化的，但在宏观视角一般只确定其一个基本的流向作为渗流方向，而且为了计算的便利，通常选取的也是研究对象的横截面而非真正的过水面积。在这些基础之上，想要解决上述工程问题，其关键一点就是要确定土的渗透系数。

渗透系数的测定，抑或是这一系数的发现，都是从达西渗透定律出发的，达西定律的原始表达式为：

$$v = ki \tag{3-12}$$

式中：v——土的渗流速度，cm/s；

k——土的渗透系数，cm/s；

i——渗流时的水力坡降。

所谓渗流速度，就是水在土体中发生渗流时，单位时间流过单位渗流截面的流量；而水力坡降，就是单位渗流路径上的能量损失。从式（3-12）出发，可转换得到渗透系数 k 的求解式：

$$k = v/i \tag{3-13}$$

因此如要测定渗透系数 k 就要分别求得渗流速度 v 和水力坡降 i 这是所有渗透试验设计的出发点。另一方面，从大量土体渗透系数测定的实际结果看，并非所有土都严格服从达西定律，从而给渗透系数的测定带来很大变数。大体而言只有砂土符合达西定律，即渗流速度与水力坡降的比值始终不变。而对黏土而言，其在水力坡降轴上有一个初始的截距，表明只有提供一定的水力坡降才能够发生渗流，且发生渗流以后的斜率并不为常数。由于斜率体现了渗透系数的大小，因此可知，随水力坡降的增加，黏土的渗透系数也增加，只有在水力坡降较大时，该值才接近常数。而对粗粒土中的砾土而言，较小的水力坡降条件下，其渗透系数为常数，但随着水力坡降增加，其渗透系数将减少，而且呈现曲线变化。

从内在因素分析，细粒土渗透系数较小，且存在临界水力坡降，不仅仅是由于颗粒小造成相应的孔隙也小，更重要的是其矿物成分亲水性大，且结合水膜较厚，从而使渗透特性显著降低。

另外在渗流过程中，水头能量之所以发生损失，即产生水力坡降，实际上是黏滞阻力的能耗造成的。而黏滞性的发挥程度又与温度有关，温度越高，水体的黏性越小，动力黏滞系数越小，黏滞耗能越小，则水在土体中的流速就会增加，也即渗流系数则会随温度升高而变大。

以上内容是对土体渗流特性和渗透系数本质做出的简单描述，亦反映了渗透系数测定的基本思路，同时也提示检测人员，一定要充分估计水力坡降对渗透系数测定所带来的影响。

具体到实际的渗透系数测试方式，分室内和室外试验两种方法。其中室内试验又分两类，即用于测定较高渗透系数的常水头试验和用于测定较低渗透系数的变水头试验，而测定的方法都是依据达西渗透定律进行衍生而实现的测定了渗透系数以后，就能对土体的渗透性进行工程分类。一般地，当土体的渗透系数 $k > 10^{-3}$cm/s 时，判定土体为强渗透性；当 k 介于 $k > 10^{-3}$cm/s 与 $k > 10^{-6}$cm/s 之间之时，为中等渗透性；当 $k < 10^{-6}$cm/s 时，为弱渗透性。

二、室内常水头试验

（一）试验原理

常水头试验，装置中装有待测定的土样，在试验过程中，保持试样装置顶面的水位不变，而让装置底部的出水口出水，这就使得渗流前后的自由水面恒定，即所谓的常水头。由于形成了常水头液面差，装置中的水将在土体中形成恒定渗流，从而使得土体中的水头沿渗流方向位置依次下降，并保持恒定，同时稳定渗流也使出水口的流量在单位时间中变得恒定。在此情况之下，测定渗透系数就变得简单了

具体到试验中，一方面通过稳定条件下进出土体的两个测压管中的液面差值求得渗流路径上两点间的水头损失 h，再根据两点的渗流路径 L 及公式 $i = h/L$，确定水力坡

降值 i。

另一方面，测量出水口在一定时间 t 中的流量 Q，除以渗流试样的横截面积 A，就可求得水在恒定渗流时的渗流速度 v，即 $v = Q/At$。

如此再根据前述的达西渗流定律公式（3－13），即可求得土体的渗透系数 k。

常水头法只适用于渗流系数比较大的土，原因如下：其一，由于该试验需要测定一定时间的流量，根据现行的装置而言，$70cm^2$ 横截面积，测定流速通常需几十秒至几分钟。而如果土体的渗透系数较小，例如下降 2～3 个数量级，则测定相同的可读流量，需要数小时甚至数十小时的时间，从时间上考虑不经济；而若改用扩大渗流截面的方法，则装置横截面至少要扩大 2～3 个数量级，无疑在用土量以及装置制作耗材上也是极不经济的，且给试验操作带来很大麻烦。其二，对渗透系数小的土质而言，还存在一个临界水力坡降，若水力坡降不足，再长的时间，土体也不会发生渗流。而临界水力坡降并不由时间和渗流的横截面积决定，而是取决于常水头试验中渗流进出面上的水头差以及发生渗流的路径，黏土发生渗流的起始水力坡降一般较大。在 10cm 的渗流路径下，就需要提供 2m 以上的水头差，才能实现渗流，这对常水头试验仪器而言就要制作超高的试样模具，明显不现实，而若减少渗流路径，则连测定孔压变化的测压管位置都很难设置。

综上所述，常水头法只适用于渗流系数比较大的土，测定的渗透系数范围大致在 $10^{-4} \sim 10^{-1}$cm/s 之间。而对于渗透性差的土，其渗透系数测定采用的是变水头法。

（二）试验装置

1. 常水头渗透仪

常水头试验的试验装置有很多。在我国，使用较多的是 70 型渗透仪。其得名于设备中主容器封底金属圆筒的横截面尺寸为 $70cm^2$（当使用其他尺寸圆筒时，圆筒内径应大于试样最大粒径的 10 倍）。设备总高 40cm，底部金属孔板以上为 32cm。金属孔板的作用是过水滤土，不让土量在渗流过程中有损失；而土样上部通常与容器顶部也有 2cm 的间隙，主要是防止充水时，将土样溅出。此外其在装置左侧中部，设定三个测压管，用于测定渗流不同位置处的水头，测压管之间的距离均为 10cm。

2. 5000mL 容积的供水瓶金属。

3. 500mL 容量的量杯。

4. 5000g 量程 1.0g 分度值的天平。

5. 温度计，分度值 0.5T。

6. 秒表。

7. 木质击实棒。

8. 其他：如橡皮管、夹子、支架等。

（三）试验步骤

（1）链接好仪器，检查各管路和试样筒接头处的密封性是否完好，连接调节管与供水管，由试样筒底部倒充水直至水位略高于金属透水板顶面，放入滤纸，关闭止水夹。

（2）取代表性风干土样 3～4kg，称量精确至 1.0g，测定土体的风干含水率，用以计算干土质量。

（3）将试样分层装入仪器，大约 2～3cm 一层，每层装完之后，用木锤轻轻击打到一定厚度，用以控制孔隙比，如试样含粘粒较多则应在金属孔板上加铺厚约 2cm 的粗砂过渡层防止试验时细料流失，并量出过渡层厚度。试样装好后，连接供水管和调节管，并从调节管进水至试样顶面，饱和试样。

（4）重复第（3）步，分层填充试样，直至最后一层试样高出最上侧测压管管口衔接处 3～4cm。待最后一层试样饱和后，在试样上部铺设 2cm 厚的砾石层以作缓冲层。继续使水位上升至圆筒顶面，将调节管卸除后，让管口高于圆筒的顶面，观测三个测压管水位是否与孔口齐平。

（5）量测试样顶部距离筒顶的高度，换算得试样高度。并称量剩余土样，换算得装入土（试样）质量（精确至 1.0g），进而得到试样的干密度和孔隙比。

（6）静置数分钟后，观察各测压管水位是否与溢水孔齐平，如果不是，则说明试样或测压管接头处有气泡阻隔，需要采用吸水球进行吸水排气。

（7）开启水阀向容器内充水，之后水龙头始终处于开启状态，保证容器顶部水面溢满，与溢水孔齐平。

（8）打开出水口阀门，改变调节管出水口位置，一般低于试样上部 1/3 高度处，并保证能够出水（渗流发生），以及溢水孔处的水位始终不变，之后恒定出水口位置不变。

（9）让渗流发生一段时间，直到三个侧管中水位恒定，表明已经形成稳定渗流，记录三个侧管的水位位置 H_1,H_2,H_3 并确定两两水位差为 h_1、h_2。

（10）开启秒表，计量一定时间内，量筒承接出水管流出的渗流水量，此时调节管口不可没入水中，并测定进水与出水处水体的温度，取平均值 t。

（11）上述步骤完成，即结束一次渗透系数测定，按照上述步骤再重复 5～6 次试验。基本内容相同，只是形成渗流的调节管出水口位置要做相应变化，让每次试验中的水头差不同，进而测出不同水力坡降和渗流速度下土体的渗透系数。

（四）数据处理

1. 试样干密度和孔隙比的计算

$$\rho_d = \frac{m/(1+w)}{Ah} \tag{3-14}$$

$$e = \frac{\rho_w G_s}{\rho_d} - 1 \tag{3-15}$$

式中：m——风干土的质量，g；

w——风干土的含水率，%；

A——试样横截面积，cm^2；

h——试样高度，cm；

e——试样孔隙比；

G_s——土粒比重。

2. 渗透系数的计算

$$k = v/i = \Delta Q\left(\frac{\Delta l}{H_1 - H_2} + \frac{\Delta l}{H_2 - H_3}\right)\Big/ 2A\Delta t \tag{3-16}$$

式中：Δt——测定时间，s；

Δl——渗流路径，即两测压孔中心间的试样高度（一般为10cm），cm；

H_1, H_2, H_3——试样在三个测压管的水位高度，cm；

ΔQ——Δt 时间内的水流流量，cm^3。

式（3－16）中，$\Delta Q/A\Delta t$ 部分是由流量和时间，换算得到的渗流速度。而 $\left(\frac{\Delta l}{H_1 - H_2} + \frac{\Delta l}{H_2 - H_3}\right)\Big/ 2$ 部分，就代表了依据三个测点水头所算得的两两水力坡降倒数的平均值。

把各次算得的渗透系数，取形如 $a \times 10^{-n}$ 的形式（$1 < a < 10$），a 允许保留一位小数，且求得的各渗透系数 a 的差值不能超过2，并且求解各值的算术平均值，得到了该土在 T℃时的渗透系数 k_T。

3. 按照式（3－17），折算得到20℃时的土体渗透系数

$$k_{20} = k_T \eta_T / \eta_{20} \tag{3-17}$$

式中：k_{20}——标准温度时试样的渗透系数，cm/s；

η_T——T℃时水的动力黏滞系数，Pa·s；

η_{20}——℃丈时水的动力黏滞系数，Pa·s。

水在各温度下的动力黏滞系数表见表3－4。

表3－4　水在各温度下的动力黏滞系数表

温度 T/℃	动力黏滞系数 η/ 10^{-6}kPa·s	温度 T/℃	动力黏滞系数 η/ 10^{-6}kPa·s	温度 T/℃	动力黏滞系数 η/ 10^{-6}kPa·s
5.0	1.516	14.0	1.175	23.0	0.941
5.5	1.493	14.5	1.160	24.0	0.919
6.0	1.470	15.0	1.144	25.0	0.899
6.5	1.449	15.5	1.130	26.0	0.879
7.0	1.428	16.0	1.115	27.0	0.859
7.5	1.407	16.5	1.101	28.0	0.841
8.0	1.387	17.0	1.088	29.0	0.823
8.5	1.367	17.5	1.074	30.0	0.806
9.0	1.347	18.0	1.061	31.0	0.789
9.5	1.328	18.5	1.048	32.0	0.773
10.0	1.310	19.0	1.035	33.0	0.757
10.5	1.292	19.5	1.022	34.0	0.742

续表

温度 T/℃	动力黏滞系数 η/ 10^{-6}kPa·s	温度 T/℃	动力黏滞系数 η/ 10^{-6}kPa·s	温度 T/℃	动力黏滞系数 η/ 10^{-6}kPa·s
11.0	1.274	20.0	1.010	35.0	0.727
11.5	1.256	20.5	0.998		
12.0	1.239	21.0	0.986		
12.5	1.223	21.5	0.974		
13.0	1.206	22.0	0.963		
13.5	I. 188	22.5	0.952		

（4）最后将所有实验数据和换算结果填入常水头试验数据记录表中。

三、室内变水头试验

（一）试验原理

测定渗透性较差土质的渗透系数，由变水头试验来完成。它所测渗透系数的适用范围一般为 $10^{-7}\sim10^{-4}$cm/s。而变水头试验的实现，也是源于达西渗透定律。由于达西定律的原始表达式为 $v = ki$，故仍从式子 $k = v/i$ 出发，来解释试验原理。

为求渗透系数 k，就需知道渗流速度 v 和水力坡降 i。先看水力坡降，若取一即时时刻此时 t，进出水面水头差为 h，而后在微小时刻 $\mathrm{d}t$ 变化下，进水水头下降 $\mathrm{d}h$，而出水水头不变，则此时两个水面的水头差为 $h-\mathrm{d}h$，由于进水和出水口流速都非常小，因此 $h-\mathrm{d}h$ 就是土中水在渗流过程中发生的能量损失。而土体的渗流路径是不变的 L，因此 $t+\mathrm{d}t$ 时刻，土体的即时水力坡降为 $(h-\mathrm{d}h)/L$。而即时的流速，因实在太小，不可以由出水口称量计算，故转从进水口分析，在 $\mathrm{d}t$ 增加时刻，细管中水位下降 $\mathrm{d}h$，意味着微小时刻的流量 $\mathrm{d}Q$ 变化可用 $a\mathrm{d}h$ 表示。而对应的即时平均渗流速度，则为 $a\mathrm{d}h/A\mathrm{d}t$，其中的 A 为渗流土体的横截面积，因此在 $t+\mathrm{d}t$ 时刻，土体的渗透系数计算式为：

$$k = v/i = (a\mathrm{d}h/A\mathrm{d}t)/(h/L) \tag{3-18}$$

而这个式子是基于瞬时数值在物理上的理解，在数学上依然无法求解，只能更进一步，利用积分的表达式来求解一个平均的流速：

$$k = v/i = \frac{\int_{h_1}^{h_2} a\mathrm{d}h}{\int_{t_1}^{t_2} A\mathrm{d}t} \bigg/ \left(\frac{h}{L}\right) \tag{3-19}$$

式（3-19）建立的物理含义，就是变微小时间段的即时流速和水力坡降的比值为较长时间段中，平均流速与平均水力坡降的比值。

但要注意，实际计算时，即时水头 h 不能留在积分式外，因为也是一个随时间变化的量，从物理意义上理解，既然流速是一个平均值，水力坡降更是一个平均值，因此也要把 h 放在积分号内，相应的，根据平均流速与平均水力坡降求解渗透系数的合

理公式应为：

$$k = \frac{\int_{h_1}^{h_2} a\left(\frac{L}{h}\right) \mathrm{d}h}{\int_{t_1}^{t_2} A \mathrm{d}t} \tag{3-20}$$

即

$$k = 2.3 \frac{aL}{A(t_2 - t_1)} \lg \frac{h_1}{h_2} \tag{3-21}$$

式中：a ——变水头管的内截面积，cm^2；

L ——渗流路径，即试样高度，cm；

t_1, t_2 ——测读水头的起始时间和终止时间，s；

h_1, h_2 ——起始和终止水头，cm。

对式（3－21），有些读者可能还会产生另一个疑问，即渗透系数的平均值是否可用来替代即时值，例如选择长时间和短时间渗流所计算出的渗透系数平均值是否会产生差异，以及如何应对这种差异。由于在实际试验数据分析过程中，测定的渗透系数确实有一定波动甚至可能出现较大差值，解释和解决此类疑惑变得更有必要。

变水头试验只适用于渗透系数小的土，其中原因简述如下：若测定土的渗透系数过大，则变水头管中，水位下降过快，记录时间差就有困难，而若要让变水头管中水位下降变慢，则变水头管横截面尺寸更要缩小。渗透系数每提高一个数量级，细管的面积也要下降一个数量级，这对目前已不到 $0.5cm^2$ 的细管横截面尺寸而言，是很难做到的，且会增加毛细作用等负面影响，因此渗透系数大的土，还是应用常水头装置测定其渗透系数。

（二）试验设备

1. 变水头渗透仪

在我国较多采用的是南 55 型变水头渗透仪。装置中试样放置在渗透容器之中，横截面积为 $30cm^2$，高 4cm。而渗透容器内部结构，底部是透水石（试验中透水石都要浸润），然后依次向上为滤纸、泥膏试样、滤纸和上部透水石，最上为容器顶部的旋紧压盖。渗透容器的底部接口处连接进水管，是渗流的进口；而容器上面有一出水口，为渗流出口。

此外，对于某些淤泥质土，一般的变水头试验也不能满足快速测定渗透系数的要求，故而改用加压型渗透仪，或采用三轴仪或固结仪装置的渗透试验进行测定加压型渗透仪的方法，主要是通过气压增加入水口处的水压，并保持出水口处的水头压力不变，从而增加水力坡降，进而提高渗流速度，以在较短的时间内测定渗透系数。而三轴仪或固结仪装置渗透试验更是为了模拟现场在一定真实围压条件之下，渗透系数变化情况。

2. 辅助设备

无气水、刮刀、量筒、秒表、温度计等。

（三）试验步骤

1. 对原状黏土或一般含水率下重塑黏土的试样制备应按本书第八章第二节的规定进行，将环刀压入原状或重塑土样块，平整土样两面，形成装在环刀中的黏土试样。

而对吹填土、淤泥土等超软土可直接取现场或已调配至与现场含水率一致的呈流塑状态的土膏备用。

2. 在渗透容器套筒内壁涂抹一层凡士林，再在容器底部依次放置浸润的透水石和滤纸。对已装在环刀中的试样，将装有试样的环刀装入渗透仪的容器中；而对流塑状态的土膏试样，则先将环刀装入渗透容器固定，然后将调配好的土膏根据预期的质量缓慢装入环刀（注意装入过程中严禁使土膏中产生气泡），直到装满整平。

3. 试样装入后，放置上部滤纸和透水石，安置好止水圈，去除多余凡士林，盖上渗透容器顶盖，拧紧顶部的螺丝，保证渗透容器不漏水、漏气。

4. 对不易透水的土样，在第2步装样前需先进行真空抽气饱和；而对土膏试样和较易透水试样，可在第3步后直接用变水头装置的水头进行试样饱和。

5. 饱和完成后，将渗透仪进水口与水头装置的测压管链接，再将渗流入水夹关闭，开启注水夹，保证渗流水头具有足够高度，关闭注水夹。

6. 开启渗流入水夹，先让底部排气口打开，保证了不再出气泡，关闭之，再打开顶部排水口，一定时间后判别是否有渗流发生，发生渗流的判别以出水口出现缓慢滴水为准。如果始终未有出水，那么就继续增加测压管中的水位高度，重复上述步骤，直到渗流发生为止。

7. 记录渗流水头的高度 h_1，同时开启秒表，记录发生渗流一定时间 Δt 后的渗流水头 h_2，保证 $h_1 - h_2$ 大于10cm，之后便可利用公式（3－21），求得试样渗透系数 k，而对时间差 $\Delta t = t_1 - t_2$，规定黏粒含量较高或干密度较大土体也不要超过3～4h。注意，在测定终点读数时不能关闭出水和进水阀门，否则有气泡回灌影响读数。

8. 按步骤7，反复测定5～6次渗透系数，每次取不同的初始渗流水头 h_1，和时间间隔 Δt，注意初始水头不能太低，一者太低不会发生渗流，二者低渗透系数土的渗透系数在较低水头下是随着水头的增加而增加的，如此就不能保证测定结果为一常数。

9. 另外测定试验开始时与终止时的水温，用来修正不同温度下的渗透系数。

（四）数据处理

1. 渗透系数按式（3－21）进行计算，即：

$$k = 2.3\frac{aL}{A(t_2 - t_1)}\lg\frac{h_1}{h_2} \tag{3-22}$$

式中：a——变水头管的内截面积，cm^2；

L——渗流路径，即试样高度，cm；

t_1, t_2——测读水头的起始时间和终止时间，s；

h_1, h_2——起始和终止水头，cm。

2. 根据式（3－21），可求解试验温度下的渗透系数，再按式（3－17）以及表3－1所示的水在各温度下的动力黏滞系数，折算得到20℃时的渗透系数 k_{20}。

3. 实验数据和换算结果填入变水头试验数据记录表当中。

实际工程应用中，对渗透系数低的土，如前所述，其渗透系数是随着水力坡降的变化而变化的，因此在测定渗透系数求解时应该有两个考虑：一是根据实际的需要，选取接近实际条件的水力坡降进行渗透系数测定，此时，算得的几个渗透系数可求取平均值；二是如果工程中水力坡降的条件并不确定，建议按照上述步骤，进行不同水力坡降条件的渗透系数测定，相似水力坡降条件下，测定5～6组，取其平均值；而几个不同水力坡降水平下的平均渗透系数，不要再取平均值，而应绘制渗透系数随平均水力坡降变化的关系曲线，来预备工程应用所需。

第三节　土的变形特性指标测定

一、土的变形特性指标概述

在地基上修建建筑物，地基土内各点不但要承受土体本身的自重应力，而且要承担由建筑物通过基础传递给地基的荷载产生的附加应力作用，甚至还会受到反复动力荷载作用，这都将导致地基土体的变形。土体变形可分为体积变形和形状变形。在工程上常遇到的压力范围内，土体中的土粒本身和孔隙水的压缩量可以忽略不计，故通常认为土体的体积变形完全是由于土中孔隙体积减小的结果。对于饱和土体来说，孔隙体积减小就意味着孔隙水向外排出，而孔隙水的排出速率与土的渗透性有关，因此在一定的正应力作用下，土体的体积变形是随着时间推移而增长的。我们把土体在外力作用下体积发生减小的现象称为压缩，而把土体在外力作用下体积随时间变化的过程称为固结。

在附加应力作用下，原已稳定的地基土将产生体积缩小，进而引起建筑物基础在竖直方向的位移（或下沉）称为沉降。在三维应力边界条件下，饱和土地基受荷载作用后产生的总沉降量 S_t 可以看作由三部分组成：瞬时沉降 S_i、主固结沉降 S_c、次固结沉降 S_s，即：

$$S_t = S_i + S_c + S_s \tag{3-23}$$

瞬时沉降是指在加荷后立即发生的沉降。对于饱和黏性来说，由于在很短的时间内，孔隙中的水来不及排出，加之土体中的水和土粒是不可压缩的，因而瞬时沉降是在没有体积变形的条件下发生的，它主要是由于土体的侧向变形引起的，是形状变形。如果饱和土体处于无侧向变形条件下，则可以认为 $S_i = 0$。由于瞬时沉降量通常不大，一般建筑物不予考虑，对于沉降控制要求较高的建筑物，瞬时沉降通常采用弹性理论来估算。

主固结则是荷载作用下饱与土体中孔隙水的排出导致土体体积随时间逐渐缩小，有效应力逐渐增加，达到稳定的过程，也就是通常所指的固结。固结所需要的时间随着土质渗透系数等条件的变化而变化，特别对黏土而言，是一个相对长期的过程，因此这种变形随时间变化的过程在实际问题中不能被忽视。由土体经历固结过程所产生的沉降称为主固结沉降，它占了总沉降的主要部分。

此外，土体在主固结沉降完成之后在有效应力不变的情况下还会随着时间的增长进一步产生沉降，这就是次固结沉降。次固结沉降对某些土如软黏性是比较重要的，对于坚硬土或超固结土，这一分量相对较小。

为了研究土体的最终沉降效果，以及确定达到这一最终值前，沉降随时间的逐渐开展规律，我们必须对土体的压缩以及固结特性进行研究，为此前人设计了室内的一维压缩试验来进行研究。此类试验的主要装置为压缩仪，用这种仪器进行试验时，由于盛装试样的刚性护环所限，试样只可以在竖向产生压缩，而不能产生侧向变形，故称一维固结试验。

而在动力荷载作用下，常用动剪切模量、阻尼比来反映土的变形特性。在小应变幅值下，土对某种动力荷载输入的变形特性主要由动剪切（弹性）模量及阻尼比来表示；当应变超过 10^{-4}时，土体非线性变形显著，此时用周期加载试验所得的应力应变曲线表示，而这些指标都可在共振柱试验中得到。

二、一维固结（压缩）试验

（一）试验目的

土体的压缩是指土体在外力作用下孔隙体积减小的现象。土体固结是指土体在外力作用下，超静孔压不断消散，外界应力逐渐转化为有效应力，体积随时间变小的过程。因此，压缩和固结是两个既有区别又密切联系的概念。在室内，研究者一般通过完整的一维固结试验，对侧限条件下的试样施加不同分级的竖向荷载，量测每级荷载作用过程以及最终稳定下的土体变形量，从而确定土体相关固结性状指标，以为开展固结和沉降计算服务。

具体而言，该试验压缩部分的试验目的是获得土体体积的变化与所受有效外力的关系，研究土体的压缩性状，即对土体上覆荷载全部转为土体有效应力（孔隙水压力稳定后）终了时刻时产生的土体变形进行研究。在一维压缩试验中，一般根据获取的 $e-p$ 压缩曲线，得到压缩系数 a_v，根据 $e-\lg p$ 曲线可得压缩指数 c_c，在卸荷回弹曲线上得到回弹指数 c_s，判别其压缩性状，并可通过压缩曲线分析得到土体的前期固结应力等应力历史状况，以为工程中土体的沉降分析提供关键的计算参数。

而固结部分的试验目的是获得一定大小的外力作用下，超静孔隙水压力消散，有效应力增加，土体体积随时间变化的关系。在一维固结试验中，根据试验结果，并采用太沙基一维固结理论分析计算得到固结系数 c_v，进而可以用以估算土体实现一定固结度所需要的时间，也可分析在一定工期内，土体实际完成的沉降量和工后沉降。

（二）试验原理

1. 压缩试验

土体在外力作用下的体积减小绝大部分是孔隙中的水和气体排出，引起孔隙体积减小所引起的。所以可用孔隙比的变化来表示土体体积的压缩程度。

在无侧向变形的条件下，试样的竖向应变即等于体应变，因此试样在 Δp 作用下，孔隙比的变化 Δe 可与竖向压缩量 S 建立如式（3-24）所示关系：

$$S = \frac{e_0 - e_1}{1 + e_0}H = -\frac{\Delta e}{1 + e_0}H \tag{3-24}$$

式中：S——土样在 Δp 作用下压缩量，cm；

H——土样在初始竖向荷载作用下压缩稳定后的厚度，cm；

e_0——土样厚为 H 时的孔隙比；

e_1——土样在竖向荷载增量 Δp 作用下压缩稳定后的孔隙比；

Δe——比之初始孔隙比，土样在竖向荷载增量 Δp 作用下压缩稳定后的孔隙比改变量，即 $e_1 - e_0$。

由式（3-24）可得土样在竖向荷载 $p + \Delta p$ 作用压缩稳定后的孔隙比 e_1 的表达式为：

$$e_1 = e_0 - \frac{S}{H}(1 + e_0) \tag{3-25}$$

由以上公式可知，只要知道土样在初始条件下：$p_0 = 0$ 时的高度 H_0 和孔隙比 e_0，就可以计算出每级荷载 p_i 作用下的孔隙比 e_i。从而由（p_i，e_i）绘出土体的 $e-p$ 压缩曲线或 $e-\lg p$ 压缩曲线。

2. 固结试验

一维固结试验是将天然状态下的原状土或者人工制备的扰动土制备成一定规格的土样，然后在侧限与轴向排水条件下测定土在各级竖向荷载作用下压缩变形随着时间的变化规律。

试样在竖向荷载 p 作用下，最终沉降量为 S。自 p 加上的瞬间开始至任一时刻 t 试样的沉降量用 $S(t)$ 表示，并定义 $U = S(t)/S$ 为土样的固结度，即主固结沉降完成的程度，改值在一维条件下与孔隙水压力的消散程度一致，因此根据太沙基一维固结理论有：

$$U = f(T_v) = 1 - \frac{8}{\pi^2}\sum_{m=1}^{\infty}\frac{1}{m^2}e^{-\left(\frac{m\pi}{2}\right)^2 T_v} \quad (m = 1,3,5,\cdots) \tag{3-26}$$

式中：U——厚度为 H 的试样平均固结度；

T_v——时间因数；

C_v——固结系数，cm^2/s；

$\overline{H}$——试样最大排水距，单面排水时为 H，双面排水时为 $H/2$，cm；

$S(t)$——t 时刻的试样沉降量，cm；

S——试样的最终沉降量，cm。

在固结试验中，最重要的就是确定土体的固结系数，其主要有两类方法，即时间平方根法和时间对数法。

（三）试验设备

1. 固结仪

在杠杆上施加砝码，利用杠杆原理，通过不同的力臂，将压力经过横梁传递到试样顶盖上，进而实现规定的竖向应力作用于试样上。设备主要由固结容器、加压装置、变形量测装置和辅助配件等组成。不同型号仪器最大压力不同，一般分低压固结仪和高压固结仪两类。

2. 固结容器

由环刀、护环、透水石、加压上盖和量表架等组成。常用试样为横截面 $30cm^2$（直径 61.8mm）或 $50cm^2$（直径 79.8mm），高均为 20mm 的圆柱体。

3. 加压设备

可采用量程为 5～10kN 的杠杆式、磅秤式或其他加压设备。

4. 变形测量设备

百分表（量程 10mm，分度值为 0.01mm），或者准确度为全量程的 0.2% 的位移传感器（建议其量程亦在 10mm 左右）。

5. 其他设备

秒表、切土刀、钢丝锯、环刀、天平、含水率量测设备等。

（四）试验步骤

固结试验是在压缩试验的过程中进行的，即在某级荷载作用之下，测度沉降 $S(t_i)$ 和 t_i，因此完整的一维固结压缩试验的主要步骤如下所述。

1. 试样准备

（1）制取环刀试样，根据试验操作一般分两种：环刀切取式和环刀填入式。

第一，环刀切取式。此种方法适用于原状土和击实法制备的重塑土样，取环刀，将环刀内壁涂一薄层凡士林或硅油，刃口向下放于备好的土样上端，用两手将环刀竖直地下压，再用削土刀修削土样外侧，边压边削，直到土样突出环刀上部为止。然后将上、下两端多余的土削至与环刀平齐。当切取原状土样时，应和天然状态时垂直方向一致。

第二，环刀填入式。此种方法适用于击样法、压样法制备的重塑样和调成一定含水率要求的吹填土。对击样法、压样法制备环刀样的具体操作见第八章土样制备；而对吹填土，则其含水率不宜超过 1.2～1.3 倍液限，将该土与水拌合均匀，在保湿器内静置 24h。然后把环刀刃口向上，倒置于小玻璃板上用调土刀把土膏填入环刀，排除气泡刮平，完成制备。

（2）擦净粘在环刀外壁上的土屑，测量环刀和试样总质量，扣除环刀质量，得试

样质量，根据试样体积计算试样初始密度；并用试验余土测定试样含水率。对扰动土试样，需要饱和时，可采用抽气饱和法。

2. 试样安装

（1）在固结仪的容器内放置好下透水石、滤纸和护环，将带有环刀的试样和环刀一起刃口向下小心放入护环内，再在试样的顶部依次放置滤纸、上透水石及加压盖板。

（2）将压缩容器置于加压框架下，对准加压框架正中。

（3）为保证试样与仪器上下各部件之间接触良好，应施加1kPa的预压应力，装好量测压缩变形的百分表或位移传感器，并将百分表或传感器调整到零位或测读初读数。

3. 分级加压

（1）确定需要施加的各级压力。按加载比 $\Delta p_i/p_i=1$（Δp_i 为荷载增量，p_i 为已有荷载）加载，一般荷载等级依次为12.5kPa、25kPa、50kPa、100kPa、200kPa、400kPa、800kPa、1600kPa、3200kPa。第一级荷载的大小亦可视试样的软硬程度适当增大，一般为12.5kPa、25kPa或50kPa，并且不能使试样挤出；最后一级应力应大于自重应力与附加应力之和100～200kPa。

（2）当需要做回弹试验时，回弹荷载可由超过自重应力或者超过先期固结压力的下一级荷载依次卸荷至要求的压力，然后再按照前次加载的荷载级数依次加荷，直到最后一级目标荷载为止。卸荷后回弹稳定标准与加压相同，即每次卸压稳定都需要24h，之后记录土体的卸荷变形。而对于再加荷时间，因考虑到固结已完成，稳定较快，因此可采用12h或更短的时间。

（3）当需要测定固结系数 C_v 时，应在某一级荷载下测定时间与试样高度变化的关系，并按下列时间顺序记录量测沉降的百分表读数：0.1min、0.25min，1min、2.25min，4min、6.25min、9min、12.25min、16min、20.25min、25min、30.25min、36min、42.25min、49min、64min、100min、200min、400min、23h和24h至稳定为止。

当不需要测定沉降速率时，则施加每级压力后24h测定试样高度变化作为稳定标准。测记稳定读数后，再施加下一级压力，依次逐级加压至试验结束。

（4）试验结束，吸去容器中的水，拆除仪器各个部件，取出试样，测定含水率。

（五）数据整理

1. 压缩试验

（1）将试验中土体的相关变形记录参数填入压缩试验记录表中。

（2）根据式（3－27）计算试样的初始孔隙比 e_0：

$$e_0=\frac{(1+w_0)G_s\rho_w}{\rho_0}-1 \tag{3-27}$$

式中：e_0——试样的初始孔隙比；

ρ_0——试验的密度，g/cm³；

w_0——试验的初始含水率，%；

G_s——土粒比重；

ρ_w——水的密度，g/cm³。

（3）根据式（3－28）计算各级压力 p；作用稳定后试样的孔隙比 e，：

$$e_i = e_0 - \frac{S_i}{h_0}(1 + e_0) \tag{3-28}$$

式中：e_i——第 i 级竖向压力作用稳定后的试样孔隙比；

e_0——试样的初始孔隙比；

h_0——试样的初始高度；

S_i——第 i 级压力作用下试样压缩稳定后的总压缩量，为试样的初始高度和第 i 级压力作用下试样压缩稳定后的高度之差。

2. 固结试验

（1）将某一级固结压力下，土体的相关变形参数值填入表，并根据表中数据绘制特定竖向压力级下土体的竖向变形、孔隙比随时间的变化曲线。

（2）计算某级固结压力下，土体的固结系数 C_v。

① 时间平方根法

参照试验原理中有关时间平方根法确定固结系数的操作步骤，根据某级荷载下的试样竖向变形与时间的曲线关系，确定该级压力下土体的垂直向固结系数：

$$C_v = (0.848\overline{H}^2)/t_{90} \tag{3-29}$$

式中：C_v——固结系数，cm²/s；

$\overline{H}$——最大排水距离，cm。单向排水时等于某级压力下试样的初始高度和终了高度的平均值；双向排水时等于单向排水取值的一半；

t_{90}——固结度为 90% 时所对应的时间，s。

② 时间对数法

参照试验原理中有关时间对数法确定固结系数的操作步骤，依据某级荷载下的试样竖向变形与时间的曲线关系，确定该级压力下土体的垂直向固结系数：

$$C_v = (0.197\overline{H}^2)/t_{50} \quad (3-30$$

式中：C_v——固结系数，cm²/s；

$\overline{H}$——试样最大排水距，单面排水时为 H，双面排水时为 $H/2$，cm；

t_{50}——固结度达 50% 所需的时间，s。

三、共振柱试验

（一）试验目的

共振柱试验的基本原理是在一定湿度、密度及应力条件下的圆柱或圆筒形土样上，以不同频率的激振力顺次使土样产生扭转振动或纵向振动，测定其共振频率，以确定弹性波在土样中传播的速度，再切断动力，测记出振动衰减曲线，借此推求试样在产生小应变（$10^{-6} \sim 10^{-4}$）时的动剪切模量、动弹性模量和阻尼比等参数。

（二）试验原理

圆柱形试样底端固定，在试样的顶端附加一个集中质量块，并通过该质量块对试样施加垂直轴向振动或水平扭转振动力。试样高 L，当土柱的顶端受到施加的周期荷载而处于受迫振动时，这种振动将由柱体顶端，以波动形式沿柱体向下传播，使整个柱体处于振动状态。振动所引起的位移（μ 和 θ）是位置坐标 z 和时间 t 的函数，即 $\mu = \mu(z,t)$ 和 $\theta = \theta(z,t)$，将试样视为弹性体，并且忽略试样横向尺寸的影响，引入一维波动方程，可得：

纵向振动：

$$\frac{\partial^2 u}{\partial t^2} = v_{\mathrm{P}}^2 \frac{\partial^2 u}{\partial z^2} \tag{3-31}$$

扭转振动：

$$\frac{\partial^2 \theta}{\partial t^2} = v_{\mathrm{S}}^2 \frac{\partial^2 \theta}{\partial z^2} \tag{3-32}$$

式中：v_{P} ——纵向振动时的纵波波速，cm/s，$v_{\mathrm{p}} = \sqrt{E_{\mathrm{d}}/\rho} \times 10^2$；

v_{S} ——扭转振动时的纵波波速，cm/s，$v_{\mathrm{S}} = \sqrt{G_{\mathrm{d}}/\rho} \times 10^2$；

E_{d} ——试样的动弹性模量，kPa；

G_{d} ——试样的动剪切模量，kPa；

ρ ——试样的密度，g/cm^3。

以纵向振动为例，求解式（3－31），并联立胡克定律可以得纵向振动时的频率方程：

$$\frac{m_0}{m_{\mathrm{t}}} = \beta_{\mathrm{L}} \tan \beta_{\mathrm{L}} \tag{3-33}$$

式中：m_1 ——附加块体的质量，g；

m_0 ——试样自重，g；

β_{L} ——试样的动弹性模量。

若试样上块体质量很小，可以忽略不计，即 $m_{\mathrm{t}} = 0$，此时将式（3－33）与纵波波速方程联立可得纵向振动时试样的动弹性模量，用式（3－34）表示为：

$$E_{\mathrm{d}} = 16\rho f_{\mathrm{n1}}^2 L^2 \times 10^{-4} \tag{3-34}$$

式中：f_{n1} ——试验时实测的纵向振动共振频率，Hz；

L ——试样高度，cm。

对于扭转振动，同样可得到和纵向振动相似的频率方程，用式（3－35）表示为：

$$\frac{I_0}{I_{\mathrm{t}}} = \beta_{\mathrm{s}} \tan \beta_{\mathrm{s}} \tag{3-35}$$

式中：I_{t} ——试样顶端附加块体转动惯量，g · cm^2；

I_0 ——试样的转动惯量，g · cm^2；

β_s ——扭转振动无量纲频率因数。

如果附加块体的质量忽略不计，则同样可得扭转振动时动剪切模量，用式（3－36）表示为：

$$G_d = \rho v_S^2 = 16\rho f_{nt}^2 L^2 \times 10^{-4} \tag{3-36}$$

对于试验的阻尼比，可通过不同频率的强迫振动作出完整的幅频曲线，再以0.707倍共振峰值截取曲线，得出两个频率 f_1 及 f_2，即可按照式（3－37）计算阻尼比：

$$\lambda = \frac{1}{2}\left(\frac{f_1 - f_2}{f_n}\right) \tag{3-37}$$

式中：f_n ——试样纵向振动的固有频率 f_{nz} 或者扭转振动的固有频率 f_{nt}，Hz。

（三）试验设备

1. 共振柱仪

共振柱仪种类较多，其主要区别在于端部约束条件和激振方式的不同。按试样约束条件，可分为一端固定一端自由及一端固定一端用弹簧和阻尼器支撑两类；按激振方式，可分为稳态强迫振动法和自由振动法两类；按振动方式，可分为扭转振动和纵向振动两类。目前新式共振柱仪基本均采用计算机控制，可按照选定程序进行试验，自动采集并处理试验数据。

共振柱仪虽种类繁多，但各种共振柱仪的基本原理和基本构造相差不大，主要由三部分构成：工作主机、激振系统和量测系统。工作主机包括了压力室，静、动荷载施加装置，各类传感器及压力控制装置等组成；激振系统基本与振动三轴仪相同，由低频信号发射器和功率放大器组成；量测系统包括静动态传感器、积分器、数字频率计、光线示波器、函数仪和各种压力仪器表等。

2. 其他仪器设备

（1）天平：称量200g，最小分度值0.01g；称量1000g，最小分度值0.1g。

（2）橡皮膜：应具有弹性的乳胶膜，厚度以0.1～0.2mm为宜。

（3）透水石：直径与试样直径相等，其渗透系数宜大于试样的渗透系数，使用前在水中煮沸并泡于水中。

（4）附属设备：击实筒、饱和器、切土盘、切土器和切土架、分样器、承膜筒及制备砂样圆模等。

（四）试验步骤

1. 试样制备

共振柱试验一般选用实心试样，但是有些共振柱仪也可用空心试样，试样直径一般不超过150mm，试样高度一般为直径的2～2.5倍。

2. 试样安装

（1）打开量管阀，使试样底座充水，当溢出的水不含气泡时，关量管阀，在底座透水板上放湿滤纸。

（2）黏性土在装样时，应先将黏性土试样放在压力室底座上，并使试样压入底座

的凸条中，然后在试样周围贴 7 ~ 9 条宽 6mm 的湿滤纸条，再用撑膜筒将乳胶膜套在试样外，并用橡皮圈将乳胶膜下端与底座扎紧，取下撑膜筒，用对开圆模夹紧试样，将乳胶膜上端翻出模外。无黏性土的制样是在压力室底座上完成的，本身就包含装样过程，因此可直接进行第（3）步。

（3）对扭转振动，将加速度计和激振驱动系统安装在相应位置，翻起乳胶膜并扎紧在上压盖上，按线圈座编号，将对应的线圈套进磁钢外极。

（4）对轴向振动，将加速度计垂直固定于上压盖上，再将上压盖与激振器相连。当上压盖上下活动自如时，可垂直置于试样上端，翻起乳胶膜并扎紧在上压盖上。

（5）用引线将加力线圈与功率放大器相连，并且将加速度计与电荷放大器相连。

（6）拆除对开圆模，装上压力室外罩。

3. 试样固结

（1）等压固结。转动调压阀，逐级施加至预定的周围压力。

（2）偏压固结。等压固结变形稳定以后，再逐级施加轴向压力，直至达到预定的轴向压力大小。

（3）打开排水阀，直至试样固结稳定，关排水阀。稳定标准为：对黏土和粉土试样，1h 内固结排水量变化不大于 0. 1cm^3；砂土试样等向固结时，关闭排水阀后 5min 内孔隙压力不上升；不等向固结时，5min 内轴向变形不大于 0. 005mm。

4. 稳态强迫振动法操作步骤

（1）开启信号发生器、示波器、电荷放大器和频率计电源，预热，打开计算机数据采集系统。

（2）将信号发生器输出调至给定值，连续改变激振频率，由低频逐渐增大，直至系统发生共振，此时记录共振频率、动轴向应变或动剪应变。

（3）进行阻尼比测定时，当激振频率达到系统共振频率后，继续增大频率，这时振幅逐渐减小，测记每一激振频率和相应的振幅电压值。如此反复，测记 7 ~ 10 组数据，关仪器电源。以振幅为纵坐标，频率为横坐标绘制振幅与频率关系曲线。

（4）宜逐级施加动应变幅或动应力幅进行测试，后一级的振幅可控制为前一级的 2 倍。在同一试样上选用允许施加的动应变幅或动应力幅的级数时，应避免使孔隙水压力明显升高。

（5）关闭仪器电源，退去压力，取下了压力室罩，拆除试样，清洗仪器设备，需时测定试样的干密度和含水率。

5. 自由振动法操作步骤

（1）开启电荷放大器电源，预热，打开计算机系统电源。

（2）对试样施加瞬时扭矩后立即卸除，使试样自由振动，得到振幅衰减曲线。

（3）宜逐级施加动应变幅或动应力幅进行测试，后一级的振幅可控制为前一级的 2 倍。在每一级激振力振动完成后，逐次增大激振力，得到在试样应变幅值增大后测得的模量和阻尼比。应变幅值宜控制在 10^{-4}以内。

（4）关闭仪器电源，退去压力，取下压力室外罩，拆除试样，清洗仪器设备，需要时测定试样的干密度和含水率。

（五）数据整理

（1）试样动应变计算

①动剪应变按式（3－38）计算：

$$\gamma = \frac{A_d d_c}{3d_1 h_c} \times 100 = \frac{Ud_c}{3\beta\omega^2 d_1 h_c} \times 100 = \frac{Ud_c}{12\beta\pi^2 f_{nt}^2 d_1 h_c} \times 100 \tag{3-38}$$

式中：γ——动剪应变，%；

A_d——安装加速度计处的动位移，cm；

U——加速度计经放大后的电压值，mV；

β——加速度计标定系数，n，V/981cm/s^2；

ω——共振圆频率，$\omega = 2\pi f_n$，rad/s；

f_n——最大振幅值所对应的频率，Hz；

f_{nt}——试验实测扭转共振频率，Hz；

d_1——加速度计到试样轴线的距离，cm；

d_c——试样固结后的直径，cm；

h_c——试样固结后的高度，cm。

②动轴向应变按式（3－39）计算：

$$\varepsilon_d = \frac{\Delta h_d}{h_c} \times 100 = \frac{U}{\beta\omega^2 h_c} \times 100 \tag{3-39}$$

式中：ε_d——动轴向应变；

Δh_d——动轴向变形，cm。

（2）扭转共振时的动剪切模量按式（3－40）计算：

$$G_d = \left(\frac{2\pi f_{nt} h_c}{\beta_s}\right)^2 \rho_0 \times 10^{-4} \tag{3-40}$$

式中：G_d——动剪切模量，kPa；

ρ_0——试样密度，g/cm^3；

β_s——扭转无量纲频率因数。

（3）扭转无量纲频率因数根据试样的约束条件计算

① 无弹簧支承时的无量纲频率因数按式（3－41）和式（3－42）计算：

$$\beta_s \tan\beta_s = T_s \tag{3-41}$$

$$T_s = \frac{I_0}{I_t} = \frac{m_0 d^2}{8I_t} \tag{3-42}$$

式中：β_s——扭转无量纲频率因数；

I_0——试样的质量，g；

I_t——试样顶端附加物的质量，g · cm^2；

d——试样直径 cm；

m_0——试样质量，g。

② 有弹簧支撑时的无量纲频率因数按式（3-43）和式（3-44）计算：

$$\beta_s \tan\beta_s = T_s \tag{3-43}$$

$$T_s = \frac{I_0}{I_t} \frac{1}{1-\left(\frac{f_{0t}}{f_{nt}}\right)^2} \tag{3-44}$$

式中：β_s——扭转无量纲频率因数；

f_{0t}——无试样时系统各部分的纵向振动共振频率，Hz；

f_{nt}——试验时实测的纵向振动共振频率，Hz。

（4）轴向共振时的动弹性模量按式（3-45）计算：

$$E_d = \left(\frac{2\pi f_{nl} h_c}{\beta_L}\right)^2 \rho_0 \times 10^{-4} \tag{3-45}$$

式中：E_d——动弹性模量，kPa；

f_{nl}——试验时实测的纵向振动共振频率，Hz；

β_L——纵向振动无量纲频率因数。

（5）纵向振动无量纲频率因数根据试样的约束条件计算

①无弹簧支撑时的无量纲频率因数按式（3-46）和式（3-47）计算：

$$\beta_L \tan\beta_L = T_L \tag{3-46}$$

$$T_L = \frac{m_0}{m_t} \tag{3-47}$$

式中：β_L——扭转无量纲频率因数；

m_0——试样的质量，g；

m_t——试样顶端附加物的质量，g。

② 有弹簧支撑时的无量纲频率因数按式（3-48）和式（3-49）计算：

$$\beta_L \tan\beta_L = T_L \tag{3-48}$$

$$T_L = \frac{m_0}{m_1} \frac{1}{1-\left(\frac{f_{01}}{f_{n1}}\right)^2} \tag{3-49}$$

式中：β_L——扭转无量纲频率因数；

f_{01}——无试样时系统各部分的纵向振动共振频率，Hz；

f_{nl}——试验时实测的纵向振动共振频率，Hz。

（6）土的阻尼比计算

① 无弹簧支撑自由振动时的阻尼比按式（3-50）计算：

$$\lambda = \frac{1}{2\pi} \times \frac{1}{N} \ln \frac{A_1}{A_{N+1}} \tag{3-50}$$

式中：λ——阻尼比；

N——计算所取的振动次数；

A_1——停止激振后第1周振动的振幅，mm；

A_{N+1} ——停止激振后第 $N+1$ 周振动的振幅，mm。

② 无弹簧支撑稳态强迫振动时的阻尼比按式（3－51）计算：

$$\lambda = \frac{1}{2}\left(\frac{f_2 - f_1}{f_n}\right) \tag{3-51}$$

式中：f_1，f_2 ——分别为振幅与频率关系曲线上 0. 707 倍最大振幅值所对应的频率，Hz；

f_n ——最大振幅值所对应的频率，Hz。

③ 有弹簧支撑自由扭转振动时的阻尼比按式（3－52）和式（3－53）计算：

$$\lambda = [\delta_t(1 + s_1) - \delta_{0t}s_t]/(2\pi) \tag{3-52}$$

$$s_t = \frac{I_t}{I_0}\left(\frac{f_{0t}\beta_s}{f_{nt}}\right)^2 \tag{3-53}$$

式中：δ_t，δ_{0t} ——有试样和无试样时系统扭转振动时的对数衰减率；

S_t ——扭转振动时的能量比。

第四章　土木工程电阻应变与动态测试

第一节　土木工程电阻应变测试技术

电阻应变测试方法，在土木工程室内模型试验和现场实测中有广泛的应用。这种方法将应变敏感元件——电阻应变片（简称“应变片”）粘贴在构件表面上，当构件受力变形时，电阻应变片的长度、截面等将随着构件而变化，因而其电阻也发生变化，利用测量电阻的仪器应变仪测量出电阻应变片电阻的变化，进而得到构件变形的大小并对构件进行应变分析。同时，应变片也是制作电阻应变式传感器的核心部件。

应变片具有很多优点：其结构简单，尺寸小，质量小，使用方便，性能稳定可靠；分辨率高，能测出极微小的应变；灵敏度高，测量范围大，测量速度快，适合静、动态测量；易于实现测试过程自动化和多点同步测量，远距测量和遥测；价格便宜，品种多样，工艺较成熟，便于选择和使用，可测量多种物理量。其缺点包括：具有非线性，输出信号微弱，抗干扰能力较差，因此信号线需要采取屏蔽措施；只能测量一点或应变栅范围内的平均应变，不能显示应力场中应力梯度的变化；潮湿工作环境下可靠性较差。

一、电阻应变片

（一）应变片结构

根据不同用途，电阻应变片的构造不完全相同，但是其基本结构一般由敏感栅、基底、粘接剂、盖层、引线构成。电阻应变测试中，被测构件的变形通过粘接剂、基底传递给敏感栅。

敏感栅是应变片中将应变量转换成电量的敏感部分，其常用的线材为康铜（铜镍合金）、镍铬合金等，敏感栅的形状与尺寸直接影响应变片的工作特性，为使应变片具有足够大的电阻以便于测量电路配合，并在有限的应变片长度范围内将线材弯折绕成栅状，将线材绕成栅状后，虽然总长度不变，但线材直线段和弯折段的应变状态不同，其灵敏系数较整长电阻丝的灵敏系数小，该现象称为敏感栅的横向效应。

从应变片基本结构上看，敏感栅是由 n 条直线段和（$n-1$）个半径为 r 的半圆组成，若该应变片承受轴向应力而产生轴向拉应变 $+\varepsilon_x$ 时，则各直线段的电阻将增加，但在半圆弧段则受到从轴向拉应变 $+\varepsilon_x$、过渡到横向压应变 $-\varepsilon_y$、之间变化的应变，会使应变片电阻减小。应该变片这种既受轴向应变影响，又受横向应变影响而引起电阻变化的现象称为横向效应。

丝式应变片的敏感栅为圆形线材，直径在 0.012 ~ 0.05mm 之间，并以 0.025mm 左右最为常用。箔式应变片的线材由很薄的金属箔片制成，箔片厚度在 0.003 ~ 0.006mm，栅形由光刻制成，图形复杂且精细，栅长最小至 0.2mm，箔式应变片可制成多种应变花和图形。目前，箔式应变片最为常用，其优点如下：

1. 由于采用成熟的印刷电路技术，其电阻离散度小，能制成任意形状以适应不同的测量要求。

2. 金属箔片表面积相对较大，散热性好，比丝式应变片的允许电流大。

3. 横向效应小。

4. 疲劳寿命长，蠕变小。

5. 柔性好，可以贴在形状复杂的构件上。

6. 工业化大量生产时，价格较丝式应变片低廉。

基底用以保持敏感栅、引线的几何形状和相对位置的部分，并保证敏感栅和被测构件之间的电绝缘，基底尺寸通常代表应变片的外形尺寸。基底材料有纸和有机聚合物两类，分别称为纸基应变片和胶基应变片，对基底的基本要求是：机械强度高、粘贴容易、电绝缘性好、热稳定性好、抗潮湿、挠性好（使应变片能粘贴在曲面上）、变形传递无滞后及无蠕变。

粘接剂用以将敏感栅固定在基底上，或者将应变片黏结在被测构件上，硬化后需具有一定的电绝缘性能，用于各种电阻应变片的粘接剂有环氧树脂、酚醛树脂及聚乙烯醇缩醛等。

盖层为用来保护敏感栅而覆盖在敏感栅上的绝缘层。

引线用以从敏感栅引出电信号的镀银线状或者镀银带状导线，一般直径为 0.15 ~ 0.3mm。

（二）应变片工作原理

应变片的工作原理是电阻应变效应，即应变片线材（金属丝或箔片）电阻值随着构件受力变形（伸长或缩短）而发生改变的物理现象。

以丝式应变片为例，金属丝电阻值尺 R（Ω）和其电阻率 ρ（Ω · mm²/m）、栅长 L（m）、横截面面积 A（mm²）之间的关系为：

$$R=\rho\frac{L}{A} \tag{4-1}$$

一般地，当一根金属丝承受轴向拉力产生机械变形时，其长度增加，横截面面积 A 减少，电阻率 ρ 也将发生变化。对式（4-2）全微分后，得到

$$\frac{dR}{R}=\frac{d\rho}{\rho}+\frac{dL}{L}-\frac{dA}{A}=\frac{d\rho}{\rho}+\varepsilon+2\mu\frac{dL}{L}=\frac{d\rho}{\rho}+(1+2\mu)\varepsilon \qquad (4-2)$$

式中：ε——金属丝的纵向应变；

μ——金属丝材料的泊松比。

各种材料金属丝的灵敏系数由实验测定，某些金属（如康铜、镍合金等）的应变与电阻值变化率之间存在线性关系。

（三）应变片分类

1. 按敏感栅制造方法分类

电阻应变片按敏感栅制造方法，可分为丝式、箔式和薄膜式应变片。

（1）丝式应变片

其敏感栅用直径0.012～0.05mm合金丝在专用的制栅机上制成，常见的有丝绕式和短接式，各种温度下工作的应变片都可制成丝式应变片，尤其是高温应变片。受绕丝设备限制，丝式应变片栅长不能小于2mm。短接式应变片的横向效应系数较小，可用不同丝材组合成栅，实现温度自补偿，但焊点多，不适用于动态应变测量。

（2）箔式应变片

其敏感栅用0.003～0.006mm厚的合金箔光刻制成，栅长最小可做成0.2mm，由于散热面积大，允许工作电流较大。箔式应变片敏感栅端部形状和尺寸可根据横向效应、蠕变性能等要求设计，横向效应可远小于丝式应变片，蠕变可减到最小，应变极限一般为20000pm/m。疲劳寿命可达10s～107循环次数，箔式应该变片质量易控制，应用范围更广泛，是使用最普遍的电阻应变片。

（3）薄膜式应变片

其敏感栅是用真空蒸发或溅射等方法做在基底材料上，形成薄膜、再经光刻制成。薄膜厚度约为箔厚的1/10以下。敏感栅与基底附着力强，蠕变和滞后很小，采用镍铬合金薄膜和氧化铝基底的薄膜应变片可使用至540℃，还可制成高达800℃使用的应变片。

2. 按敏感栅结构分类

电阻应变片按敏感栅结构可以分为单轴应变片、多轴应变片与复式应变片。

（1）单轴应变片用于测量敏感栅轴线方向应变。

（2）多轴应变片又称应变花，在同一基底上有两个或两个以上敏感栅排列成不同方向，用于测定测点主应力和主应力方向。另有排列在同一方向的多个敏感栅的应变片称为应变链，用于确定应力集中区内应力分布。

（3）复式应变片是在同一基底上将多个敏感栅排列成所需形状，并且连接成电路回路，主要用于传感器。

3. 按工作温度范围分类

电阻应变片按工作温度范围可以分为低温、常温、中温、高温应变片。

（1）低温应变片——工作温度低于－30℃时，均为低温应变片。

（2）常温应变片——工作温度范围为 -30 ~ 60℃。一般的常温应变片使用时温度基本保持不变，否则会有热输出，若使用时温度变化大，则可使用常温温度自补偿应变片。

（3）中温应变片——工作温度高于60℃，低于350℃。

（4）高温应变片——工作温度高于350℃时，均为高温应变片。

（四）应变片工作特性

用来表达应变片的性能及特点的数据或曲线，称为应变片的工作特性。应变片实际工作时，与其电阻变化输出相对应的，按标定的灵敏系数折算得到的被测试样的应变值，称为应变片的指示应变。应变片使用范围非常广泛，使用条件对应变片的性能要求各不相同。因此，在不同条件之下使用的应变片，需检测的应变片工作特性也不相同。

1. 应变片尺寸

顺着应变片轴向敏感栅两端转弯处内侧之间的距离称为栅长 L（或标距），敏感栅的横向尺寸称为栅宽 B（图 4-1），LB 称为应变片的使用面积。应变片的栅长 L 和栅宽 B 比敏感栅大一些。在可能的情况下，应尽量选用栅长大一些、栅宽小一些的应变片。

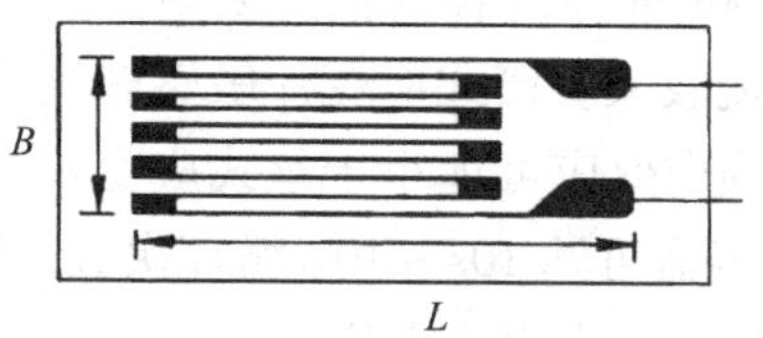

图 4-1 应变片的尺寸

2. 应变片电阻（R）

应变片电阻指应变片在未经安装也不受力的情况下，室温时测定的电阻值。应该根据测量对象和测量仪器的要求选择应变片的电阻值。在允许通过同样工作电流的情况下，选用较大电阻值的应变片，可提高应变片的工作电压，使输出信号加大，提高测量灵敏度。

用于测量构件应变的应变片阻值一般为120Ω，这与检测仪器（电阻应变仪）的设计有关；用于制作应变式传感器的应变片阻值一般为350Ω、500Ω和1 000Ω。

3. 应变片灵敏系数（K）

应变片灵敏系数指在应变片轴线方向的单向应力作用下，应变片电阻的相对变化与安装应变片的试样表面上轴向应变的比值，K 不同于金属丝的灵敏系数 k_0。

应变片的灵敏系数主要取决于敏感栅灵敏系数，但还与敏感栅的结构形式和几何尺寸有关。此外，试样表面的变形是通过基底和粘接剂传递给敏感栅的，所以应该变片的灵敏系数还与基底和粘接剂的特性及厚度有关。所以，应变片的灵敏系数受到多种因素的影响，无法由理论计算得到。

应变片灵敏系数是由制造厂按应变片检定标准抽样，在专用设备上进行标定的，

金属电阻应变片的灵敏系数一般为1.80～2.50。

4. 应变片的横向效应

应变片既受轴向应变影响，又受横向应变影响而引起电阻变化的现象称为横向效应。应变片对垂直于自身主轴线的应变的响应程度称为应变片的横向灵敏度。如果应变片的横向灵敏度为零，即对垂直于主轴线的应变（横向应变）不产生电阻变化，则应变片不存在横向效应，不会因此产生误差。应变片均或者多或少的存在横向效应，其横向灵敏度较小，一般为纵向灵敏度的百分之几，圆角敏感栅丝式应变片的横向效应几乎全部是由敏感栅的圆角部分对横向应变的感应而引起的，横向应变对敏感栅纵向直线部分的作用是极小的。这种应变片的横向灵敏度符号为正，即正的横向应变（拉伸）使电阻增加。

箔式应变片的横向效应受很多因素影响，除了敏感栅的横向部分以外，敏感栅纵向部分因为宽度与厚度比甚大，所以横向应变对其电阻变化也有影响。此外，横向效应的大小还受敏感栅材料、基底厚度等因素影响：箔式应变片的横向灵敏度符号可能为正，也有可能为负。箔式应变片的横向效应远小于丝式应变片。

减小应变片横向效应的措施：加长敏感栅栅长 L，缩短栅宽 B，加宽圆弧处栅线，采用短接式或直角式横栅；采用箔式应变片，他的横向效应可忽略。

5. 应变片的温度误差

由于测量现场环境温度的改变而给测量带来的附加误差，称为应变片的温度误差，温度误差需要通过电桥温度补偿的方法加以消除。产生应变片温度误差的主要因素有：

（1）电阻温度系数的影响。

（2）试件材料和金属丝材料的线膨胀系数的影响。

当试件与金属丝材料的线膨胀系数相同时，不论环境温度如何变化，金属丝不会产生附加变形。当试件和金属丝线膨胀系数不同时，由于环境温度的变化，电阻丝会产生附加变形，从而产生附加电阻。

6. 机械滞后（Z_j）

机械滞后指在恒定温度下，对安装有应变片的试样加载和卸载，以试样的机械应变为横坐标，应变片的指示应变为纵坐标绘成曲线，在增加或减少机械应变过程中，对于同一个机械应变量，应该变片的指示应变有一个差值，此差值即为机械滞后，即 $Z_j = \Delta\varepsilon$。

机械滞后的产生主要是敏感栅、基底和粘接剂在承受机械应变之后留下的残余变形所致。制造或安装应变片时，若敏感栅受到不适当的变形，或粘接剂固化不充分，都会产生机械滞后，为了减小机械滞后，可以在正式测量前预先加载和卸载若干次。

7. 零点漂移（P）和蠕变（θ）

对于已安装在试样上的应变片，当温度恒定时，即使试样不受外力作用，不产生机械应变，应变片的指示应变仍会随着时间的增加而逐渐变化，这一变化量称为应变片的零点漂移，简称零漂。若温度恒定，试样产生恒定的机械应变，这时应变片的指示应变也会随着时间的变化而变化，该变化量称为应变片的蠕变。

零漂和蠕变反映了应变片的性能随时间的变化规律，只有当应变片用于较长时间的测量时才起作用。

零漂和蠕变是同时存在的，在蠕变值中包含着同一时间内的零漂值。零漂主要由敏感栅通上工作电流后的温度效应、应变片制造和安装过程中的内应力以及粘接剂固化不充分等引起；蠕变则主要由粘接剂和基底在传递应变时出现滑移所致。

8. 应变极限（ε_{lim}）

在温度恒定时，对安装有应变片的试样逐渐加载，直至应变片的指示应变与试样产生的应变（机械应变）的相对误差达到10%时，该机械应变即为应变片的应变极限。

9. 绝缘电阻（R_m）

应变片的绝缘电阻是指应变片的引线和被测试样之间的电阻值。过小的绝缘电阻会引起应变片的零点漂移，影响测得应变的读数的稳定性。提高绝缘电阻的办法主要是选用绝缘性能好的粘接剂和基底材料。

在静态测量中，一般要求绝缘电阻大于30MΩ；动态测量时应大于50MΩ。

10. 疲劳寿命（N）

疲劳寿命指贴有应变片的试件在恒定幅值的交变应力作用之下，应变片连续工作，直至产生疲劳损坏时的循环次数，通长可达 $10^6 \sim 10^7$次。

11. 最大工作电流

最大工作电流是允许通过应变片而不影响其工作特性的最大电流，通常为几十毫安。长期静态测量时，为提高测量精度，通过应变片的电流应小一些；短期动态测量时，为增大输出功率，电流可大一些。

（五）应变片选择

应变片的种类繁多，应根据试件的应力状态、环境条件、材质特点及测量仪器等进行选择最合适的应变片。

1. 根据应力状态进行选择

应变性质：在一般静态和动态测量时，对应变片没有特殊要求；但对于长期动荷作用下的应变测量，应选用疲劳寿命长的应变片，如箔式应变片。对冲击载荷或高频动荷作用下的应变测量，还要考虑应变片的频率响应。在动态测量中，还要求选用栅长 L 较小的应变片，以保证构件应变沿栅长方向传播时应变计的动态响应，一般要求 $L \leqslant (1/20)\lambda$，$\lambda$ 为应力波波长。当要测量塑性范围的应变时，则应选用机械应变极限值较高的应变片。

（1）应力状态

若是一维应力，选用单轴应变片。纯扭转的测轴或高压容器筒壁虽然是二维应力问题，可是主应力方向为已知，所以可使用直角应变花。例如主应力方向未知，就必须使用三栅或四栅的应变花。

（2）应力分布

对于应力梯度较大、材质均匀的试体，应选用基长小的应变片，若材质不均匀而

强度不等的材料（如混凝土），或应力分布变化缓慢的构件，为了提高测量精度，应选用基长大的应变片。

2. 根据环境条件进行选择

环境温度对应变片影响很大，故应按使用温度正确选用敏感栅、粘接剂和基底的材料。潮湿对应变片性能的影响也很大。如应变片受潮会出现零点漂移和灵敏度降低等现象，严重时，甚至无法测量。因此，如果在潮湿条件下工作，要选用胶基底的应变片，并且应采取有效的防潮措施。

3. 根据试件的材质特点进行选择

材质均匀的试件采用基长小的应变片。材质不均匀的试件，如木材、混凝土等，就要选用基长大的应变片。

4. 根据测量仪器进行选择

要按电阻应变仪规定的应变片阻值范围选用应变片，使电路阻抗匹配。要按测量仪器的供桥电流大小选片，防止超过允许电流将应变片烧坏，或测量时发热量过大，影响测量稳定性和精度。

（六）应变片粘贴工艺

粘接剂的选用十分重要，在试件受力时，粘接剂应及时、全部地将试件变形传递给敏感栅。

目前，常用的粘接剂可分为天然类和合成类，天然粘接剂在应变片粘贴上极少应用，无机合成粘接剂主要用于高温应变片的粘贴，有机合成粘接剂应用最为广泛。按有机合成粘接剂的性质，可以分为热塑性树脂粘接剂、热固性树脂粘接剂、合成橡胶粘接剂和混合型粘接剂。

选好了应变片和粘接剂，还要有正确严格的贴片工艺。往往由于某个细节质量不高或操作不当，会导致整个试验无法进行；或者测量误差很大，数据无法采用。选好足够数量的应变片，准备好粘贴用的粘接剂之后，应按下述步骤进行操作。

应变片的粘贴工艺包括应变片的表面处理、被测物表面的处理、底胶的处理、应变片粘贴、导线焊接和固化等环节。

1. 应变片的表面处理

应变片在使用前，应使用丝、绸纺织品浸无水乙醇擦洗，用微热烘干装置烘干（灯泡、红外线、电吹风）。

2. 被测物表面处理

要使应变片粘贴牢固，需对被测结构的表面进行处理，处理的范围约为应变片面积的3～5倍。

首先清除表面的油污、锈斑、涂料、氧化膜镀层等，打磨材料可选用200#～400#的砂纸，并打出与贴片方向呈45°角的交叉条纹，用丙酮粗擦后用无水乙醇精擦，擦洗时要顺向单一方向进行，待烘、吹干之后贴片。

3. 底胶的处理

精度要求较高的结构物在粘贴前要打底胶，底胶一般采用与贴片胶相同的粘接剂，在黏结效果好并绝缘阻值足够的前提下，底胶越薄越好。

4. 应变片粘贴

（1）胶黏剂

可选择环氧、聚按酯、硫化硅橡胶、502 等，应根据粘贴环境、条件选用不同粘贴剂，要了解粘贴剂自身的物理、化学特性及固化条件。

（2）粘贴

粘贴前用划针划出贴片位置，线不应划到应变片下方，划线之后再做清洗。贴片时要摆正应变片位置，刷胶均匀，用胶量合理，贴片后盖上聚四氟乙烯薄膜，用手指沿应变片轴线方向均匀滚压应变片，以排除多余胶液和气泡，一般以 3 ~4 个来回为宜，并注意应变片位置。

（3）清洗

对被贴结构物、应变片、粘贴工具的清洗是为了保证粘贴效果和绝缘电阻，从而保证测试精度。

5. 导线焊接

为了防止导线摆动而将应变片拉坏。可以在应变片旁粘一块接线块，分别将引线与导线焊在接线块上。

连接导线一端使用聚氯乙烯塑料绝缘包皮多股铜导线，规格为 $\phi 0.12\times 7$ 或 $\phi 0.18\times 12$，在高低温测量时，最好选用聚四氟乙烯绝缘包皮的银导线或镀银导线。

焊锡应选用松香芯焊锡丝，焊锡溶点约 180℃，松香芯是为了防止产生高温氧化物。禁用酸性焊药。焊点必须焊透。不能有虚焊或有夹杂物，焊点要求小而圆滑，否则在测量时会出现漂移或不稳定情况。

6. 固化

大部分粘接剂都需要固化，固化条件是：温度、压力、时间。压力处理除指压法外，还要用夹具压板加压。加温是因为大部分粘贴剂需要高温固化。

应变片在加温干燥固化和焊接防潮处理完毕后以及测试前，都必须对应变片的粘贴质量和工作性能进行检查，检查的重点内容为应变片电阻值和绝缘电阻。

应变片质量检查之后，应视其使用场合和要求的精确度判定粘贴质量是否合格。如不合格则应重新粘贴。

二、应变测量电路

测量电路的作用是将应变片的电阻变化转换为电压（或电流）变化。通常应变片的电阻变化较小，测量电路中的输出信号也极为微弱。为了便于测量，需将应变片的电阻变化转换成电压）信号，再通过放大器将信号放大，然后由指示仪或记录仪器指示或记录应变数值，这一过程是由电阻应变仪完成，但测量电路则是电阻应变仪的重要组成部分。

应变片电测一般采用两种测量电路，一种是电位计式电桥，一种是惠斯登电桥（简称电桥），其中以惠斯登电桥应用最为广泛。

（一）电位计式电桥

一般电位计式电路，应变片电阻 R 串联一个固定电阻 R_b。在未产生应变时，输出电压 E 为

$$E = \frac{R}{R_b + R}U \tag{4-3}$$

式中：U——为电源电压。

当有应变产生时，应变片电阻变为 $R + \Delta R$，这时输出电压增加 ΔE。

$$E + \Delta E = \frac{R + \Delta R}{R_b + R + \Delta R}U \tag{4-4}$$

由式（4-3）和式（4-4）可得

$$\Delta E = \frac{R_b \Delta R}{(R_b + R)(R_b + R + \Delta R)}U = \frac{a}{1 + a + \dfrac{(1+a)^2}{\Delta R/R}}U \tag{4-5}$$

式中：$a = R_b/R$。

由式（4-5）可以看出，ΔE 和 $\Delta R/R$ 之间不是线性关系。一般 $a = 1 \sim 3$ 时使非线性误差不至于过大。

电位计式电路比较简单，电路中的电阻元件数量很少，而且可以没有调整的元件。这种电路通常用于测量动态分量（如冲击和振动）。若用变压器耦合或用隔直电容输出时，已将直流分量去掉。在采用半导体应变片时，往往采用这种电路。

（二）惠斯登电桥

应变电测早期，由于受电子技术的限制，电阻应变仪在比较长的一段时间内都选用交流电桥。从 20 世纪 80 年代以后，电子技术迅猛发展，直流放大器性能越来越好，高精度直流放大器的各项性能指标均已远远优于交流放大器，且使用方便、价格便宜，目前交流电桥的电阻应变仪已经很少使用。

两相邻桥臂电阻所感受的应变数值相减，两相对桥臂电阻所感受的应变数值相加，这种性质称为电桥的加减特性，该特性对于交流电桥也适用。

在应变电测中，合理地利用电桥的加减特性，可以实现如下功能：

1. 消除测量时环境温度变化引起的误差。
2. 增加读数应变，提高测量灵敏度。
3. 在复杂应力作用下，测出某一应力分量引起的应变。

三、应变测试仪器

电阻应变仪是根据应变检测要求而设计的一种专用仪器。它的作用是将电阻应变片组成测量电桥，并对电桥输出电压进行放大、转换，最终以应变量值显示或根据后续处理需要传输信号。

根据应变仪的工作频率，电阻应变仪分为静态电阻应变仪与动态电阻应变仪。静态电阻应变仪测量静态或缓慢变化的应变信号，动态电阻应变仪测量连续快速变化的应变信号。

（一）静态电阻应变仪

静态电阻应变仪用来测量不随时间变化、一次变化之后能相对稳定或变化十分缓慢的应变。

（二）动态电阻应变仪

动态电阻应变仪可与各种记录器配合测量动态应变，测量的工作频率可达 0 ~ 2kHz，可测量周期或非周期的动态应变。

四、电阻应变式传感器

电阻应变式传感器的工作原理是基于电阻应变效应，他的结构通常由应变片、弹性元件和其他附件组成。在被测拉压力的作用下，弹性元件产生变形，贴在弹性元件上的应变片产生一定的应变，由应变仪量测，再根据事先标定的应变一应力对应关系，推算得到被测力的数值。

弹性元件是电阻应变式传感器必不可少的组成环节，其性能好坏是保证传感器质量的关键。弹性元件的结构形式是根据所测物理量的类型、大小、性质及安放传感器的空间等因素来确定的。

（一）测力传感器

测力传感器常用的弹性元件形式有柱（杆）式、环式和梁式等。

1. 柱（杆）式弹性元件

其特点是结构简单、紧凑，承载力大。主要用于中等荷载和大荷载的测力传感器。其受力状态比较简单，在轴力作用下，同一截面上所产生的轴向应变和横向应变符号相反，各截面上的应变分布比较均匀。应变片一般贴于弹性元件中部。

2. 环式弹性元件

其特点是结构简单、自振频率高、坚固、稳定性好，主要用于中小载荷的测力传感器。其受力状态比较复杂，在弹性元件的同一截面上将同时产生轴向力、弯矩和剪力，并且应力分布变化大，应变片应贴于应变最大的截面上。

3. 梁式弹性元件

其特点是结构简单，加工方便，应变片粘贴容易且灵敏度高，主要用于小载荷、高精度的拉压力传感器。梁式弹性元件可做成悬臂梁、铰支梁和两端固定式等不同的结构形式，或者是其组合。其共同特点是在相同力的作用下，同一截面上与该截面中性轴对称位置点上所产生的应变大小相等而符号相反。应变片应贴于应变值最大的截面处，并在该截面中性轴的对称表面上。

（二）位移传感器

用适当形式的弹性元件，贴上应变片，也可以测量位移。弹性元件有梁式、弓式和弹簧组合式等。位移传感器的弹性元件要求刚度小，以免对被测构件形成较大反力，影响被测位移。根据弹性元件上某点的应变读数，就可测定自由端的位移f为

$$f = \frac{2l^3}{3hx^e} \tag{4-6}$$

弹簧组合式传感器多用于大位移测量，当测点位移传递给导杆后，使弹簧伸长，并使悬臂梁变形，这样，从应变片读数可测得测点位移f，经分析，两者之间的关系为

$$f = \frac{(k_1 + k_2)l^3}{6k_2 (l - l_0)^e} \tag{4-7}$$

式中：k_1，k_2——分别为悬臂梁与弹簧的刚度系数。

在测量大位移时，k_2 应选得较小，以保持悬臂梁端点位移为小位移。

（三）液压传感器

液压传感器有膜式、筒式和组合式等。膜式传感器是在周边固定的金属膜片上贴上应变片，当膜片承受流体压力产生变形时，通过应变片测出流体的压力。

（四）压力盒

电阻应变片式压力盒也采用了膜片结构，它是将转换元件（应变片）贴在弹性金属膜片式传力元件上，当膜片感受外力变形时，把应变传给应变片，通过应变片输出的电信号测出应变值，再根据标定关系算出外力值。

五、现场应变一应力测量

（一）布片和接桥原则

根据被测对象的应力状态，选择测点布置应变片和合理接桥是现场应变一应力测量中需首先解决的问题。应变片布片和接桥的一般原则如下：

1. 首先考虑应力集中区和边界上的危险点，选择主应变最大、最能反映构件力学规律的点贴片。

2. 利用结构的对称性布点，利用应变电桥的加减特性，合理选择贴片位置、方位和组桥方式，可以达到稳定补偿、提高灵敏度、降低非线性误差及消除其他影响因素的目的。

3. 当测量荷载时，布片位置应尽量避开应力一应变的非线性区。

4. 在应力已知部位安排适当的测点，以便测量时进行监测和检验试验结果的可靠性。

（二）布片和接桥方法

组成测量电桥的方法有半桥接法和全桥接法两种。

1. 半桥接法

用两个电阻应变片作电桥的相邻臂，另外两臂为应变仪电桥盒中精密无感电阻所组成的电桥。

2. 全桥接法

电桥的四个臂全由电阻应变片构成，它可消除连接导线电阻影响和降低接触电阻的影响，灵敏度也可以提高。

（三）温度补偿方法

当电阻应变片安装在无外力作用、无约束的构件表面上时，在温度变化的情况下，它的电阻会发生变化的现象，称为电阻应变片的温度效应。

温度变化时，应变片敏感栅材料的电阻会发生变化，应变片和构件都会因温度变化而产生变形，从而使应变片的电阻值随温度变化而变化。这种温度效应将影响电阻应变片测量构件表面应变的准确性。电阻应变片的温度效应主要取决于敏感栅和构件材料的性能和温度变化范围。同时，它还与基底和粘接剂材料、应变片制造工艺及使用条件等有关。

现场测量时，须设法消除温度带来的影响，消除的方法是温度补偿。

第二节　土木工程动态测试与分析技术

在土木工程中，振动对建筑物的影响是重要的研究内容。在施工过程中，施工机械的振动作用对建筑结构会产生影响。在建筑使用期间，往往会受到振动作用，例如风对桥梁的周期性作用，地震对建筑物的振动作用，地铁列车对周围建筑物的振动影响。总的来说，振动对建筑物的影响分析可以分为如下方面：

第一，地震作用——对地震进行观测和预报，对建筑结构进行抗震试验研究。

第二，设备振动——如锻锤、吊车制动力，多层工业厂房机器等。

第三，风振——风载在高层和高耸结构设计中控制作用，影响舒适度。

第四，环境振动对精密机床、集成电路制造等设备将产生不良影响。为此，需对地脉动进行测试，根据振动能量的分布确定防振、隔振或消能措施。

第五，爆炸振动研究建筑物的抗爆问题，研究如何抵抗核爆炸所产生的瞬时冲击荷载对结构的影响。

在对建筑物振动特性的分析过程中，需进行动态测试。结构动力测试的主要内容如表 4 – 1 所示。

表 4-1　结构动力测试主要内容

名　称	测试内容
动荷载特性的测定	机械、吊车等的作用力及其特性进行测试，有时是根据建筑物的振动通过试验方法寻找振源，以便为建筑物的设计、使用提供依据
结构自振特性的测定	采用各种类型的激振手段，对原型结构或模型进行动荷载试验，以测定建筑物的动力特性参数，即固有频率、阻尼系数、振型等，以了解结构的施工水平、工作状态及结构是否损伤等
结构在动荷载作用下反应的测定	测定结构物在实际工作时动载荷与结构相互作用下的振动水平及性状
结构的疲劳特性	为确定结构构件及其材料在多次重复荷载作用下的疲劳强度，推算结构的疲劳寿命

一、动态测试的响应特性与不失真测试条件

（一）动态测试的基本内容

结构动力特性是结构固有的特性，包括固有频率、阻尼及振型，它们只与结构的质量、MIJ 度、材料有关，结构动力特性是研究结构振动的基础。

从动力学可得，单质点有阻尼自由振动方程为

$$M\ddot{x} + c\dot{x} + kx = 0 \tag{4-8}$$

式中：c——阻尼系数；

M——质量；

k——刚度。

将式（4-8）改写成

$$\ddot{x} + 2\xi\omega_0\dot{x} + \omega_0^2 x = 0 \tag{4-9}$$

式中：ξ——阻尼比，$\xi = \dfrac{c}{2m\omega_0}$。

式（4-9）的解为

$$x = A\mathrm{e}^{-\xi\omega_0 t}\sin(\omega_0 t + \varphi) \tag{4-10}$$

结构振动周期为

$$T = \frac{2\pi}{\omega_0}$$

结构自振频率为

$$f = \frac{1}{T}$$

对于比较简单的动力问题，一般只需要量测结构的基本频率。但对于比较复杂的多自由度体系，有时还需考虑第二、第三甚至更高阶的固有频率以及相应的振型。结构的固有频率及相应的振型虽然可由结构动力学原理计算得到，但是由于实际结构的组成和材料性质等因素，经过简化计算得出的理论数值通常误差较大。至于阻尼系数

则只能通过试验来确定。因此，采用试验手段研究各种结构物的动力特性具有重要的实际意义。土木工程的类型各异，其结构形式也有所不同。从简单的构件如梁、柱、屋架、楼板到整个建筑物、桥梁等，其动力特性相差很大，试验方法与所用的仪器设备也不完全相同。

（二）动态测试的响应特性

在测量静态信号时，线性传感器的输出——输入特性是一条直线，两者之间有一一对应的关系，而且因为被测信号不随时间变化，测量和记录过程不受时间限制。而在动态信号测试中，传感器对动态信号的测量任务不仅需要精确地测量信号幅值的大小，而且需要测量和记录动态信号变换过程的波形，这就要求传感器能迅速准确地测出信号幅值的大小和无失真的再现被测信号随时间变化的波形。

一个动态特性好的传感器，其输出随时间变化的规律，将能同时再现输入随时间变化的规律，即具有相同的时间函数。但实际上除了具有理想的比例特性外，输出信号将不会与输入信号具有相同的时间函数，这种输出与输入间的差异就是所谓的动态误差。

研究动态特性可以从时域和频域两个方面采用瞬态响应法和频率响应法来分析。一般而言，在时域内研究传感器的响应特性时，只研究几种特定输入时间函数如阶跃函数、脉冲函数和斜坡函数等的响应特性，在频域之内研究动态特性一般是采用正弦函数得到频率响应特性。

（三）不失真测试条件

在动态测试中的一个重要问题，是如何实现不失真测试。要实现不失真测试首先要求测试装置是一个单向环节，即被测对象作用于测量装置，而装置对子测试对象的反作用可以忽略不计。例如在测量零件尺寸的时候要求测量力足够小，不致使被测零件在测量力的作用下产生不可忽略的变形。在进行动态测量的时候要求不因测试装置对于被测对象的作用而改变它的状况，如自振频率 $\omega(n)$ 等。

除此以外，要实现不失真测试还需要装置的幅频特性 $A(\omega)$ 和相频特性 $\varphi(\omega)$ 满足一定的要求，在讨论此问题之前，首先要明确什么是不失真测试。

装置的输出 $y(t)$ 和它对应的输入 $x(t)$ 相比，在时间轴上所占的宽度相等，对应的高度成比例，只是滞后了一个位置 t_0。这样就认为输出信号的波形没有失真，或者说实现了不失真的测试。其数学表达式为

$$y(t) = A_0 x(t - t_0) \tag{4-11}$$

式中：A_0, t_0——都是常数。

此式表明装置的输出波形和输入波形精确一致，仅是幅值放大了 A_0 倍和时间上延迟了 t_0 而已。

二、动载试验的量测仪器、加载方法与设备

振动量测设备的基本组成可以分为接收、放大和显示记录三部分。振动量测中的

接收部分常称为拾振器，能够接收振动信号。放大器不仅将信号放大，还可将信号进行积分、微分和滤波等处理，分别量测出振动参量中的位移、速度以及加速度。显示记录部分可存储振动参数随时间历程变化的数据资料。

（一）动载试验的量测仪器

目前在土木工程振动试验中应用较广泛的是磁电式传感器和压电式传感器。

1. 磁电式速度传感器

磁电式速度传感器是根据电磁感应的原理制成，当有一线圈在穿过其磁通发生变化时，会产生感应电动势，电动势的输出大小与线圈的运动速度成正比。它具有灵敏度高、内阻低等优点。经放大、微积分等运算后可测量振动速度、位移和加速度等。其特点是灵敏度高、性能稳定、输出阻抗低、频率响应范围有一定宽度。通过对弹簧系统参数的不同设计试验，可以使传感器既能测量非常微弱的振动，也能测比较强的振动，是多年来工程振动测量最常用的测振传感器。

2. 压电式加速度传感器

压电式加速度传感器又称压电加速度计，它是典型的有源传感器。它是利用某些物质如石英晶体或压电陶瓷的压电效应，在加速度计受振时，质量块加在压电元件上的力也随之变化。当被测振动频率远低于加速度计的固有频率时，力的变化与被测加速度成正比。压电敏感元件是力敏元件，在外力作用之下，压电敏感元件的表面上产生电荷，从而实现非电量电测量的目的。压电式传感器的输出电信号是微弱的电荷，通过放大器经过阻抗变换以后，可通过仪表和记录仪显示存储振动信息。

压电式加速度传感器的结构原理：压电晶体上的质量块，用硬弹簧将它们夹紧在基座上。质量弹簧系统的弹簧刚度由硬弹簧的刚度和晶体的刚度组成，在压电式加速度传感器内，质量块的质量较小，阻尼系数也较小，而刚度很大，因而质量、弹簧系统的固有频率很高，因此力的变化与被测加速度成正比，可以通过输出信号的变化测得振动的加速度。

（二）动载试验的加载方法与设备

动载加载根据使用的情况和特性分为惯性力加载、电磁加载、液压加载等方法。

1. 惯性力加载

惯性力加载方法包括冲击力加载和离心力加载等。当中冲击力加载分为初位移加载和初速度加载。

（1）初位移加载

适用于刚度较大的结构，较小的荷载能产生较大的振幅，对结构产生影响。试验时应注意根据测试目的布设拉线点，拉线与被测结构的连接部分应具有整体向被测试结构传递力的能力。每次测试时应记录拉力值及拉力与结构轴线之间的夹角，测量振动波时，应记录测量中间数个波形，测试过程中不应出现裂缝。记录数据时，应同时记录夹角和波形。

（2）初速度加载

适用于刚度较小的结构，特别是柔性较小的构件。初速度加载时应注意作用力持续的时间应尽可能短于结构有效振型的自振周期，使结构的振动成为初速度的函数，而不是冲击力的函数。使用摆锤法时应注意防止摆锤和建筑物有相同的自振频率，以防摆的运动与建筑物发生共振，使用落重法时应注意减轻重物的跳动对结构的影响，适当加垫砂层等。

离心力加载是利用旋转质量产生的离心力对结构施加简谐振动荷载。其运动具有周期性，作用力的大小和频率按一定规律变化，使结构产生强迫振动。一般采用机械式激振器。激振器分为机械和电控两部分组成：机械部分是两个或多个偏心质量组成，原理是偏心质量，使它们按相反的方向运动，通过离心力产生加振力。一般机械式激振器工作频率较窄，大致在 50～60Hz 以下。由于激振力与转速的平方成正比，所以当工作频率低时，激振力就小。电气控制部分采用单相可控硅，速度电流双闭环电路系统，对直流电机进行无级调速控制。使用时还应注意将激振器底座固定在被测结构物上面由底座传给结构激振力，一般要求底座有足够的刚度，以保证激振力的传递效率。在必要时候，可以多台激振器同时使用，满足了试验要求。

2. 电磁加载

根据电磁感应原理，当线圈中通过稳定的直流电时，产生磁场，与此同时工作线圈在磁场中运动，使顶杆推动试件振动。电磁激振器安装在支座上面，可以作水平激振和垂直激振。电磁加载的频率范围较宽，质量轻，控制方便，可产生各种激振力；激振力不大，仅适用于小型结构及模拟试验。

3. 液压加载

电液伺服加载系统是一种闭环加载系统，因为它能精确地模拟结构的实际受力过程，试验人员能够清晰了解结构的性能。通过计算机编程技术可以模拟产生各种波谱，如正弦波、三角波、随即波等对结构进行动力试验，试验精度高，自动化程度高，是实验室理想的试验仪器特别适合于地震模拟振动台的激振系统。

液压加载对大吨位、大挠度、大跨度的结构更适用，它不受加荷点数的多少、加荷点的距离和高度的限制，并能适应均布和非均布、对称和非对称加荷的需要。

三、结构动力特性与动力反应的试验测定

结构动力特性（固有频率、阻尼特性、振型等）是结构所固有的只与结构的组成、刚度、质量及其分布、材料有关，与外荷载无关。按试验的方式特点分为直接测定、间接测定和比较法。

（一）结构动力特性试验

结构动力特性是指结构本身所固有的振动方式，其表现为结构的固有频率、振型和阻尼等动力参数，它们取决于结构的组成形式、刚度、质量分布和材料性质等，了解结构动力特性是研究结构振动的基础。

虽然可以根据结构的动力学原理计算得到结构的固有频率、振型等，然而理论计算模型与结构实际情况往往有较大的出入，如结构的约束、材料性质和质量分布等，从而导致理论计算值与实际值相差较大，而且阻尼系数必须通过试验来确定，因此采用试验方法研究结构的动力特性是重要的手段之一。

不同的结构物具有不同的动力特性，如梁、板、柱和建筑物整体的动力特性会完全不同，不同的结构特性可以采用不同的试验方法和仪器设备，结构动力特性试验研究的发展已开发出很多有效的试验方法和试验设备，常用的动力特性试验方法有自由振动法、共振法、脉动法等。

1. 自由振动法

自由振动法是利用阻尼振动衰减原理求取自振特性，试验常用方法借助一定的张拉释放装置或反冲激振器，使结构在一定的初位移或初速度状态下开始自由衰减振动，通过记录振动衰减曲线，便可利用动力学理论确定自振周期。常用的自由振动法有突加荷载法和突然卸载法。

突加荷载法是将一重物提升到某一高度，然后让其自由下落冲击结构，使结构产生振动。突加荷载法能用较小的荷载产生较大的振动，加载简单方便，但缺点是落下的重物附在结构上与结构一起振动，使结构的质量增大及应力分布改变，引起试验误差，为此可以采用锤击法。

突然卸载法是用人工先使结构产生一个初位移，然后突然卸去荷载，使结构物产生弹性恢复而产生振动。突然卸载法的重物在结构自振时已不存在，因此重物本身不造成附加影响，重物大小需根据所需最大振幅计算确定，当结构物的刚度较大时，所需荷载重量较大。此方法可用于测量厂房等建筑物的动力特性。对于具有吊车梁的厂房，也可以用吊车突然刹车的方法使厂房产生横向或纵向的自由振动，在测量桥梁的动力特性时，还可以采用载重汽车行驶越过障碍物的方法产生一个冲击荷载，让桥梁产生自由振动。

自振衰减曲线上的两个相邻波峰之间等于结构自振周期。

结构的阻尼特性用对数衰减率或临界阻尼比表示，用自由振动法得到的周期和阻尼系数均比较准确，但只能测出基本频率。

2. 共振法

共振法采用能产生稳态简谐振动的起振机或者激振器作为振源。

实验是利用一频率可调的激振器安装在结构上，逐步增加激振器的频率，对结构进行扫频，随着激振器频率的变化，结构振幅也随之变化，当激振器振动频率接近或等于结构的固有频率时结构产生共振现象，这时的振幅最大。通过测量结构振动反应的幅值，可以得到共振曲线和振型曲线。通过分析，可获得结构的自振频率和振型阻尼比。

3. 脉冲法

脉动是由于人为活动和自然环境的影响，如大气流动、河水流动、机械运动、汽车行驶和人群移动等，这些激振能量使结构实际上处于不断振动中，建筑物产生的微幅振动（振动以微米计算），这种微小振动称为建筑物的脉动。通过测量建筑物的脉动反应波形来确定建筑物的动力特性。脉动信号的功率谱峰值对应结构的固有频率。

实际工程中的环境下存在很多微弱的激振能量，只是这种振动很微弱，一般不为人们所注意，当采用高灵敏度、高精度的传感器时，经放大器放大就能清楚地观测和记录下这种振动信号。由于环境引起的振动是随机的，因此又把这种方法称为环境随机激励法。

从分析结构动力特性的目的出发，应用脉动法时应注意下列几点：

（1）工程结构的脉动是由于环境随机振动引起的。这就可能带来各种频率分量，为得到正确的记录，要求记录仪器有足够宽的频带，使所需要的频率分量不失真。

（2）根据脉动分析原理，脉动记录中不应有规则的干扰或仪器本身带进的杂音，因此观测时应避开机器或其他有规则的振动影响，以保持脉动记录的“纯洁”性。

（3）为使每次记录的脉动均能反映结构物的自振特性，每次观测应持续足够长的时间并且重复几次。

（4）为使高频分量在分析时能满足要求的精度，减小由于时间分段带来的误差，记录仪的纸带应有足够快的速度而且可变，以适应各种刚度的结构。

（5）布置测点时应将结构视为空间体系，沿高度及水平方向同时布置仪器，如仪器数量不足可做多次测量。这时应有一台仪器保持位置不动作为各次测量比较标准。

（6）每次测量最好能记下当时的天气、风向风速以及附近地面的脉动，以便分析这类因素对脉动的影响。

（二）结构动力反应试验

在工程实际和科研活动中，经常要求对动荷载作用下结构产生的动力反应进行测定，包括结构动力参数（速度、加速度、振幅、频率、阻尼）、动应变和动位移等，与动荷载特性试验和结构动力特性试验不同，前者测定对象为产生动荷载的振源，如动力机械、吊车等，仅反应动荷载本身的性质。后者是测定结构自身的振动特性，而结构动力反应试验则是测试动荷载与结构相互作用下结构产生的响应，如工业建筑在动力机械作用下的振动，桥梁在汽车行驶过程中的动态反应，风荷载作用下高耸或高层建筑物的结构产生的振动，结构在地震或爆炸作用下的反应等，这些都与动荷载和结构的动力特性密切相关。不同运转速度的机械所产生的振动响应不同，不同车速行驶所产生的桥梁结构反应也不同，测定了结构动力反应是确定结构在动荷载作用之下安全工作的重要依据。

1. 动应变测量

动应变测量是直接测定结构在动荷载作用下产生的应变时程，采用的主要测量仪器为动态应变仪，配置相应的软件可与计算机连接。通过计算机记录和分析数据，一台动态应变仪一般有 10 个通道，可同时测量各通道的信号。每一通道与一个接线桥盒连接，接线桥盒上有应变计接入的端子。其布置型式一般与静态应变仪上的接入端子相同，采用的应变计及其布置一般与静态应变试验的相同，可采用与静态试验相同的

接线方式，如1/4 桥法、半桥法和全桥法。当构件处于纯弯状态可采用弯曲桥路接线方式，提高试验精度。

2. 动挠度测定

测量动挠度可用位移传感器进行。例如使用的位移传感器是应变式的，可利用动态应变仪作数据采集与记录。

测量动态挠度的侧点布置原则与静挠度相同，只是测点数量要少。测量动挠度的位移传感器可选用电阻应变式或其他传感器。当选用应变式位移传感器时，其接线方式与动应变的相同，可用同一台动态应变仪同时测量动应变和动挠度。为了以后整理数据方便及免于出错，可通过改变传感器至接线桥盒的导线接法，使相同方向的挠度读数的符号相同。应变式传感器的数据处理与应变变换和动应力测量相同。应变算出后，再根据传感器的灵敏度换算出挠度，与静挠度计算一样，需去除支座沉陷的影响。

3. 动力系数测定

承受移动荷载的结构如吊车梁、桥梁等，试验检测时常需要确定其动力系数，以判定结构的工作情况。移动荷载作用于结构上所产生的动挠度或动应变，往往比静荷载时产生的挠度、应变大。动挠度（动应变）及静挠度（静应变）的比值称为动力系数，其计算如下两式：

$$1+\mu=\frac{\text{最大动位移}}{\text{静态位移}}$$

或

$$1+\mu=\frac{\text{最大动态应力}}{\text{静态应力}}$$

结构的动力系数一般用试验方法确定。对于沿固定轨道行驶的动荷载，为了求得动力系数，先使移动荷载以最慢的速度通过结构，测得挠度，然后使移动荷载按正常使用时的某种速度通过，这时结构产生最大挠度、应变。

四、结构疲劳试验

振动疲劳是指交变激励频率与结构的某阶固有频率接近或一致时使结构产生的疲劳失效。振动疲劳因其具有突发性，往往造成灾难性后果，结构在动力荷载作用下达到破坏时的应力比其静力强度要低得多，这种现象叫疲劳。结构疲劳试验按照目的的不同可分为研究性的试验和检验性的试验。按其试验方法有等幅等频疲劳、变幅变频疲劳和随机疲劳。研究型疲劳试验一般研究开裂荷载及开裂情况、裂缝的形态及随荷载重复次数的变化、最大挠度的变化、疲劳极限和疲劳破坏特征。检验性疲劳试验通常在重复荷载条件下，经过规定的反复加载次数之后对结构的抗裂性能、开裂荷载、裂缝形态及最大挠度的检验。

结构疲劳试验一般在大型的专门疲劳试验机上进行，随着电液伺服系统的广泛应用，也用于一些大型的疲劳试验。疲劳试验机的性能指标一般包括试验机的最大荷载值，最小荷载值及加载频率。目前大多数的试验机只能产生脉动循环，即同向荷载，只有少数可以产生循环荷载，及最小值可以反向，直到两者相等、方向相反。

（一）加载设计

影响结构和材料的疲劳极限主要因素之一就是应力循环特征 ρ，其计算公式为

$$\rho = \frac{\sigma_{\min}}{\sigma_{mix}} \tag{4-12}$$

式中：$\sigma_{\min}$ ——重复荷载的最小应力；

$\sigma_{\max}$ ——重复荷载的最大应力。

对于结构的疲劳试验，其最大荷载值是按结构设计规范中疲劳荷载组合选取。

（二）荷载频率的选择

疲劳试验荷载在单位时间内重复作用的次数称为荷载频率。荷载频率越低，越接近结构的实际工作情况，但试验的时间会越长。频率越高影响材料的塑形变形，对试验的附属结构也产生影响，目前没有统一的标准，一般根据试验机的性能而定。主要的考虑因素是远离结构的共振区，即疲劳试验机的频率在大于试验结构构件的自振频率的 80%。

（三）试验加载顺序

预加载加载值为最大值的 20%，以消除支座等连接构件的不良接触，测试仪器是否正常工作。静载试验预加载之后施加重复荷载的过程当中要先进行若干次静载试验，观察重复荷载对抗裂性以及裂缝宽度开裂情况的影响，应力、应变的变化及最大挠度的变化。

静载试验的最大荷载按正常使用的最不利组合选取。试验方法按结构静载试验方法进行，观察项目可适当简化。在是使用情况下，如果出现裂缝，应该与静载试验一样描述裂缝开裂的情况。

疲劳试验时，首先调整最大荷载、最小荷载，待稳定后开始记数，直到需做静载试验的次数。在运行过程中，需要做动态挠度或动应变测量。测量一般在 1 万次、2 万次、5 万次、10 万次、20 万次、50 万次、100 万次、200 万次、400 万次时进行。

在达到要求的疲劳次数后，一般要求做破坏试验。这时加载有两种情况：第一种加载情况是继续做疲劳试验直至破坏，构件出现疲劳极限标志，得出疲劳极限的极限次数，这需要很长时间，甚至不能破坏；第二种是做静载破坏试验，和前面相同，得到疲劳后的承载力极限荷载，他破坏标志与静载试验相同。

第五章　土木工程无损检测

第一节　土木工程无损检测回弹法

一、基本原理

回弹法，是基于混凝土表面硬度和强度之间存在相关性而建立的一种检测方法，它用一弹簧驱动的重锤（施密特锤），通过弹击杆（传力杆），弹击混凝土表面，测出重锤被反弹回来的距离，以回弹值 R（反弹距离与弹簧初始长度之比）作为与强度相关的指标，来推定混凝土强度的一种方法。因为测量在混凝土表面进行，因此回弹法应属于一种表面硬度检测方法。

回弹值 R 代表了混凝土受冲击后所吸收的能量，它表征了表层混凝土的弹性和塑性性能，并进而反映混凝土强度。由于影响因素较为复杂，尚难建立回弹值 R 与强度的理论公式。因此，目前均采用经验归纳法，建立了混凝土强度与回弹值 R 等参数间的回归公式，常用回归公式如下：

线性公式：

$$f_{cu}^{c} = A + BR_{m} \tag{5-1}$$

幂指数公式：

$$f_{cu}^{u} = AR_{m}^{B} \tag{5-2}$$

抛物线公式：

$$f_{cu}^{cu} = A + BR_{m} + CR_{m}^{2} \tag{5-3}$$

二元方程：

$$f_{cu}^{c} = AR_{m}^{B} \cdot 10^{od_{m}} \tag{5-4}$$

式中：f_{cu}^{c} ——测区混凝土的推算强度，MPa；

R_{m} ——测区平均回弹值，无量纲；

d_{m} ——测区平均碳化深度值，mm；

A，B，C——回归系数。

混凝土强度换算值可采用下列测强曲线计算，①统一测强曲线——由全国有代表性的材料、成型养护工艺配制混凝土试件，开展试验建立的曲线；②地区测强曲线——由某地区代表性的材料、成型养护工艺配制混凝土试件，开展试验建立的曲线；③专用测强曲线——由与结构或构件相同的材料、成型养护工艺配制混凝土试件，开展试验建立的曲线。

我国回弹法检测的特点在于“碳化深度值”的引入，建立“回弹值——碳化深度——强度”的相关关系，能够体现不同龄期、不同损伤条件下混凝土的强度变化。

二、检测方法

采用回弹法检测混凝土的抗压强度，其关键在于依据相应的规范和规程进行规范化操作。同时，应注意到回弹法是一种表面强度法，其使用的前提是被测混凝土的内外质量基本一致。在混凝土内外部质量有明显差异或内部存在缺陷，或是特种成型工艺制作的混凝土等，均不宜直接采用回弹法检测混凝土的强度。因此，在测试前应全面、准确地了解被测结构的情况，如混凝土的涉及参数、混凝土实际所用拌合物材料、结构名称、结构形式等，并据此进行测区与测点的布置。

（一）回弹值的测量

回弹法检测是按照测区和测点布置的。测区是指检测构件混凝土强度时的一个检测单元。测点则是测区内的一个回弹检测点。

用于抽样推定的结构或构件，长度不小于3m的每一试样的测区数应不小于10个，长度小于3m且高度低于0.5m的试件，测区数不应小于5个。

其测区测点布置应符合下列要求：

第一，测区选定采用随机抽检的方法，测区宜选在混凝土浇筑的侧面，且在两相对侧面交错对称布置。所选测区应相对平整和光滑，不存在蜂窝和麻面，也没有裂缝、裂纹、剥落、层裂等现象。

第二，每一测区的面积约为20cm×20cm，测点在测区内均匀分布，每个测区布置16个测点，可测得16个回弹值，且同一测点只允许弹击一次。

第三，相邻两测区的间距不宜大于2m，相邻两测点的间距一般不小于2cm，测点距结构或构件边缘或外漏钢筋、铁件的距离不小于3cm。

第四，对于体积小、刚度差或测试部位厚度小于10cm的试件，应该设支撑固定，确保无测试颤动后，才能实施回弹法检测。

（二）碳化深度值的测定

作为一种表面硬度法，需要考虑影响混凝土表面硬度的一个重要因素——碳化深度。混凝土表面的氯氧化钙与空气中的二氧化碳或者其他酸性物质反应变成碳酸钙，其厚度即为碳化深度值。

回弹值测量完毕后，应在有代表性的测区上测量碳化深度值。测点数不应少于构件测区数的30%，应取其平均值作为该构件每个测区的碳化深度值。当碳化深度值极

差大于2.0mm时，应在每个测区分别测量碳化深度值。

应采用浓度为1%～2%的酚酞酒精溶液为指示剂，混凝土碳化后该指示剂不变色，未碳化部位则变为紫红色，采用碳化深度测量仪测量已碳化与未碳化混凝土交界面到混凝土表面的垂直距离，应测量3次，次次读数应精确到0.25mm。取3次测量的平均值作为检测结果，并应精确至0.5mm。

（三）平均回弹值的计算

在水平方向检测混凝土浇筑的侧面时，计算测区平均回弹值应从该测区的16个回弹值中剔除3个最大值和3个最小值，其余10个回弹值按下式计算：

$$R_m = \sum_{i=1}^{10} R_i/10 \tag{5-5}$$

式中：R_i——第i个测点的回弹值。

（四）混凝土强度换算值的计算

构件的测区混凝土强度平均值应根据各测区的混凝土强度换算值计算。当测区数为10个及以上时，还应计算强度标准差。平均值以及标准差应按下式计算

$$m_{f_{cu}} = \frac{\sum_{i=1}^{n} f_{cu,i}^{c}}{n} \tag{5-6}$$

$$S_{f_{cu}^c} = \sqrt{\frac{\sum_{i=1}^{n} (f_{cu,i}^{c})^2 - n(mf_{cu,i}^{c})^2}{n-1}} \tag{5-7}$$

式中：$m_{f_{cu}^c}$——构件测区混凝土强度换算值的平均值，精确至0.1MPa。

n——对于单个检测的构件，取该构件的测区数；对批量检测构件，取所有被抽检构件测区数之和。

$S_{f_{cu}^c}$——结构或构件测区混凝土强度换算值的标准差（MPa），精确至0.01MPa。

（五）混凝土强度推定值的计算

构件的现龄期混凝土强度推定值（$f_{cu,e}$）是指相应于强度换算值总体分布中保证率不低于95%的构件中混凝土抗压强度值。其取值应该满足下列规定：

当构件测区数小于10个时，应按下式计算

$$f_{cu,e} = f_{cu,min}^{c} \tag{5-8}$$

式中：$f_{cu,min}^{c}$——构件中最小的测区混凝土强度换算值。

当构件测区数不少于10个时，应按下式计算

$$f_{cu,e} = m_{f_{cu}^c} - kS_{f_{cu}^c} \tag{5-9}$$

式中：k——推定系数，通常取为1.645。当按批量检测时，可以按国家现行的有关标准的规定取值。

当构件的测区强度值中出现小于10.0MPa时，应按下式确定

$$f_{cu,e} < 10.0\text{MPa} \tag{5-10}$$

对按批量检测的构件，当该批构件混凝土的强度标准差出现以下情况之一时，该批构件应全部按单个构件检测：

1. 当该批构件混凝土强度平均值小于25MPa、大于4.5MPa时；
2. 当该批构件凝土强度平均值不小于25MPa且不大于60MPa、$S_{f_{cu}^c}$ 大于5.5MPa时。

三、回弹法检测的特点和注意事项

回弹法检测混凝土抗压强度具有以下主要特点：设备简单、操作方便、测试迅速、费用低廉，且不破坏混凝土，故在现场检测中使用较多。需要指出的是，回弹法是一种表面强度法，它只能反应结构表面或浅部混凝土强度，无法准确反映结构内部的强度。

影响回弹法准确度的因素较多，如操作方法、仪器性能、气候条件等，应掌握正确的操作方法，注意回弹仪的保养和校准。在使用过程当中，如果出现操作不规范、随意性大、计算方法不当等问题，将造成了较大的测试误差。在进行回弹法检测时，首先需要注意其使用条件，回弹法检测混凝土的龄期为7~1 000d，不适用于表层和内部质量有明显差异或内部存在缺陷的混凝土，或遭受化学腐蚀、火灾、冻害的混凝土和特种成型工艺制作的混凝土的检测。此外，钢筋对回弹值的影响较大，当保护层厚度大于20mm时或钢筋直径为4~6mm时，可以不考虑钢筋影响。应根据图纸或采用钢筋保护层测定仪确定保护层内钢筋的位置，测试时应避开保护层厚度小、直径较大的钢筋。

测强曲线除有全国测强曲线外，一般各地区或大型公式还应有本地区或本工程的专用曲线。在测试异常时，应与其他检测方法（如超声回弹和钻芯法等）相结合建立专用的率定曲线，来提高测试结果的精度。

第二节　土木工程无损检测超声回弹法

超声回弹法是指根据实测声速值和回弹值综合推定混凝土强度的方法。这个方法采用带波形显示器的低频超声波检测仪，并配置频率为50~100kHz的换能器，测量混凝土中的超声波声速值，以及采用弹击锤冲击能量为2.207J的混凝土回弹仪，测量回弹值。

一、基本原理

混凝土强度换算值与其声速和回弹仪间存在正相关关系，混凝土强度越高，声速越高，回弹值越大。回弹值反映混凝土表层2~3cm深度的质量情况，声速反映混凝土

内部密实度和弹性性质。采用超声回弹综合法能够全面地、由表及里地反映混凝土的整体质量情况。其统计数学关系式为

$$f_{cu}^{c}=a(v)^{b}(R_{a})^{c} \tag{5-11}$$

式中：a，b，c 为试验系数。

对上式去对数，可得

$$\ln f_{cu}^{cu}=\ln a+b\ln v+c\ln R_{a}$$

令 $(f_{cu}^{c})'=\ln f_{cu}^{c}$；$v'=\ln v$；$R_{a}'=\ln R_{a}$；$a'=\ln a$，则

$$f'c_{cu}=a'+bv'+cR_{a}' \tag{5-12}$$

根据试验数据建立三元一次方程组，求解式中系数，即可以获得超声回弹综合法的率定曲线经验公式，并将其用于混凝土强度的推定。

二、检测方法

超声测点应布置在回弹测试的同一测区内，宜先进行回弹测试，然后进行超声测试。当采用钢模或木模施工时，混凝土的表面平整度明显不同，采用木模浇筑的混凝土表面不平整，往往影响探头的耦合，因而使声速偏低，回弹值也偏低。但这一影响与木模的平整程度有关，很难用一个统一的系数来修理。因此一般应对不平整表面进行磨光处理。

在每个测区的相对测试面上，各布置 3 个测点，并且发射和接受换能器的轴线应在同条一轴线上，换能器与混凝土间应耦合良好。测区声速按下列公式计算

$$v=L/t_{m} \tag{5-13}$$

$$t_{m}=(t_{1}+t_{2}+t_{3})/3 \tag{5-14}$$

式中：v——测区声速值，km/s；

L——超声测距，mm；

t_{m}——测区平均声时值，μs；

t_{1}、t_{2}、t_{3}——分别为测区中三个测点的声时值μs。

当在混凝土浇筑上表面或在底面进行测试时，因为受石子离析下沉及表面泌水、浮浆等因素的影响，其声速与回弹值均与侧面测量时不同。当在混凝土浇筑的顶面或底面测试时，测区声速代表值应按下列公式修正

$$v_{a}=\beta v \tag{5-15}$$

式中：v_{a}——修正后的测区混凝土中声速代表值，km/s；

β——超声测试面的声速修正系数，在混凝土浇筑的顶面和底面间对测或斜测时 $\beta=1.034$。

超声测试宜优先采用对测或角测。在布置超声角测点时，换能器中心与构件边缘的距离不宜小于200mm。

当被测构件不具备对测或角测条件时，可采用单面平测，在进行侧面平测和顶、底面平测时，均需按要求进行声速的平测修正。

三、超声回弹测强曲线

在求得修正后的测区回弹代表值和声速代表值后，优先采用专用测强曲线或地区测强曲线换算；当无专用和地区测强曲线时，根据通过精度验证后的要求，可按全国统一测区混凝土抗压强度换算表换算，也可按全国统一测区混凝土抗压强度换算公式计算。

（一）专用测强曲线和地区测强曲线

选用本工程或本地区常用水泥、粗骨料和细骨料，按照常用配合比制作混凝土强度等级为 C10 ~ C60 的边长为 150mm 的立方体试件，按 7d、14d、28d、60d、90d、180d 和 365d 龄期，进行回弹、超声及抗压强度测试。

每一龄期每组试块需 3 个（或 6 个），每种强度等级的试块不少于 30 块，并应在同一天内完成。试块的制作和测试按现行国家标准的规定速度进行。测定声时值时，采用对测法，在试块的对角线上设 3 个测点，取其均值作为试块平均走时，测定回弹值时，应将试块固定在压力机上，用 30 ~ 50kN 压力固定，然后在两相对面上各弹击 8 个点，并按规定计算回弹均值，然后加载至试块破坏，得其抗压强度实测值。

将测得的声速值 v 、回弹值和试块抗压强度实测值汇总，进行回归分析，并且计算其标准差。宜采用式（5 - 10）形式的回归方程式计算。

上述回归公式，需经工程质量监督主管部门组织审定和批准实施。对于专用测强曲线，要求其相对误差小于等于 12%；地区测强曲线则要求其相对误差 $e_r \leqslant 14\%$。其相对误差 e_r 应按下列公式计算

$$e_r = \sqrt{\frac{\sum_{i=1}^{n}\left(\frac{f_{cu,i}^{0}}{f_{cu,i}} - 1\right)^2}{n}} \times 100\% \qquad (5-16)$$

式中：e_r ——相对误差；

$f_{cu,i}^{0}$ ——第 i 个立方体试件的抗压强度实测值，MPa；

$f_{cu,i}^{c}$ ——第 i 个立方体试件按回归公式计算的抗压强度换算值，MPa。

测区混凝土抗压强度换算表只限于在建立测强曲线的立方体试件强度范围以内使用，不得外延。

（二）统一测强曲线

当无专用和地区测强曲线时，可按下列全国统一测区混凝土抗压强度换算公式计算。但使用前应进行验证，如所得相对误差 $e_r < 15\%$，则可以使用本规程规定的全国统一测强曲线。否则，应另行建立专用或地区测强曲线。

1. 当粗骨料为卵石时

$$f_{cu,i}^{c} = 0.0056 v_{ai}^{1.439} R_{ai}^{1.769} \qquad (5-17)$$

2. 当粗骨料为碎石时

$$f_{cu,i}^{c} = 0.0162 v_{ai}^{1.656} R_{ai}^{1.410} \tag{5-18}$$

式中：$f_{cu,i}^{c}$——第 i 个测区混凝土抗压强度换算值，精确至 0.1MPa。

（三）基准曲线的现场修正

现场混凝土的原材料、配合比以及施工条件不可能与上述基准曲线的制作条件完全一致，因此，强度推算值往往偏差较大。为提高结果的可靠性，可结合现场情况对基准曲线作适当修正。

修正的方法是利用现场预留的同条件试块或从结构或构件上综合法测区处钻取的芯样，一般试块或芯样数不少于 6 个。用标准方法测定这些试样的超声值、回弹值和抗压强度值，并用基准曲线推算出试块的计算强度，然后按下式求出修正系数。

1. 预留的同条件试块校正的修正系数为

$$\eta = \frac{\sum_{i=1}^{n} \frac{f_{cu,i}^{0}}{f_{cu,i}^{c}}}{n} \tag{5-19}$$

式中：η——基准曲线的修正系数；

n——预留的修正试件数。

2. 测区钻芯试样校正的修正系数为

$$\eta' = \frac{\sum_{i=1}^{n} \frac{f_{cor,i}^{0}}{f_{cu,i}^{c}}}{n} \tag{5-20}$$

式中：η'——基准曲线的修正系数；

$f_{cor,i}^{0}$——各芯样的实测值并换算成立方体试块后的强度，精确至 0.1MPa。

将修正系数代入相应的基准曲线公式即为修正之后基准曲线公式。

四、结构或构件混凝土特征强度的推定

结构或构件混凝土抗压强度推定值 $f_{cu,e}$。

当结构或构件的测区抗压强度换算值中出现小于 10.0MPa 的值时，该构件的混凝土抗压强度推定值 f_{cu}^{c} 取小于 10MPa。

当结构或构件中测区数少于 10 个时，取得其最小值 $f_{cu,min}^{c}$ 作为测区的混凝土抗压强度推定值。

$$f_{cu,e} = f_{cu,min}^{c} \tag{5-21}$$

当结构或构件中测区数不少于 10 个或按批量检测时，强度推定值由其换算值的均值 $m_{f_{cu}^{c}}$ 和标准差 $S_{f_{cu}^{c}}$ 确定：

$$f_{cu,e} = m_{f_{cu}^{c}} - 1.645 S_{f_{cu}^{c}} \tag{5-22}$$

式中：均值 $m_{f_{cu}^{c}}$ 和标准差 $S_{f_{cu}^{c}}$ 计算与回弹法相同，可以分别采用公式（5-6）和式（5-7）计算。

对按批量检测的构件，当一批构件的测区混凝土抗压强度标准差出现下列情况之一时，该批构件应全部重新按单个构件进行检测：

1. 一批构件的混凝土抗压强度平均值 $m_{f^c_{cu}}$ <25. 0MPa，标准差 $S_{f^c_{cu}}$ >4. 50MPa。
2. 一批构件的混凝土抗压强度平均值 $m_{f^c_{cu}}$ =25. 0 -50. 0MPa，标准差 $S_{f^c_{cu}}$ >5. 50MPa。
3. 一批构件的混凝土抗压强度平均值 $m_{f^c_{cu}}$ >50. 0MPa，标准差 $S_{f^c_{cu}}$ >6. 50MPa。
4. 一批构件的混凝土抗压强度平均值大于 50. 0MPa，标准差大于 6. 50MPa。

一般认为综合法、超声法、回弹法等用物理量间接推算强度的方法所推算的混凝土强度的标准差 S 包含两个部分：一部分来自混凝土本身因质量变异所带来的差异，另一部分则来自用物理量间接推算强度时基准曲线所固有的误差。在进行强度推定之时，规程明确要求取 1. 645 的系数，由此所获得的强度推定值是偏于安全的。

五、超声回弹法检测的特点和使用条件

回弹法、超声回弹综合法为国内常用的两种无损检测混凝土强度方法，与钻芯法、后装拔出法、贯入阻力法、剥离法和折断法等半破损检测方法相比，无损检测方法最大的优点是对结构或构件不构成物理破坏，其次还具有成本低、操作简便、工作量小等特点。超声回弹综合法通过这种整合消除或减轻内外部因素的影响，从表面弹性和塑性性能与密实度、孔隙等内部状况两方面综合对构件或者结构性能进行评价，提高了单一物理量无损法检测混凝土强度的精度。

全国超声回弹综合法研究协作组曾将来自 22 个省、市用来制定通用曲线的实测数据，进行回归分析和方差分析。中国建筑科学研究院还用同一芯样试件，采用三种方法推算其强度，再与实际抗压强度对比的方法，进一步验证了测量结果的精确度。从大量实测数据的分析结果来看，超声回弹综合法的相对标准误差及相关系数均优于回弹法。

在正常的施工情况下，结构混凝土的强度应该按规定预留试块进行验收。只有在下列情况下才能应用超声回弹综合法：

第一，对原有预留试块的抗压强度有怀疑，或没有预留试块时；

第二，因原材料、配合比以及成型与养护不良而发生质量问题时；

第三，已使用多年的老结构，为了维修作加固处理，需取得混凝土实际强度值，而且有将结构上钻取的芯样进行校核的情况。

对遭受冻伤、化学腐蚀、火灾、高温损伤的混凝土，及环境温度低于 -4℃或高于 60℃的情况下，一般不宜使用，若必须使用时，应该作为特殊问题专门研究解决。

第三节　土木工程无损检测超声波法

一、超声波法概述

土木工程中材料和围岩内部的不确定性，是困扰土木工程工作者的难题。当混凝

土和岩土体内部存在孔洞、裂缝、软弱夹层等缺陷时，必然会对工程质量及其安全产生影响。因此，需要寻找一种能够探知介质（混凝土与岩石等）内部缺陷的位置、判断其性质、掌握其分布的无损检测技术。

超声波顾名思义，是指频率高于声波（20Hz～20kHz）的应力波。它是一种弹性波，是在介质内弹性能量的传递过程中出现的。介质中振动的质点，将振动的能量传递给周围的质点，引起周围质点的振动，从而以波动的形式将能量向外传播。超声波法就是以人工的方法，向介质（混凝土和岩石等）内辐射超声波，由超声仪测量接收到的超声波信号的各种声学参数（如波速、振幅、频率和波形），以探查介质内部的力学参数（弹）和缺陷（断裂面、孔洞等）分布的方法。此外，材料或构件在受力过程中，会产生变形或裂纹，从而激发出应力波，是为声发射，通过声发射监测，可以确定破裂的位置及性质，用于分析评估的结构或者岩体的损伤情况。

超声波法是一种典型的无损检测方法，它既可作为分析或测定介质的物理性质和力学性质的依据，也可用于介质内部的缺陷检测，介质内部超声波的传播规律是超声波法检测的理论基础。

二、超声波的传播规律

根据弹性力学，弹性波在均匀、各向同性、理想弹性介质中的波动方程是

$$\rho \frac{\partial^2 u}{\partial t^2} = (\lambda + G) grad\theta + G \nabla^2 u + \rho F \tag{5-23}$$

式中：λ 、G——拉梅系数，$\lambda = \mu E/(1+\mu)(1-2\mu)$，$G = E/2(1+2\mu)$

u——位移向量，为介质质点受外力作用后的位移；

F——力向量；

ρ——介质密度；

θ——体应变标量，与向量的关系是 $\theta = divu$。

$$\nabla^2 = \frac{\partial^2}{\partial x^2} + \frac{\partial^2}{\partial y^2} + \frac{\partial^2}{\partial z^2}$$

式中：∇^2——拉普拉斯算子；

x，y，z——直角坐标；

t——时间。

（一）纵波、横波和面波

对式（5-23）两端取散度（div），可得

$$\rho \frac{\partial^2 \theta}{\partial t^2} = (\lambda + G) \cdot \nabla^2 \theta + G \nabla^2 \theta + \rho divF = (\lambda + 2G) \nabla^2 \theta + \rho divF$$

整理后得

$$\frac{\partial^2 \theta}{\partial t^2} - \frac{(\lambda + 2G)}{\rho} \nabla^2 \theta = divF \tag{5-24}$$

注意，其中利用了关系 $div \cdot grad\theta = \nabla^2 \theta$。

对式（5－23）两端取旋度（rot），可得

$$\rho \frac{\partial^2}{\partial t^2} rotu = G \nabla^2 \theta + G \nabla^2 rotu + \rho rotF$$

令 $\omega = rotu$，整理后得

$$\frac{\partial^2 \omega}{\partial t^2} - \frac{G}{\rho} \nabla^2 \omega = rotF \tag{5-25}$$

注意，其中利用了关系 $rot \cdot grad\theta = 0$。

式（5－24）和式（5－25）的右边分别为 div$F$ 和 rot$F$，它们分布表示两种不同性质的作用力。div$F$ 表示涨缩力，而 rot$F$ 表示旋转力。由涨缩力所导致的应力波仅导致介质的涨缩，这种波的质点运动方向和波的传播方向是平行的，故称为涨缩波（Press-Wave）、无旋波、纵波或 P 波。在旋转力作用下，介质所传递的应变和其波的传播方向是垂直的，称为无散波、切变波（shaftWave）、横波或 S 波。

将式（5－24）和式（5－25）改写为波动方程的形式，并忽略外力作用，只考虑介质特性对应力波传播的影响，可以得纵波和横波波动方程：

1. 纵波

$$\frac{\partial^2 \theta}{\partial t^2} = v_{\mathrm{P}} \nabla^2 \theta \tag{5-26}$$

2. 横波

$$\frac{\partial^2 \omega}{\partial t^2} = v_{\mathrm{S}} \nabla^2 \omega \tag{5-27}$$

由此，可得纵波速度 v_{P} 及横波速度 v_{S}：

$$v_{\mathrm{P}} = \sqrt{\frac{\lambda + 2G}{\rho}} = \sqrt{\frac{\mu E/(1+\mu)(1-2\mu) + 2\mu}{\rho}} \tag{5-28}$$

$$v_{\mathrm{S}} = \sqrt{\frac{\mu}{\rho}} \tag{5-29}$$

纵波和横波主要是在介质内部传播的，又称为体波。在纵波和横波的波速公式中，波速与密度成反比。但实际上，在一般情况下，密度大的材料，波速往往更高。这是由于随密度的增加，弹性模量的增长更为显著。所以，与疏松的混凝土和岩石等土工材料相比，在致密的岩石和混凝土中声速更高。

纵波和横波传播到介质界面后，会衍生出次生的面波。

面波是指沿介质表面或交界面传播的波，其振幅随深度（或距交界面距离）的增加而迅速衰减的波。面波主要包括瑞利波和勒夫波，分别以其发现者英国学者瑞利和勒夫的名字来命名。瑞利波出现在自由表面（即地表），勒夫波出现在介质交界面处。其中，瑞利波的质点运动方向为椭圆形旋进，具有水平和垂直两个方向的能量，其短轴走向与波的前进方向一致，长轴走向则垂直于地面。瑞利波是地震灾害中能量最强、危害最大的波形。在土木工程中，瑞利波常用于地表岩土层的地质调查，其波速可以表示为

$$v_R = \frac{0.87 + 1.12\mu}{1 + \mu}\sqrt{\frac{E}{2\rho(1+\mu)}} = \frac{0.87 + 1.12\mu}{1 + \mu}v_S \tag{5-30}$$

纵波、横波和瑞利波的波速存在以下关系：$v_P > v_s > v_R$，而其能量则满足：$E_p < E_s < E_R$。在地震灾害中，最先到达的是纵波，其后是横波，最后是面波，而其中危害最大的则是面波。因此，气象局正是利用这一特性，可提前数秒预报地震。

（二）声波的反射、透射和折射

当在介质中传播的波投射到介质的交界面处时，将出现反射和透射。根据射线理论，入射波、反射波和透射波之间在传播方向上的关系满足斯奈尔定律：

$$\frac{\sin\alpha}{v_1} = \frac{\sin\alpha'}{v_1} = \frac{\sin\beta}{v_2} \tag{5-31}$$

式中：α ——为入射角；

α' ——为反射角；

β ——为透射角；

v_1, v_2 ——为介质 1 和介质 2 的声速。

在入射角 $\beta = \pi/2$ 时，将出现沿介质交界面的波，即为折射波。此时对应的入射角 α 称为临界角：$\alpha = \arcsin\left(\frac{v_1}{v_2}\right)$。只有当时，入射角 $\alpha <$ 透射角 β，才会出现折射现象。

反射能量系数和入射角相关，难以获得通用的描述公式。但在垂直入射时，反射波和透射波的能量系数有明确的解析关系，可以表示为

$$\begin{cases} R = \dfrac{A_1}{A_0} = \dfrac{Z_2 - Z_1}{Z_2 + Z_1} = \dfrac{\rho_2 v_2 - \rho_1 v_1}{\rho_2 v_2 + \rho_1 v_1} \\ T = \dfrac{A_2}{A_0} = \dfrac{2Z_1}{Z_2 + Z_1} = \dfrac{2\rho_1 v_1}{\rho_2 v_2 + \rho_1 v_1} \end{cases} \tag{5-32}$$

由上式可知，只要上、下介质的波阻抗不等，则反射系数总不会为零，就会存在反射波，故常将波阻抗界面称为反射面。需要说明的是：透射系数始终是正值，表明透射波始终与入射波同相；而反射系数则可能为正值或负值。当时，若反射系数为正值，则反射波与入射波同相；当时，若反射系数为负值，那么反射波与入射波反相。因此，根据反射信号的相位特征，可判断介质的疏密程度。

（三）影响超声波传播的主要因素

超声波的传播速度、信号振幅等声学参数，与介质的力学参数，如弹性模量、密度、泊松比、剪切模量以及内部应力分布状态等密切相关，还与其结构面、风化程度、含水量等有关，具有如下规律：弹性模量降低时，介质声速下降，这与波速理论公式相符。

1. 介质越致密，声速越高。对于混凝土而言，其标号越高，声速越快：C20 混凝土，纵波声速为 3000 ~ 3400m/S；C60 混凝土，则为 4200 ~ 4300m/s。常见的几种完整岩石的纵波声速为：变质岩 5500 ~ 6000m/s，火成岩、石灰岩及胶结好的砂岩为

5000 ~ 5500m/s，沉积岩、胶结差的碎屑岩为 1500 ~ 3000m/s。

2. 结构面的存在，使得声速降低，并使声波在介质中传播时存在各向异性。

3. 垂直结构面的方向，声速低；平行于结构面方向，声速高。

4. 混凝土或岩石的风化程度大，则声速低。

5. 压应力方向上，声速高；拉应力方向上，声速低。

6. 孔隙率 n 大，则波速低；密度高、单轴抗压强度大的材料声速高。

超声波振幅同样与介质特性有关，当材料交破碎、裂隙或节理发育时，超声波的振幅小；反之，超声波的振幅大，垂直于结构面方向上传播的超声波的振幅较平行方向为小。

三、声波测试技术

超声波检测的全过程是超声波发射、传播及接收显示，其相应的仪器有发射换能器、接收换能器和超声测试仪。

（一）超声换能器

换能器是声电能量的转换器件，俗称探头。它通常利用压电材料的压电效应原理工作。其中，发射换能器是将超声测试仪输出的电信号转换成超声信号，其原理是逆压电效应；而接收换能器是将接收到的超声信号转换为电信号，输入到超声测试仪的输入系统中，其原理是压电效应。

随着超声应用的不断发展，又出现更大超声功率的磁致伸缩换能器，以及各种不同用途的电动型、电磁力型、静电型换能器等多种超声波换能器。但目前应用最成熟可靠的还是压电换能器。常用的压电材料有石英晶体、钛酸钡和锆钛酸铅。石英晶体的伸缩量太小，3000V 电压才产生 0.01 μm 以下的变形。钛酸钡的压电效应比石英晶体大 20 ~ 30 倍，但效率和机械强度不如石英晶体，锆钛酸铅具有二者的优点，一般可用作超声探伤和小功率超声波加工的换能器。

由于实测中对换能器的频率频带、工作方式的要求不同，因此出现了不同结构和不同振动方式的换能器。从其结构来看，换能器可以采用喇叭式、弯曲式、圆管式、增压式和圆块轴向式等不同类型，其中喇叭式和弯曲式主要用于工程现场检测，如岩体的弹性模量测试和岩体分类等；圆管式与增压式用于孔中超声检测，圆块轴向式换能器主要用于室内标本试块的检测。

换能器的性能指标主要有探头的指向性或扩散角 θ、品质因数 Q_m 和中心频率 f_c、频带宽度 Δf。换能器的指向性取决于其扩散角，扩散角 θ 的大小取决于换能器直径 D 与声波在介质中的波长 λ 的比值 D/λ，其比值越大，扩散角越小；比值小（声源尺寸小）时，声波指向性差，向四周发散。扩散角 θ 公式为

$$\sin\theta = K\lambda/D \tag{5-33}$$

传感器的机械品质因数 Q_m 不仅取决于换能器本身，还和被测介质和耦合固定方式有关。当换能器谐振时，其机械品质因数 Q_m 为

$$Q_m = \frac{\pi}{2} \cdot \frac{Z_c}{Z_1 Z_b} \tag{5-34}$$

式中：Z_c，Z_1，Z_b——为压电晶片、被测介质或结构和阻尼块的声阻抗。

Q_m 小，则意味着探头发射出去的能量小，转换效率低，探测深度减小，而分辨率提高。

换能器的频带宽度 Δf 与其机械品质因数成反比，故有

$$\Delta f = \frac{f_c}{Q_m} \tag{5-35}$$

综上所述，换能器的性能指标不仅取决于换能器本身，还与被测介质的声阻抗、耦合条件等密切相关，应根据测试对象、测试条件等来选择适用的换能器。在实际检测中，被测介质的声阻抗可以基本确定，但其耦合条件受表面条件和人员操作影响大。为保证耦合的一致性，研发了空气耦合换能器、干孔耦合换能器、应力一致耦合装置等新的耦合方式，通过空气耦合、水耦合和应力一致耦合来保证测试的精度。

（二）超声测试仪

超声测试仪是超声检测的主要设备，主要由发射电路、接收电路以及模数转换装置和显示记录系统等组成。最初的超声仪为模拟式，其显示记录仪器是示波器。

随着信息处理技术的发展，出现了智能型数字式的超声测试仪，具备高速采集和传输、大容量存储与处理的功能，并配置了各种采集软件和数据处理软件。

数字型超声测试仪由计算机、发射电路、接收电路和 AD 转换四大部分组成。发射电路主要受主机同步信号控制，产生受控高压脉冲，激励发射换能器，电声转化为超声脉冲传入被测介质；接收换能器接收到穿过被测介质后的超声信号，将之转换为电信号，经程控放大与衰减网络对信号作自动调幅，将其调节到最佳电平，输送给高速 AD 采集板，经 AD 转换后的数字信号送入 PC，进行各种处理。

智能式超声测试仪具有功能丰富的操作界面，可以实现超声信号的激发、采集与处理，如 NM 系列超声测试仪就提供了测强、测缺、测桩、测裂缝等操控按钮，可直接进入相应的信号采集和分析处理流程。

（三）测试方法

根据所换能器的布置方式，可将超声波的测试方法分为透射法、反射法和折射法。

1. 透射法

将超声波的发射换能器和接收换能器放置在被测物的相对的两个表面上，使超声波直接穿透被测物，根据超声波穿透介质后的波速及能量变化来判断被测物的质量。这种方法适用于两个表面都易于安放换能器的情况，在室内试样测试、围岩分类、围岩松动圈测试、岩体物理力学参数测定和大体积混凝土构件质量检测中都有应用。

透射法灵敏度高、波形单纯、清晰，干扰较小，各类波形易于识别，是一种应用较为广泛的方法。在应用中，要注意准确安装换能器，避免因换能器在管中的位置变

化而对测试结果产生干扰。

2. 反射法

发射换能器和接收换能器布置在同一测试面上，由反射换能器向被测物发射超声波，波动信号向介质内部传播，遇介质内部缺陷或介质交界面后出现反射，反射信号被接收换能器所接收，可根据反射波的传播时间和波形来判断被测物内部的缺陷和材料性质。检测时可以固定发射换能器和接收换能器的距离，将其在被测物表面平行移动，获得不同位置处的反射信号剖面，即为反射剖面法。这类方式适用于介质另一面无法安放换能器的情况，在结构混凝土厚度检测、隧道衬砌质量检测和桩基完整性检测中多采用反射法。

3. 折射法

又称沿面法，这种方法适用于被测物表面为波疏介质，下层为波密介质的情况。在检测时，需要将发射换能器和接收换能器分开一定距离。这时，沿临界角入射的超声波在介质交界面处将出现折射，超声波信号将在下层波密介质表面传播，在接收换能器下方以临界角向上传播，从而为接收换能器所接收。如将两换能器置于同一钻孔内，即为单孔测井。这种方式可用于判断介质表面的缺陷和材料性能，在混凝土腐蚀厚度测试和超声波测井中多有应用。

探测频率的选择在超声测试中是十分重要的。通常情况下，频率越低，传播的距离越远，穿透的深度越大；但如果超声波的频率过低，就会使分辨率降低、指向性变差。为了在测距短、波速较高的情况下保证较高的测试精度，则要求有足够高的探测频率。测试混凝土、岩石等土工材料时，采用的信号频率为 10～200kHz，其中以 20～100kHz 最为常用。此外，目前在土木工程测试中，多采用单一的纵波或横波信号进行检测，所获得的声学参数相对较少。进行多波（纵波、横波、面波等）、多分量超声检测是未来超声检测技术研究的热点之一。

（四）波形图的识别

声波测试中，波形图包含了被测介质的全部信息，但由于介质条件的复杂性，声波仪器及分析手段还没有达到自动将全部信息进行提取、加工、处理的阶段。所以，识别和分析超声波波形，正确测定各类波的初至、振幅、相位等在超声检测中就显得尤其重要。

波形的识别与分析是在测试工作一开始就应考虑的问题，且贯穿测试工作的始终。在选用换能器和确定换能器的安放位置时，就应考虑突出有效波的振幅和相位，尽可能地抑制干扰波。另外，还要了解各类波的特点，来保证有效波的识别精度，从而保证测试结果的准确性。

四、超声波测试在混凝土结构中的应用

（一）混凝土厚度检测

对于隐伏工程，如隧道的衬砌、基础底板、混凝土桩体等，往往不具备直接测量

混凝土厚度的条件，这时可以超声波反射法来确定混凝土厚度。需要说明的是，在进行桩基长度检测时，因桩长较大，需要的超声信号的频率低、强度高，故多采用小锤激励。

根据反射信号在混凝土中的双程走时、超声波波速、收发换能器间的偏移距离，易得混凝土的厚度计算公式是

$$H = \frac{\sqrt{(vt)^2 - L^2}}{2} \tag{5-36}$$

（二）混凝土中不密实区和空洞的检测

检测不密实区和空洞时构件的被测部位应满足下列要求：被测部位应具有一对相互平行的测试面；同时，测试范围除应大于有怀疑的区域外，还应有同条件的正常混凝土进行对比，且对比测点数不应该少于20。

根据被测构件实际情况选择下列方法之一布置换能器：

第一，当构件具有两对相互平行的测试面时，可采用对测法。在测试部位两对相互平行的测试面上，分别画出等间距的网格（网格间距：工业与民用建筑为100～300mm，其他大型结构物可适当放宽），并编号确定对应的测点位置。

第二，当构件只有一对相互平行的测试面时，可采用对测和斜测相结合的方法。在测位两个相互平行的测试面上分别画出网格线，可以在对测的基础上进行交叉斜测。

第三，当测距较大时，可采用钻孔或预埋管测法。在测位预埋声测管或钻出竖向测试孔，预埋管内径或钻孔直径宜比换能器直径大5～10mm，预埋管或钻孔间距宜为2～3m，其深度可根据测试需要确定。检测时可用两个径向振动式换能器分别置于两测孔中进行测试，或用一个径向振动式与一个厚度振动式换能器，分别置于测孔中和平行于测孔的侧面进行测试。

一旦在混凝土中出现不密实区或空洞等缺陷，就会导致穿过该缺陷的超声信号走时和振幅出现突变，通过发、收换能器间连线交会，即可圈定缺陷的位置和大小。

目前，在土木工程检测中，广泛研究的超声波CT技术，采用的也正是透射波信号，所不同的是在检测区范围内CT需要更多的超声射线，通过高密度的射线覆盖、建立和求解检测区内声速和衰减的超定方程，以获得区内声速和衰减的空间分布。而不密实区和空洞往往具有低声速、高衰减等特征，所以，在要求进行高精度检测时可以考虑采用超声CT技术。

（三）混凝土裂缝检测

若混凝土中有裂缝存在，超声波在裂缝处将产生反射，并在裂缝顶端出现绕射，从而使接收到的超声信号幅度减小、声时增加。

（四）表层缺陷的超声波检测

混凝土构筑物因火烧、冻害和化学侵蚀，使表层损伤形成疏松层。在这种情况下，

因损伤层的波速低于内部混凝土的波速，所以满足折射波产生条件，可用表面平测法（折射波法）确定损坏层的厚度。

五、超声波测试在钢结构检测中的应用

钢结构是各种型材、钢板、钢管的组合体，其连接部分通过焊接实现。由于在焊接过程中常受到环境条件、操作水平、焊接工艺的影响，钢结构的内部缺陷难以避免。常见的应力缺陷包括气孔、焊不透、夹渣、裂缝等。在缺陷等级上，气孔、分布式夹渣属于一般缺陷，不会对焊缝强度产生过大的削弱。群布式气孔、未熔合属严重缺陷，是钢结构力学性能的重大威胁。实际工程当中，需要尽可能早发现严重内部缺陷，并及时加以修补。钢结构无损检测的主要内容是检测内部的缺陷和焊缝质量，主要检测方法为射线探伤和超声波法检测。

其中，射线探伤是利用 X 射线或 γ 射线等在穿透被检物各部分时强度衰减的不同，来检测钢结构中的缺陷。在钢结构行业，X 射线全息成像应用广泛。因为射线穿过某构件时，构件材料的反射吸收作用会使射线发生衰减，那么穿过工件的射线强度会以均匀的幅度减弱；如果构件某处存在缺陷，将出现射线反射，则透射射线强度要比无缺陷处弱、感光量小；如果局部构件厚度比正常处薄，则透射射线强度要比无缺陷处强、感光量大。经暗室处理后，感光量小的部分会变得更明亮，感光量大的部分会变得更暗淡。因此，可以通过底片上产生影迹的黑度、形态、位置来判断工件缺陷性质。

射线法检测的图像直观清晰，可正确判断缺陷类型，相比超声波技术，其可靠性更高。但是，X 射线的副作用较大，对生物体会产生很强的辐射作用，另外，其抗干扰能力一般，对工作环境的电磁稳定性要求较高，因此其在钢结构行业的应用还不广泛。一般只用于密闭性要求很高的产品，例如高压容器、船体架构等。

在钢结构检测中，设计要求全焊透的一、二级焊缝应采用超声波探伤进行内部缺陷的检验，超声波探伤不能对缺陷做出判断时，应该采用射线探伤，其内部缺陷分级及探伤方法，应符合现行国家标准。

声波探伤是钢结构无损检测中应用最广泛的无损检测技术，对于厚度大于 8mm 的板材或较粗的钢管，一般均采用超声波探伤技术。常用的超声波检测方式有两种。即脉冲反射式纵波探伤和脉冲反射式横波探伤。近年来，超声相控阵检测技术得到了长足的发展，在钢结构检测中展现了强大的潜力。

（一）脉冲反射式纵波探伤

纵波探伤使用平探头，超声波垂直于探头底面向介质内，遇反射界面如构件的上表面、隐患及下表面时，出现反射脉冲，根据脉冲出现的时间和构件中的纵波声速易求得缺陷位置。

（二）脉冲反射式横波探伤

横波探伤采用斜探头，按入射角分为 30°、40°、50°，主要用于纵波探头不易布置

处的焊缝探伤。使用时，可采用三角试块比较法。当采用入射角为50°的探头时，设在钢中横波折射角为65°，仿此制作一个有65°的指教三角形试块。在探伤中发现缺陷时，将探头在构件上的位置标出，记录缺陷脉冲的位置。之后，将探头移到三角形脉冲的斜边，并相对移动，当观察反射脉冲与之前的缺陷脉冲位置重合时，记录探头的中心位置，量出的长度根据下式计算缺陷位置：

$$\begin{cases} l = L\sin^2 65^\circ \\ h = L\sin 65^\circ \cos 65^\circ \end{cases} \quad (5-37)$$

（三）超声相控阵检测

超声相控阵技术起源于相控阵雷达技术，最早应用于医学领域（即医学中的B超）。20世纪60年代才开始被应用于自动探伤领域中，自90年代起开始用于机械构件的检测和金属焊缝的检测。

超声相控阵检测系统主要由以下功能模块组成：阵列探头、超声发射接收阵列切换矩阵、动态增益补偿控制、模/数（A/D）转换单元、接收声束相位处理单元、发射接收中央控制单元、发射声束相位控制单元、激励信号驱动放大以及系统数据处理与成像显示。

超声波相控阵检测技术有别于传统的超声波检测技术的一个特点是采用阵列探头。多数传统超声波检测使用单晶片探头，超声场按照单一的角度沿声轴传播。而超声相控阵检测采用的探头是分割成多个独立小单元的单晶片探头，每个单元长度都要远远大于其宽度，每个小单元都是一个发射柱面波的单一线源，通过电脑控制独立每个单元的发射、接收，形成聚焦波束。

超声相控阵检测有别于传统方法的另外一个特点是相控，包括发射相控和接收相控两部分。发射相控是指通过电子技术控制每个阵元的发射相位和超声强度，以实现焦点位置和聚焦方向的动态大自由度调节。接收相控是用数字信号处理技术相控逆处理阵元接收到的超声检测信号，以获得位置与特征的缺陷信息，相控阵超声检测方法在可靠性和重复性方面都要好于传统的超声反射方法。

超声波的穿透能力很强，灵敏度高，能够检测出其他方法检测不出的微观缺陷，例如钢梁接头位置的微小焊接缺损，这些用射线检测是难以探测到的。但是，超声波探伤对材料表面粗糙度有严格要求，较粗糙的材料用超声波技术，效果不佳。另外，超声波检测图像比较复杂，需要检测人员有一定的专业基础，否则难以正确分析图像数据。不过，相比于其他的无损检测方法，超声波还是有其独到之处，已经有一线的工程技术人员根据不同焊缝、坡口形式总结出一整套系统的组合方法，这对钢结构检验是大有裨益的。

六、超声波测试在岩土工程中的应用

（一）岩体完整性指数

岩体质量评价与分级一直是勘察、设计、施工及科研人员共同关注的重要课题。

岩体质量的优劣取决于构成岩体结构特性的内在因素，而岩体完整性是起控制性作用的因素之一。

岩体的完整性指数为岩体弹性纵波速度与岩石弹性纵波速度之比，在分别测定试样和原位岩体中的纵波声速 v_c 和 v_m 后，即可用下式计算岩体的完整性系数（或者称龟裂系数）：

$$K_v = \left(\frac{v_m}{v_c}\right)^2 \tag{5-38}$$

K_v 是岩体分类中常用的指标之一，可直接用于评价岩体的完整性程度。

（二）岩石力学参数测定

通过测定岩体中的纵、横波速度，根据波速公式可求得岩体的弹性模量和泊松比。通过测出的现场岩体和室内试块的超声波速和抗压强度 σ_c 和 σ_t 抗拉强度可采用下式估算岩体的抗压强度 σ_{cm} 和抗拉强度 σ_{tm} ：

$$\sigma_{cm} = \sigma_c K_v^2 \tag{5-39}$$

$$\sigma_{tm} = \sigma_t K_v^2 \tag{5-40}$$

（三）（超）声波测井

应用（超）声波测井，可由查明地层层位、构造与破碎带情况、基岩风化程度和风化深度、各地层的物理力学参数等，探测方法采用单孔高差同步法，该方法所采用波为折射波。在充满水或泥浆的钻孔内放置发射换能器和接收换能器，两者间保持一固定距离，沿孔壁移动换能器，测出声波传播速度，据此做出地质剖面，分析岩层的工程地质情况。为使声波能够经过井壁传播，需要使发射换能器和接收换能器间有足够大的距离，以满足折射波的产生条件。发射和接收换能器间的最小净距可以根据水和围岩的波速以及孔径等参数，借鉴单面平测法中的折射波射线假设进行推导确定。

（四）围岩松动圈（松弛带）的测试

隧道开挖后，围岩在次生应力作用下所产生的松弛破碎带，即为松动圈。松动圈反映了巷道围岩普遍存在的客观物理力学状态，松动圈支护理论认为支护结构承担的载荷来自巷道围岩松动圈所施加的碎胀力，并根据松动圈的深度设计锚杆长度等支护参数。需要掌握松动圈的分布范围，对于岩体工程支护设计是至关重要的。

声波法是目前公认的测量围岩松动圈比较成熟的方法，大量的工程实践证明了该方法的可行性。其测试原理：声波在岩石中传播，其波速会因岩体中裂隙的发育、密度的降低、声阻抗的增大而降低；相反，如果岩体完整性较好、受作用力（应力）较大、密度也较大，那么声波的传播速度也应较大。因此，对同一性质围岩岩体来说，测得的声波波速高则围岩完整性好，波速低说明围岩存在裂缝，围岩发生了破坏。

应用超声波测试松动圈按测孔布置方式的不同，可分为单孔测试法和双孔测试法。单孔测试法，是将发射换能器 T 和接收换能器 R（1 个或多个）放置在同一个测孔中，

通过声波测井的方法确定围岩不同深度的声速和振幅。双孔测试法是将发射换能器和接收换能器分别放置在两个测孔中，通过透射法获得两孔间的声速和振幅变化。

超声法检测围岩松动圈精度较高，且能够实现动态的检测，应用比较广泛。但是，在软岩和破碎岩体中，成孔困难且易塌孔。此外，孔中声波需在钻孔中注满水，以实现换能器和岩石之间需要水耦合，对顶部测孔或裂隙发育测孔难实现封水，测试效果不易保证。因此，超声波法宜在围岩完整性较好、裂隙较少发育或者开挖时间较短的隧（巷）道中使用。

近年来，多波、多分量的超声波检测技术以及阵列式换能器技术的研发，为推动超声波检测由定性到半定量乃至定量提供了可能，在未来的土木工程无损检测中，超声波检测技术将发挥新的更大的作用。

第四节　土木工程无损检测探地雷达法

一、基本原理

探地雷达利用一个天线 T 发射高频宽频带电磁波并将磁波送入地下，经地下岩层或者目的体发射后返回地面，被另一天线 R 接受。它通过记录电磁反射波信号的强弱及到达时间来判定电性异常体的几何形态和岩性特征，介质中的反射波形成雷达剖面，通过异常体反射波的走时、振幅和相位特征来识别目标体，便可以推断介质结构判明其位置、岩性及几何形态。

从几何形态来看，地下异常体可概括为点状体和面状体两类，前者如洞穴、巷道、管道、孤石等，后者如裂隙、断层、层面、矿脉等。它们在雷达图像上有各自特征，点状体特征为双曲线反射弧，面状体呈线状反射，异常体的岩性可以通过反射波振幅来判断。

探地雷达接收反射信号的时间行程 t 与反射界面深度 z 、波速之间的关系为

$$\begin{cases} t = \dfrac{\sqrt{4z^2 + x^2}}{v} \\ v = c/\sqrt{\varepsilon_r} \end{cases} \tag{5-41}$$

式中：z ——为反射界面深度；

x ——为发射天线到接收天线的距离为电磁波在介质中传播速度；

c ——为光速（$c = 0.3\text{m/ns}$）；

ε_r ——为介质相对介电常数。

土木工程中所涉及介质基本上都是非磁性介质，在非磁性介质中，电磁波的传播能量衰减系数为

$$\alpha = \omega\varepsilon_r\sigma = 2\pi f\varepsilon_r\sigma \tag{5-42}$$

式中：σ——为介质的电导率，s/m；

ω——为电磁波的圆频率，$\omega = 2\pi f$, MHz

可见，电磁波的频率越高，介质的相对介电常数和电导率越大，雷达波的能量衰减越剧烈。通常情况下，除水的相对介电常数为81外，其余工程介质的相对介电常数为4~20，应注意介质的电导率对探测深度的影响。

二、雷达探测方法可行性评估

开展雷达探测前，首先需要进行雷达探测方法的可行性评估，包括了探测深度评估、目标与围岩电性差异的评估、目标体的几何尺寸等，此外还应评估工作环境对雷达探测的影响。

（一）探测深度评估

探测深度是指对目标体顶界面埋藏深度的探测能力，单位是m。当目标体埋藏深度超过探测深度的50%时，雷达探测法不应被采纳，根据理论公式的推导和对工程实例的统计，可采用下式进行估算

$$D = \frac{0.2}{\sqrt{\sigma}} \tag{5-43}$$

式中：D——为探测深度，m。

（二）目标体与围岩电性差异的评估

电性差异是指目标体与围岩的相对介电常数和视电阻率值的差异。电性差异越大，界面反射系数越大，探测效果越好；反之，探测效果就不好。同时，要求这种电性差异要有一个突变的而非渐变界面，否则也不会出现清晰的反射波，难以获得比较好的探测效果。电性差异多大时，雷达探测才能够获得良好探测效果，可以用下式估算。

$$P_m = \left| \frac{\sqrt{\varepsilon_w} - \sqrt{\varepsilon_m}}{\sqrt{\varepsilon_w} + \sqrt{\varepsilon_m}} \right| > 0.01 \tag{5-44}$$

式中：P_m——为目标体功率反射系数；

ε_w——为围岩的相对介电常数；

ε_m——为目标体的相对介电常数。

此外，围岩的不均一性必须小于目标体的尺度，否则目标体的响应该将湮没在围岩变化特征之中无法识别。

（三）目标体的几何尺寸

目标体尺寸包括高度、长度和宽度，必须尽可能了解清楚。目标体尺寸决定了雷达系统应具有的分辨率，关系到天线中心频率的选用。雷达探测的分辨率，可从垂直和水平两个方向加以说明。

1. 垂直分辨率：

$$b = \lambda/4 \tag{5-45}$$

2. 水平分辨率：

$$d_F = \sqrt{\lambda H/2} \tag{5-46}$$

式中：λ ——为雷达波长且 $\lambda = c/(f\sqrt{\varepsilon_r})$，m；

m，f——为频率，MHz；

H——为异常体埋深，m。

由式（5-44）和式（5-45）可知，垂直分辨率只与光速、天线频率及介质相对介电常数有关，频率和介电常数越大，垂直分辨率越高。而水平分辨率不仅与光速、天线频率及介质相对介电常数有关，还与异常体的埋深有关，目标体的埋深越大，水平分辨率越低。

如果目标体为非球体，则需要搞清目标体的走向，倾向和倾角，这将关系到测网布置。

（四）对工作环境的评估

工作环境尽力避开空中和地面的干扰，如空中电力线和高大的建筑物以及地下旧金属构件等。如避不开时，要记录干扰体的走向距离等参数，以便在记录中将其去除。环境温度、湿度的变化不应超过雷达设备允许的工作范围。在地形起伏比较大的地区，应重视地表影响，做好静校正工作。

在实际检测中，总是期望能够获得更大的深度、更高的分辨率和更强的抗干扰能力，但往往是难以同时达到的。因此，需选择适当的探测参数，以获得满足工程要求的检测成果。

三、探测参数的选择

探测参数是指在进行雷达数据采集时所需要设定的各种参数，主要包括天线和时窗的选择、采样频率、测点间距和天线间距等。

（一）天线中心频率的选择

1. 按分辨率选择

探测的分辨率问题是指对多个目的体的区分或者小目的体的识别能力。概括地说，这个问题取决于脉冲的宽度，即与脉冲频带的设计有关。频带越宽，时域脉冲越窄，它在射线方向上的时域空间分辨能力就越强，或可近似地认为深度方向的分辨率高。若从波长的角度来考虑，工作主频率越高（即波长短），雷达反射波的脉冲波形就越窄，其分辨率应越高。

如果要求垂直分辨率为 x 时，则天线的中心频率可用下式选定

$$f = \frac{150}{x\sqrt{\varepsilon_w}} \tag{5-47}$$

不同天线的垂直分辨率如表 5－1 所示。在满足分辨要求的前提下，工作中尽量选择频率低的天线，以满足探测深度的要求。

表 5－1　不同频率天线的垂直分辨率

天线中心频率/MHz	80	100	300	500	900
垂直分辨率/m	0.76	0.61	0.204	0.123	0.068

注：按 $\varepsilon_w=6$ 计算。

2. 按探测深度要求选择天线中心频率

探测深度（D）同介质的视电导率（σ）及天线的中心频率（f）有以下函数关系

$$D=\sqrt{\frac{3}{f\sigma}} \tag{5-48}$$

在满足探测深度要求的条件下，要选用分辨高和带有屏蔽的天线。

（二）时窗的选择

时窗是指用时间毫微秒（ns）数表示的探测深度的范围。时窗的选择可以用下式表示

$$T_w=\frac{2.6D_{max}}{v} \tag{5-49}$$

式中：T_w——为时窗范围，ns；

D_{max}——为最大探测深度，m；

v——为电磁波在介质中的传播速度，m/ns。

（三）采样率的选择

采样率是指对目标体回波采的样品数，采样间隔为采样率的倒数。按照采样定理，对一个周期的模拟信号，至少要采 2 个样品，模拟信号才能得以恢复。为了不产生假频干扰信号，一般情况下一个周期信号要采 4 个以上的样品。对探地雷达而言，采样率的设置，有的产品要求设置采样间隔，有的要求设置采样率，对要求设置采样间隔的可用下式表示

$$\Delta T=\frac{T}{6} \tag{5-50}$$

式中：ΔT——为采样间隔，ns；

T——为天线中心频率的倒数，也称为脉冲宽度。

（四）测点间距的选择

在地表面凸凹不平或精细探测时，可选择探地雷达的点测量方式。最大的点距的选择原则是以目标体上不少于 20 个探测点为原则，可用下式表示

$$\Delta=\frac{D+d}{10} \tag{5-51}$$

式中：Δ——为点距，m；

D——为目标体的埋深，m；

d——为目标体的尺寸，m。目标体为洞穴时，为洞穴的直径。

（五）天线间距的选择

对于双置式发收天线而言，在探测时有最佳天线距选择问题，对单置式天线体而言就不存在这个问题。天线距的选择与目标体的埋深有关，两者关系如下

$$S = \frac{2D}{\varepsilon_w} \tag{5-52}$$

式中：S——为天线距，m，其余参数同前。

在探测深度满足的条件下，天线距应小一些，压制介质的不均匀性对反射检测方法。

四、介质电磁波速度的测定

探地雷达记录的是目标体的双程反射时（t），单位为纳秒（ns）。为确定目标体的埋藏深度 D，必须求取电磁波在介质中的传播速度（v）。速度求取的准确与否，直接影响目标体埋藏深度计算的精度。

电磁波速度的确定，可采用参数估算法、已知深度反求速度法、管状体反射求速度法、宽角法和共深度点法等。

（一）参数估算法

在 $\sigma/\omega_\varepsilon \ll 1$ 的条件下，在介质的相对介电常数已知时，其电磁波速度可以根据式（5-53）确定。因为地质体的复杂性，特别是含水量不同，相对介电常数值不是一个定值，所以计算得到的速度值不能作为精确计算目标体深度使用。

（二）已知深度反求速度法

在已知埋深的目标上方地表处，获得一雷达时间剖面记录图像，地层介质的电磁波速可以由下式求得

$$v = \frac{2D}{t} \tag{5-53}$$

式中：D——为目标埋深，m；

t——为双程走时，ns。

如果深度是准确的，则速度也可以准确确定，进而可以精确确定目标体的深度。考虑到地层的复杂性，建议在测区内多求取几个速度值，然后取其均值作为测区介质的电磁波速度值。

五、数据处理和资料解释

为了对雷达图像进行合理的地质解释，首先需要进行大量的数据处理工作，然后

是雷达图像判释。

（一）数据处理

由于地下介质相当于一个复杂的滤波器，介质对波的不同程度的吸收及介质的不均匀性质，使得脉冲到达接收天线时，波幅被减小，波形变得与原始发射波形有较大的差别。此外，不同程度的各种随机噪声和干扰波，也歪曲了实例数据，因此必须对接收信号实施适当的处理，以改善数据资料，为进一步解释提供清晰可辨的图像。

目前，数字处理主要是对所记录的波形作处理包括增强有效信息，抑制随机噪声，压制非目的体的杂乱回波，提高图像的信噪比和分辨率等。对雷达资料进行数据处理目的是压制随机的和规则的干扰，以最可能高的分辨率在雷达图像上显示反射波，提取反射波各种有用的参数（包括电磁波速度、振幅和波形等）来帮助解释。常用的雷达数据处理手段有数字滤波、反滤波、偏移绕射处理和增强处理等。

数字滤波利用电磁波的频谱特征来压制各种干扰波，如直达波和多次反射波等；反滤波则是将地下介质理解为一系列的反射界面，由反射波特征求取各个界面的反射系数；偏移绕射处理，即反射波的层析成像技术，是将雷达记录中的每个反射点偏移到其本来位置，从而真实反映地下介质分布的情况；增强处理，有助于增强有效信号，清晰地反映地下介质的分布情况。

（二）资料解释

资料解释以数据处理为基础，在雷达图像之上，处理后的电磁波振幅用不同的颜色加以区别，这样展现在我们面前的雷达图像就可以清晰地反映地下目标体的特征。资料解释，主要是依据探地雷达图像的正演成果和已知的地质、钻探资料，分析目标体在雷达图像上引起的异常大小和几何形态，对实测的雷达图像进行合理的地质解释。

资料解释可以分两步走：第一步是识别异常，然后进行地质解释。异常的识别在很大程度上依赖于探地雷达图像的正演模拟结果，对一些典型的物理模型的雷达波图像有了认识，将为识别实际探测中各种异常现象及对各种处理的图像进行识别提供理论依据；第二步，对识别的异常结合实际地质资料进行合理的地质解释。根据已知的地质资料认证，进而根据雷达波剖面特征推断未知的地下介质结构。

六、应用

地面雷达被广泛应用于浅部工程、工程地质、环境地质、水利工程、军工、城建、公路建设、隧道建设、考古以及矿区地质探测。应用探地雷达，可以检测隐蔽工程的施工质量、探测围岩松动圈的范围、检测冻结壁发育状况、判断注浆加固的效果，此外还可以用于划分地层和地质体的界面、确定滑坡体的滑动面位置以及隧道前方的超前探测等。

（一）施工质量的雷达检测

施工质量的无损检测对于在建工程来说是至关重要的。在工程的施工和验收过程

中，混凝土的厚度与缺陷，钢筋的直径、含量和位置等是施工质量控制的重要内容。

进行施工质量的雷达检测，首先需要掌握原有的工程设计与变更内容。在此基础上，通过正演模拟、经验分析或对比性检测，获得满足工程设计要求情况下的雷达图像。之后，通过实测分析，判断实际工程的施工质量。

（二）松动口的雷达检测

围岩松动破坏的探测方法有很多，在诸多探测方法当中，探地雷达法以其操作方便、测试精度高、成像准确的优点在巷道围岩松动破坏的检测中获得越来越广泛的应用。在巷道开挖后形成的松动破坏区内，破坏区内岩体与完整岩石有明显的电性差异。在采用探地雷达探测围岩松动范围时，通常是将雷达天线紧贴巷道表面，进行横断面或纵断面的雷达扫描，由雷达发出的电磁脉冲在松动破坏区内传播，当电磁波经过破坏区与非破坏区交界面时，将可能发生较强的反射信号，进而可以根据反射波图像特征来确定围岩松动破坏范围。

（三）冻结壁发育状况的雷达检测

冻结法施工利用低温盐水循环系统，对冻结管周围的岩土体进行冻结，从而达到止水、支护的目的，是目前国内外广为使用的通过表土带和岩石破碎带的施工方法。在施工中有时会因为冻结壁整体强度不足，发生冻结管断裂和结构物压裂等事故，造成重大经济损失。

在盐水温度一定的条件下，冻结壁厚度表征冻结壁的整体强度。目前国内推算冻结壁厚度主要依赖工程人员的施工经验，多采用经验公式法和测温数据推测法，因为实际情况复杂多样，介质的结冰温度、导热系数等热力学参数有很大差异，而且冻结孔的偏斜可能导致冻结壁不交圈，将大大增加达到设计要求的冻结壁厚度与平均温度所需的时间，并使冻结壁的形状变得很不规则，不能形成较为理想的冻土圆筒，有限元数值分析可以计算冻结孔偏斜下冻结壁温度场的形成特征，但受参数选择影响大，有一定的人为性。在实际冻结工程中，探明冻结壁中缺陷的分布范围，进行及时的针对性的处理是必需的。因此，在冻结工程中急需一种高效、高精度的连续无损检测方法以确定冻结壁的发育状况。在通过危险地段时，尤其应该密切地关注冻结壁的发展变化，防患于未然。

在人工冻结法中，松散土层在冻结前后，土层电磁参数有明显的变化。从介电常数来看，水的介电常数为 81，冰的介电常数为 3.2，两者相差 25 倍；从电导率来看，水结冰时会出现电导率突然降低，这种现象已被成功地用于测量湿土的结冰温度；从电磁波在其中的传播速度看，在水中为 0.033m/ns，冰中为 0.17m/ns，两者相差 5 倍。因此，冻结壁的冻结锋面同时又是一个电性界面。电磁波传播到此处便会出现反射和折射，可以通过分析电磁波反射信号特征分辨出冻土和未冻土间的电性差异，进而判断冻结锋面的位置，探明冻结壁的分布范围，并可探测出缺陷位置，保证冻结壁的质量，避免灾害性事故的出现。

（四）注浆加固效果的雷达检测

注浆技术起源于地下工程的特殊需要，地下工程常遇到地下水害和软弱地层。注浆法是治理水害和加固地层的重要技术，包括堵水、截流、帷幕及岩土加固等诸多技术，是一项实用性很强、应用范围很广的工程技术，用液压、气压或电化学的方法，把某些能很好地与岩土体固结的浆液注入岩土体的孔隙、裂隙中去，使岩土体成为强度高、抗渗性好、稳定性高的新结构体，从而达到改善岩土体的物理力学性质的目的。

在注浆工程的进程中，做好全程监控是保证注浆质量和提高注浆技术水平的关键。在注浆加固前，应预知地下围岩空隙状态，为加固方案提供依据。在注浆过程中，除常规的监测注浆流量和压力的变化外，还应适时检测浆液的扩散范围，确保计划进度；注浆后的效果评价，必须根据浆液充填裂隙的饱满程度、密实性及注浆帐幕的连续性、耐久性等指标来提供可靠的定量标准。而注浆前后岩体物理力学性态的变化，既是注浆工程中各种因素综合作用的结果，又是反映注浆质量和效果的最终、最直接的指标。

注浆工程属于隐蔽工程，上述目标的实现需要借助地球物理探测手段来实现。目前的研究成果集中在注浆充填效果检测方面，已采用的有效物探方法包括超声波法、高密度电阻率法和瑞雷波法等，它们可通过注浆前后声速或地电变化，分析注浆层位和浆液扩散范围。此外，探地雷达法在注浆方案设计和注浆效果检测中也得到了一些应用，但未考虑注浆的整个动态过程的全程监控。从原理上看，探地雷达法作为经济快捷、精度较高的探测手段，可以用于注浆工程的方案设计、效果检测，实现了注浆工程的全程监控。

注浆过程可视为一个改变地下介质分布的动态过程。注浆前，注浆目标区存在空隙（或裂隙），电磁波传播空隙或裂隙处，电磁波出现反射，指示空隙（或裂隙）的位置，为注浆设计提供依据；空隙（或裂隙）为水或气充填，可视为一种复合的高度非均匀介质，对电磁波的吸收和散射强烈，与非注浆目标区对比剖面差异明显。注浆后，在浆液已固结的情况下，水的影响减少，浆液中的骨料充填在原有空隙中，改变了介质的结构和电性参数，通过注浆前后雷达测试结果的对比可以检测注浆效果。

雷达检测对介质的电性特征变化有良好的敏感性，对注浆前后的电性差异有直观反映，可用于表征地下介质的连续性，是探测地下介质结构和分布特征的有效手段；但雷达探测结果与介质力学性质的改变并无直接的联系，不宜作为评价地基基础是否稳定的唯一手段。在本次工程中，还配合适当的钻探和地表沉降观测，其结果与雷达探测是吻合的。

第六章　土木工程基坑工程监测

第一节　土木工程基坑工程监测

一、基坑监测的原因、目的和要求

（一）基坑概念

基坑定义：为进行建筑物基础，地下建筑物施工所开挖形成的地面以下空间。基坑监测定义：基坑监测是基坑工程施工中的一个重要环节，是指在基坑开挖及地下工程施工过程中，对基坑岩土性状、支护结构变位和周围环境条件的变化进行各种观察及分析工作，并将监测结果及时反馈，预测进一步挖土施工后将导致的变形及稳定状态的发展，依据预测判定施工对周围环境造成影响的程度来指导设计与施工，实现所谓信息化施工。

（二）基坑监测的原因

1. 随着城市建设的迅速发展，基坑越来越大、越来越深，存在的风险性也越来越大。

2. 许多新的情况出现，支护形式有不少新的发展，设计值需要进一步优化。

3. 基坑周围的环境保护要求越来越高。

4. 十多年来，我国每年都会有一定数量的基坑出现事故，有些甚至是十分严重的。为了防止事故的发生，需对基坑进行监测。

（三）基坑监测的目的

1. 确保支护结构的稳定和安全，确保基坑周围建筑物、构筑物、道路及地下管线的安全与正常使用。根据监测结果，判断基坑工程的安全性和对周围环境的影响，防止工程事故和周围环境事故的发生。

2. 指导基坑工程的施工。通过现场监测结果的信息反馈，采用反分析方法求得更合理的设计参数，并对基坑后续施工的工作性状进行预测，指导后续施工的开展，达到优化设计方案和施工方案的目的，并为工程应急措施的实施提供依据。

3. 验证基坑设计方法，完善基坑设计理论。基坑工程现场实测资料的积累为完善现行的设计方法和设计理论提供依据。监测结果与理论预测值的对比分析，有助验证设计和施工方案的正确性，总结支护结构和土体的受力和变形规律，推动基坑工程的深入研究。

（四）基坑工程监测的基本要求

1. 基坑监测应由委托方委托具备相应资质的第三方承担。

2. 基坑围护设计单位及相关单位应提出监测技术要求。

3. 监测单位监测前应在现场踏勘和收集相关资料基础上，依据委托方和相关单位提出的监测要求和规范、规程规定编制详细的基坑监测方案，监测方案须在本单位审批的基础上报委托方及相关单位认可后方可实施。

4. 基坑工程在开挖和支撑施工过程中的力学效应是从各个侧面同时展现出来的，在诸如围护结构变形和内力、地层移动和地表沉降等物理量之间存在着内在的紧密联系。因此监测方案设计时应充分考虑各项监测内容间监测结果的互相印证、互相检验，从而对监测结果有全面正确的把握。

5. 监测数据必须是可靠真实的，数据的可靠性由测试元件安装或埋设的可靠性、监测仪器的精度、可靠性以及监测人员的素质来保证，监测数据真实性要求所有数据必须以原始记录为依据，任何人不得更改、删除原始记录。

6. 监测数据必须在现场及时计算处理，计算有问题可以及时复测，尽量做到当天报表当天出。因为基坑开挖是一个动态的施工过程，只有保证及时监测，才能有利于及时发现隐患，及时采取措施。

7. 埋设于结构中的监测元件应尽量减少对结构的正常受力的影响，埋设水土压力监测元件、测斜管和分层沉降管时的回填土应注意与土介质的匹配。

8. 对重要的监测项目，应按照工程具体情况预先设定预警值和报警制度，预警值应包括变形或内力量值及其变化速率。但目前对警戒值的确定还缺乏统一的定量化指标和判别准则，这在一定程度上限制和削弱了报警的有效性。

9. 基坑监测应整理完整的监测记录表、数据报表、形象的图表和曲线，监测结束后整理出监测报告。

二、基坑工程监测项目

（一）土压力监测

土压力是基坑支护结构周围的土体传递给挡土构筑物的压力。土体中出现的应力可以分为由土体自重及基坑开挖后土体中应力重分布引起的土中应力和基坑支护结构周围的土体传递给挡土构筑物的接触应力。土压力监测就是测定作用在挡土结构上的

土压力大小及其变化速率，以便判定土体的稳定性，控制施工速度。

1. 监测设备

土压力监测通常采用在量测位置上埋设压力传感器来进行。土压力传感器工程上称之为土压力盒，常用的土压力盒有钢弦式和电阻式。在现场监测之中，为了保证量测的稳定可靠，多采用钢弦式。

目前采用的钢弦式土压力盒，分为竖式和卧式两种。卧式钢弦土压力盒的直径为100~150mm，厚度为20~50mm。薄膜的厚度视所量测的压力的大小来选用，厚度2~3.1mm不等，它与外壳用整块钢轧制成形，钢弦的两端夹紧在支架上，弦长一般采用70mm。在薄膜中央的底座上，装有铁芯及线圈，线圈的两个接头与导线相连。

2. 土压力盒工作原理

土压力盒埋设好后，根据施工进度，采用了频率仪测得土压力盒的频率，从而换算出土压力盒所受的总压力，其计算公式如下：

$$p = k(f_0^2 - f^2) \tag{6-1}$$

式中：P——作用在土压力盒上的总压力（kPa）；

k——土压力盒率定常数（kPa/Hz2）；

f_0——土压力盒零压时的频率（Hz）；

f——土压力盒受压后的频率（Hz）。

土压力盒实测的压力为土压力和孔隙水压力的总和，应该当扣除孔隙水压力计实测的压力值，才是实际的土压力值。

3. 土压力盒布置原则

土压力盒的布置原则以测定有代表性位置处的土反力分布规律为目标，在反力变化较大的区域布置得较密，反力变化不大的区域布置得较稀疏。为了用有限的土压力盒测到尽量多的有用数据，通常将测点布设在有代表性的结构断面上和土层中。

4. 土压力盒埋设方法

（1）地下连续墙侧土压力盒通常用挂布法埋设。挂布法的基本原理是首先将土压力盒安装在预先制备的维尼龙或帆布挂帘上，然后将维尼龙或帆布平铺在钢筋笼表面并与钢筋笼绑扎固定。挂帘随钢筋笼一起吊入槽孔，放入导管浇筑水下混凝土。由于混凝土在挂帘的内侧，利用流态混凝土的侧向挤压力将挂帘连同土压力传感器一起压向土层，随水下混凝土液面上升所造成的侧压力增大迫使土压力盒与土层垂直表面密贴。

挂布法埋设的具体步骤如下：

① 布帘制备。布帘要求具有足够的宽度以保证砂浆或者混凝土不流入布帘的外侧，布帘一般取为1/2~1/3的槽段水平间宽度。

② 土压力盒固定。在布帘上预先缝制好用以放置土压力盒的口袋，放入土压力盒后进行封口固定。

③ 布帘固定。将布帘平铺在钢筋笼量测土压力的一侧表面，通过纵横分布的绳索将布帘固定于钢筋笼上。

④ 钢筋笼入槽。将完成布帘铺设和固定的钢筋笼缓慢吊入充满泥浆的槽孔，期间必须注意土压力盒和引出导线的保护，并确保布帘不为钢筋等戳破损坏。

⑤ 混凝土浇筑。水下混凝土浇筑期间，通过地表接收仪器的读数，可以了解土压力盒的布置情况，并可测得基坑开挖之前墙体或桩体所受到的初始水土压力。

挂布法的特点是方法可靠，埋设元件成活率高，缺点在于所需材料和工作量大，大面积铺设很可能改变量测槽段或桩体的摩擦效应，影响结构受力。除挂布法外，也可以采用活塞压入法、弹入法等方法埋设土压力盒。

（2）在土中，土压力盒埋设通常采用钻孔法。对于因受施工条件或结构形式限制，只能在成桩或成墙之后埋设土压力盒的情况，通常采用在墙后或桩后钻孔、沉放和回填的方式埋设。先在预定埋设位置采用钻机钻孔，孔径大于土压力盒直径，孔深比土压力盒埋设深度浅50cm，把钢弦式土压力盒装入特制的铲子内，之后用钻杆把装有土压力盒的铲子徐徐放至孔底，并将铲子压至所需标高。

钻孔法埋设测试元件工程适应性强，特别适用于预制打入式排桩结构。由于钻孔回填砂石的固结需要一定的时间，因而传感器前期数据偏小。另外，考虑钻孔位置与桩墙之间不可能直接密贴，需要保持一段距离，因而测得的数据与桩墙作用荷载相比具有一定近似性，这是钻孔法不及上述挂布法之处。

（二）孔隙水压力监测

孔隙水压力变化是土体应力状态发生变化的前兆，依据基坑设计、施工工艺及监测区域水文地质特点，通过预埋孔隙水压力传感器（孔隙水压力计），利用测读仪器（频率读数仪）定期测读预埋传感器读数，并且换算获得孔隙水压力随时间变化的量值及变化速度，从而判断土体受力变化情况及变形可能。此外，对地下水动态情况也可进行监控。

1. 监测设备

钢弦式孔隙水压力计由测头和电缆组成。

钢弦式孔隙水压力计工作原理：

用频率读数仪测定钢弦的频率大小，孔隙水压力与钢弦频率间有如下关系：

$$u = k(f_0^2 - f^2) \tag{6-2}$$

式中：u——孔隙水压力（kPa）；

k——孔隙水压力计率定常数（kPa/Hz^2），其数值和承压膜和钢弦的尺寸及材料性质有关，由室内标定给出；

f_0——测头零压力（大气压）下的频率（Hz）；

f——测头受压后的频率（Hz）。

2. 测点布置

孔隙水压力监测点的布置，应根据测试目的与要求，结合场地地质周围环境和作业条件综合考虑，并应符合下列要求：

（1）孔隙水压力监测点宜在水压力变化影响范围内按土层布置，竖向间距宜为4～

5m，涉及多层承压水位时应适当加密；

（2）在平面上，测点宜沿着应力变化的最大方向并结合周边环境特点布设；

（3）监测点数量不宜少于3个；

（4）对需要提供孔隙水压力等值线的工程或部位，测点应该适当加密，且埋设在同一高程上的测点高差宜小于0.5m。

3. 孔隙水压力计埋设方法

孔隙水压力监测测点的安装埋设方法视不同施工工法有所不同，一般可分为压入法和钻孔法两种。

（1）压入法

压入法适用于土层较软、传感器埋深不深且单孔埋设单个传感器的情形。主要操作步骤如下：

① 人工开挖0.5～1.0m深探坑；

② 将传感器装入配套预压架内，预压架与钻杆最底端连接；

③ 传感器上端拴绑铁丝，如在下压过程出现异常，可以将传感器提出；

④ 将首节钻杆及预压架放入探坑护筒内，数据传输线从护筒槽口内引出，下压过程保证数据传输线处于松弛状态；

⑤ 利用钻机提供压力，缓慢匀速下压钻杆，随着下压将铁丝及数据传输线同时下放，下压时还应随时测读孔隙水压力反应，以防过压；

⑥ 接长钻杆，可将传感器压至设计深度位置；

⑦ 小心提起钻杆后，用频率读数计测读传感器频率读数，判断传感器工作是否正常，完成埋设。

（2）钻孔法

钻孔法可适用于单孔需埋设多个传感器且传感器埋深较大的情形。钻孔完成后埋设传感器步骤如下：

① 将已事先绑扎绳索或铁丝的需第一个下放的传感器，下放入孔内，绳索长度应与传感器设计埋设深度一致；

② 到底后，立即分别回填透水材料和封堵材料至设计深度；

③ 将第二个传感器同样下放后，回填透水材料和封堵材料，完成全部传感器埋设工作。其中，传感器周围回填透水材料，宜选用干净的中粗砂、砾砂或粒径小于10mm的碎石块，透水填料层高度宜为0.6～1.0m；上下两个孔隙水压力计间应有高度不小于1m的隔水填料分隔，隔水材料宜选用直径2cm左右的风干黏土球作填料，在投放黏土球时，应缓慢、均衡投入，确保隔水效果。

4. 注意事项

（1）通过查阅工程设计图纸、设计计算书，或依据已有的理论进行估算或参考类似工程计算选取孔隙水压力预估值；

（2）选取传感器量程应超出预估值的1.2倍，分辨率不大于0.2%（F.S），精度为±0.5%（F.S）；

（3）传感器进场后、安装前、安装中至少分别进行一次频率测试；

（4）埋设结束后，即开始逐日定时测试，以观测传感器初读数稳定性，振弦式传感器初始值稳定标准为连续3天读数差小于2kPa；

（5）孔隙水压力变化初读数以待监测工况发生前的已安装传感器实际稳定频率为准，应至少测读两次以上，取均值作为频率初读数（注意：此初读数仅为计算孔隙水压力产生变化时的初读数，因此时孔隙水压力已存在）。

（三）地下水位监测

地下水位监测主要是用来观测地下水位以及其变化。可采用钢尺或钢尺水位计监测。钢尺水位计的工作原理是在已埋设好的水管中放入水位计测头，当测头接触到水位时启动讯响器，此时，读取测量钢尺与管顶的距离，根据管顶高程即可计算地下水位的高程。对于地下水位比较高的水位观测井，也可用干的钢尺直接插入水位观测并记录湿迹与管顶的距离，根据管顶高程即可计算地下水位的高程，钢尺长度需大于地下水位与孔口的距离。

水位管埋设方法：用钻机钻孔到要求的深度后，在孔内放入管底加盖的水位管。套管与孔壁间用干净细砂填实，然后用清水冲洗孔底，以防泥浆堵塞测孔，保证水路畅通，测管高出地面约200mm，管顶加盖，不让雨水进入，并且做好观测井的保护装置。

水位管内水面应以绝对高程表示，计算式如下：

$$D_s = H_s - h_s \tag{6-3}$$

式中：D_s——水位管内水面绝对高程（m）；

H_s——水位管管口绝对高程（m）；

h_s——水位管内水面距管口的距离（m）。

（四）支护结构内力监测

支护结构是指深基坑工程中采用的围护墙（桩）、支锚结构、围檩等。支护结构的内力监测（应力、应变、轴力与弯矩）是深基坑监测中的重要内容，也是进行基坑开挖反分析获取重要参数的主要途径。在有代表性位置的围护墙（桩）、支锚结构、围檩上布设钢筋应力计和混凝土应变计等监测设备，以监测支护结构在基坑开挖过程当中的应力变化。

1. 墙体内力监测

采用钢筋混凝土材料制作的支护结构，通常采用在钢筋混凝土中埋设钢筋应力计，以测定构件受力钢筋的应力或应变，然后根据钢筋与混凝土共同工作、变形协调条件计算求得其内力或轴力。钢筋应力计有钢弦式与电阻应变式两种，监测仪表分别用频率计和电阻应变仪。

墙体内力监测点应布置在受力、变形较大且有代表性的部位。监测点数量和水平间距视具体情况而定。竖直方向监测点应布置在弯矩极值处，竖向间距宜为2~4m。

2. 支撑轴力监测

支撑轴力的监测一般可采用下列途径进行：

（1）对于钢筋混凝土支撑，可采用钢筋应力计和混凝土应变计分别量测钢筋应力和混凝土应变，然后换算得到支撑轴力。

（2）对于钢支撑，可在支撑上直接粘贴电阻应该变片量测钢支撑的应变，即可得到支撑轴力，也可采用轴力传感器（轴力计）量测。

支撑内力监测点布置应符合下列要求：

① 监测点宜设置在支撑内力较大或在整个支撑系统中起控制作用的杆件上；

② 每层支撑的内力监测点不应少于 3 个，各层支撑的监测点位置宜在竖向保持一致；

③ 钢支撑的监测截面宜选择在两支点间 1/3 部位或支撑的端头；混凝土支撑的监测面宜选择在两支点间 1/3 部位，并避开节点位置；

④ 每个监测点截面内传感器的安置数量及布置应满足不同传感器测试要求。

（五）变形监测

基坑工程施工场地变形观测的目的，就是通过对设置在场地内的观测点进行周期性的测量，求得各观测点坐标和高程的变化量，为支护结构和地基土的稳定性评价提供技术数据。变形监测包括：地面、邻近建筑物、地下管线和深层土体沉降监测；支护结构、土体、地下管线水平位移监测。

1. 围护墙顶水平位移和沉降监测

（1）沉降监测仪器：主要采用精密水准测量仪。

（2）沉降监测基准点：在一个测区内，应该设 3 个以上沉降监测基准点，位置设在距基坑开挖深度 5 倍距离以外的稳定地方。

（3）水平位移监测方法。

采用视准线法（轴线法）：沿欲测量的基坑边线设置一条视准线，在该线的两端设置工作基点 A、B，测量观测点到视准线间的距离，进而确定偏离值。

2. 深层水平位移测量

（1）定义

深层水平位移测量就是测量围护桩墙和土体在不同深度上的点的水平位移（也就是测量基坑不同深度处的变形）。

（2）测试仪器

采用测斜仪，它是一种可以精确地测量沿铅垂方向土层或者围护结构内部水平位移的工程测量仪器，一般由测斜管、测头、测读设备等组成。

测斜管：内有四条十字形对称分布的凹型导槽，作为测头滑轮上下滑行的轨道。测斜管在基坑开挖前埋设于围护墙和土体内。

测头：由弹簧滚轮、重力摆锤、弹簧铜片（内侧贴电阻应变片）、电缆线组成。

工作原理：利用重力摆锤始终保持铅直方向的特性。弹簧铜片上端固定，下端挂摆锤，当测斜仪倾斜时，摆线在摆锤的重力作用下保持铅直，压迫弹簧铜片下端，使弹簧铜片发生弯曲，粘贴在弹簧铜片上的电阻应变片测出弹簧铜片的弯曲变形，并由导线将测斜管的倾斜角显示在测读设备上，进而计算垂直位置各点的水平位移。

3. 土体分层沉降监测

（1）定义：土体分层沉降是指离地面不同深度处土层内的点的沉降或者隆起。

（2）测试仪器及组成：通常采用磁性分层沉降仪测量。组成：探头、分层沉降管和磁铁环、钢尺和显示器等。

（3）测试原理：分层沉降管由波纹状柔性塑料管制成，管外每隔一定距离安放一个磁铁环，地层沉降时带动磁铁环同步下沉；当探头从钻孔中缓慢下放遇到预埋在钻孔中的磁铁环时，电感探测装置上的蜂鸣器就发出叫声，这时根据测量导线上标尺在孔口的刻度，以及孔口的标高，就可计算磁铁环所在位置的标高，其测量精度可达1mm。

在基坑开挖前预埋分层沉降管和磁铁环，并且测读各磁铁环的起始标高，与其在基坑施工开挖过程中测得的标高的差值，即为各土层在施工过程中的沉降或隆起。

4. 基坑回弹监测

（1）基坑回弹：指由于基坑开挖对坑底土层的卸荷过程引起基坑底面及坑外一定范围内土体的回弹变形或隆起，深大基坑的回弹量对基坑本身和邻近建筑物都有较大影响，因此需做基坑回弹监测。

（2）监测仪器：回弹监测标和深层沉降标。

（六）相邻地下管线的沉降监测

1. 地下管线监测的重要性

地下管线是城市生活的命脉，地下管线的安全与人民生活和国民经济紧密相连，施工破坏地下管线造成的停水、停电、停气以及通信中断事故频发，因此，必须进行地下管线监测。

2. 监测内容

相邻地下管线的监测内容包括垂直沉降和水平位移两部分。其测点位置和监测频率应在对管线状况进行充分调查后确定，并与有关管线单位协调认可后实施。

3. 地下管线调查内容

（1）管线埋置深度、管线走向、管线及其接头的型式、管线和基坑的相对位置等。可根据城市测绘部门提供的综合管线图，并结合现场踏勘确定；

（2）管线的基础型式、地基处理情况、管线所处场地的工程地质情况；

（3）管线所在道路的地面人流与交通状况，以便制订适合的测点埋设和监测方案。

目前工程中主要采用间接测点和直接测点两种形式。间接测点又称监护测点，常设在管线轴线相对应的地表或管线的窨井盖上，由于测点与管线本身存在介质，因而测试精度较差，但可避免破土开挖，在人员与交通密集区域，或设防标准较低的场合采用。直接测点是通过埋设一些装置直接测读管线的沉降，常用方案有以下两种：

① 抱箍式

由扁铁做成的稍大于管线直径的抱箍，将测杆与管线连接成为整体，测杆伸至地面，地面处布置相应窨井，保证道路、交通和人员正常通行。抱箍式测点具有监测精度高的特点，能测得管线的沉降和隆起，其不足是埋设必须凿开路面，并开挖至管线的底面，这对城市主干道路来说是很难办到的，但对于次干道和十分重要的地下管线，如高压煤气管道，按此方案设置测点并进行严格监测，是必要的且可行的。

② 套筒式

基坑开挖对相邻管线的影响主要表现在沉降方面，根据这一特点，采用一硬塑料管或金属管打设或埋设于所测管线顶面和地表之间，量测时，将测杆放入埋管，再将标尺搁置在测杆顶端，进行沉降量测。只要测杆放置的位置固定，测试结果能够反映出管线的沉降变化。按套筒方案埋设测点的最大特点是简单易行，特别是对于埋深较浅的管线，通过地面打设金属管至管线顶部，再清除整理，可避免道路开挖。

三、监测方案设计

（一）监测方案设计前提

监测方案设计必须建立在对工程场地地质条件、基坑围护设计和施工方案，以及基坑工程相邻环境详尽的调查基础之上；同时还需要和工程建设单位、施工单位、监理单位、设计单位以及管线主管单位及道路监察部门充分协商。

（二）监测方案制定的主要步骤

1. 收集有关资料：包括工程地质勘察报告、围护结构和建筑工程主体结构的设计图纸及其施工组织设计、平面布置图、综合管线图等；

2. 现场踏勘：重点掌握地下管线走向、相邻构筑物状况，以及它们与围护结构的关系；

3. 提交监测方案初稿：拟订监测方案初稿，提交委托单位审阅，同意后召开由建设单位主持，市政道路监察部门、邻近建筑物业主、有关地下管线单位参加的协调会议，形成了会议纪要；

4. 根据会议纪要精神，对监测方案初稿进行修改，形成正式监测方案。

（三）监测方案设计的主要内容

1. 确定监测内容；

2. 确定监测方法、监测仪器、监测元件量程、监测精度；

3. 确定施测部位和测点布置；

4. 制定监测周期、预警值及报警制度；

5. 明确叙述工程场地地质条件、基坑围护设计和施工方案、基坑工程相邻环境等内容。

（四）监测内容确定原则

1. 监测简单易行、结果可靠、成本低、便于实施；
2. 监测元件要尽量靠近工作面安设；
3. 所选择的被测物理量要概念明确，量值显著，数据易于分析，易于实现反馈；
4. 位移监测是最直接易行的，因而应该作为施工监测的重要项目，同时支撑的内力和锚杆的拉力也是施工监测的重要项目。

（五）监测方案应满足的要求

1. 能确保基坑工程的安全和质量；
2. 能对基坑周围的环境进行有效的保护；
3. 能检验设计所采取的各种假设和参数的正确性，为了改进设计、提高工程整体水平提供依据。

四、监测期限与频率

（一）监测期限

基坑围护工程的作用是确保主体结构地下部分工程快速安全顺利地完成施工，因此，基坑工程监测工作的期限基本上要经历从基坑围护墙和止水帷幕施工、基坑开挖到主体结构施工到±0.000标高的全过程。也可以根据需要延长监测期限，如相邻建筑物的竖向位移监测要待其竖向位移速率恢复到基坑开挖前值或竖向位移基本稳定后。基坑工程越大，监测期限则越长。

（二）埋设时机和初读数

土体竖向位移和水平位移监测的基准点应在施测前15d埋设，让其有15d的稳定区间，并取施测前2次观测值的平均值作为初始值，在基坑开挖前预先埋设的各监测设备，必须在基坑开挖前埋设并读取初读数。

（三）监测频率

基坑工程监测频率应以能系统而及时地反映基坑围护体系和周边环境的重要动态变化过程为原则，应考虑基坑工程等级、基坑及地下工程的不同施工阶段以及周边环境、自然条件的变化。当监测值相对稳定时，可适当降低监测频率。对于应测项目，在无数据异常和事故征兆的情况下，参照国家行业标准的监测频率（表6－1）。选测项目的监测频率可以适当放宽，但监测的时间间隔不宜大于应测项目的2倍。现场巡检频次一般应与监测项目的监测频率保持一致，在关键施工工序和特殊天气条件时应增加巡检频次。

表6－1　监测频率

坑别基类	施工进程		基坑设计开挖深度			
			≤5m	5～10m	10～15m	＞15m
一级	开挖深度（m）	≤5	1 次/d	1 次/2d	1 次/2d	1 次/2d
		5～10	—	1 次/d	1 次/d	1 次/d
		＞10	—	—	2 次/d	2 次/d
	底板浇筑后时间（d）	≤7	1 次/d	1 次/d	2 次/d	2 次/d
		7～14	1 次/3d	1 次/2d	1 次/d	1 次/d
		14～28	1 次/5d	1 次/3d	1 次/2d	1 次/d
		＞28	1 次/7d	1 次/5d	1 次/3d	1 次/3d
二级	开挖深度（m）	≤5	1 次/2d	1 次/2d	—	—
		5～10	—	1 次/1d	—	—
	底板浇筑后时间（d）	≤7	1 次/2d	1 次/2d	—	—
		7～14	1 次/3d	1 次/3d	—	—
		14～28	1 次/7d	1 次/5d	—	—
		＞28	1 次/10d	I 次/10d	—	—

注：1. 当基坑工程等级为三级时，监测频率可视具体情况要求适当降低；

2. 基坑工程施工至开挖前的监测频率视具体情况确定：

3. 宜测、可测项目的仪器监测频率可视具体情况要求适当降低；

4. 有支撑的支护结构，各道支撑开始拆除到拆除完成后 3d 内监测频率应为 1 次/d。

五、监测预警值与报警

（一）警戒值确定的原则

1. 满足设计计算的要求，不可超出设计值，通常是用支护结构内力控制；
2. 满足现行的相关规范、规程的要求，通常是以位移或变形控制；
3. 满足保护对象的要求；
4. 在保证工程和环境安全的前提之下，综合考虑工程质量、施工进度、技术措施及经济等因素。

（二）警戒值的确定

确定警戒值时还要综合考虑基坑的规模、工程地质和水文地质条件，周围环境的重要性程度以及基坑施工方案等因素。确定预警值主要参照现行的相关规范和规程的规定值、经验类比值以及设计预估值这三个方面的数据。随着基坑工程经验的积累，各地区的工程管理部门以地区规范、规程等形式对基坑工程预警值做了规定，其中大多数警戒值是最大允许位移或变形值。

根据大工程实践经验的积累，提出了如下警戒值作为参考：

1. 支护墙体位移。对于只存在基坑本身安全的监测，最大位移一般取80mm，每天发展不超过10mm；对于周围有需严格保护构筑物的基坑，应该根据保护对象的需要来确定。

2. 煤气管道的变位。沉降或水平位移均不得超过10mm，每天发展不得超过2mm。

3. 自来水管道变位。沉降或水平位移均不得超过30mm，每天发展不得超过5mm。

4. 基坑外水位。坑内降水或基坑开挖引起坑外水位下降不得超过1000mm，每天发展不得超过500mm。

5. 立柱桩差异隆沉。基坑开挖中引起的立柱桩隆起或者沉降不得超过10mm，每天发展不得超过2mm。

6. 支护结构内力。一般控制在设计允许最大值的80%。

7. 对于支护结构墙体侧向位移和弯矩等光滑的变化曲线，若曲线上出现明显的转折点，也应做出报警处理。

以上是确定警戒值的基本方法和原则，在具体的监测工程中，应根据实际情况取舍，以达到监测的目的，保证工程的安全和周围环境的安全，使主体工程能够顺利地进行。

（三）施工监测报警

在施工险情预报中，应综合考虑各项监测内容的量值和变化速度，结合对支护结构、场地地质条件和周围环境状况等的现场调查做出预报。设计合理可靠的基坑工程，在每一工况的挖土结束后，表征基坑工程结构、地层和周围环境力学性状的物理量应随时间渐趋稳定；反之，如果监测得到的表征基坑工程结构、地层和周围环境力学性状的某一种或某几种物理量，其变化随时间不是渐趋稳定，则可认为该基坑工程存在不稳定隐患，必须及时分析原因，采取相关的措施，保证了工程安全。

报警制度宜分级进行，如深圳地区深基坑地下连续墙安全性判别标准给出了安全、注意、危险三种指标，达到这三类指标时，应采取不同的措施。

监测量值达到警戒值的80%时，口头报告施工现场管理人员，并在监测日报表上提出报警信号；达到警戒值的100%时，书面报告建设单位、监理和施工现场管理人员，并在监测日报表上提出报警信号和建议；达到警戒值的110%时，除书面报告建设单位、监理和施工现场管理人员，应该通知项目主管立即召开现场会议，进行现场调查，确定应急措施。

六、监测报表与监测报告

（一）监测报表

1. 对监测报表的要求

（1）在基坑监测前，要设计好各种记录表格和报表；

（2）记录表格和报表应按监测项目、根据监测点数量合理地设计，记录表格的设

计应以记录和数据处理的方便为原则，并留有一定的空间；

（3）一般应对监测中出现和观测到的异常情况作及时的记录。

2. 监测报表的形式

（1）日报表：最重要的报表，通常作为施工调整和施工安排的依据；

（2）周报表：通常作为参加工程例会的书面文件，它是一周监测结果的简要汇总；

（3）阶段报表：某个基坑施工阶段监测数据的小结。

3. 监测日报表的内容

（1）当日的天气情况、施工工况、报表编号等；

（2）仪器监测项目的本次测试值、累计变化值、本次变化值及报警值；

（3）现场巡检的照片、记录等；

（4）结合现场巡检和施工工况对监测数据的分析和建议；

（5）对达到和超过监测预警值或者报警值的监测点应有明显的预警或者报警标识；

4. 监测日报表的提交及要求

监测日报表应及时提交给工程建设、监理、施工设计、管线与道路监察等有关单位，并另备一份经工程建设或现场监理工程师签字后返回存档，作为报表收到及监测工程量结算的依据。

报表中应尽可能配备形象化的图形或曲线，例如测点位置图或桩墙体深层水平位移曲线图等，使工程施工管理人员能够一目了然。

报表中呈现的必须是原始数据，不得随意修改、删除，对有疑问或由人为和偶然因素引起的异常点应该在备注中说明。

（二）监测曲线

除了要及时给出各种类型的报表、测点平面布置图和剖面图外，还要及时整理各监测项目的汇总表及一些曲线，包括：

1. 各监测项目的时程曲线；

2. 各监测项目的速率时程曲线；

3. 各监测项目在各种不同工况与特殊日期变化发展的形象图（比如围护墙顶、建筑物和管线的水平位移和沉降的平面图，深层侧向位移曲线，深层沉降曲线，围护墙内力曲线，不同深度的孔隙水压力曲线等）。

（三）监测报告

基坑工程施工结束时应提交完整的监测报告，监测报告是监测工作的回顾及总结。监测报告主要包括如下几部分内容：

1. 工程概况；

2. 监测项目，监测点的平面和剖面布置图；

3. 仪器设备和监测方法；

4. 监测数据处理方法和监测成果汇总表、监测曲线。在整理监测项目汇总表、时程曲线、速率时程曲线的基础上，对基坑及周围环境等监测项目的全过程变化规律和变化趋势进行分析，给出特征位置位移或内力的最大值，并结合施工进度、施工工况、气象等具体情况对监测成果进行进一步分析；

5. 监测成果的评价。根据基坑监测成果，对于基坑支护设计的安全性、合理性和经济性进行总体评价，分析基坑围护结构受力、变形以及相邻环境的影响程度，总结设计施工中的经验教训，尤其要总结监测结果的信息反馈在基坑工程施工中对施工工艺和施工方案的调整和改进所起的作用，通过对基坑监测成果的归纳分析，总结相应的规律和特点，对类似工程有积极的借鉴作用，促进基坑支护设计理论和设计方法的完善。

第二节　土木工程桩基础监测

一、桩基础

桩基础具有承载力高、稳定性好、沉降量小而均匀、抗震能力强、便于机械化施工、适应性强等特点，在工程中得到广泛的应用。对下列情况，一般可考虑选用桩基础方案：

（一）天然地基承载力和变形不能满足要求的高重建筑物；

（二）天然地基承载力基本满足要求、但沉降量过大，需利用桩基础减少沉降的建筑物，如软土地基上的多层住宅建筑，或在使用上、生产上对沉降限制严格的建筑物；

（三）重型工业厂房和荷载很大的建筑物，如仓库、料仓等；

（四）软弱地基或某些特殊性土上的各类永久性建筑物；

（五）作用有较大水平力和力矩的高耸结构物（如烟囱、水塔等）的基础，或需以桩承受水平力或上拔力的其他情况；

（六）需要减弱其振动影响的动力机器基础，或者以桩基础作为地震区建筑物的抗震措施；

（七）地基土有可能被水流冲刷的桥梁基础；

（八）需穿越水体和软弱土层的港湾与海洋构筑物基础，如栈桥、码头、海上采油平台及输油、输气管道支架等。

桩基础是一种应用十分广泛的基础形式，桩基础的质量直接关系到整个建筑物的安危。桩基础的施工具有高度的隐蔽性，发现质量问题难，事故处理更难，因此，桩基础检测工作是整个桩基工程中不可缺少的重要环节，只有提高基桩检测评定结果的可靠性，才能真正确保桩基工程的质量与安全。

桩基础的静载荷试验是确定单桩承载能力、提供合理设计参数以及检验桩基础质量最直观、最可靠的方法。根据桩基础的受力情况，静载荷试验可以分为单桩竖向抗

压静载荷试验、单桩竖向抗拔静载荷试验、单桩水平向静载荷试验。

20 世纪 80 年代以来，我国的基桩检测技术，特别是基桩动测技术得到了飞速发展。基桩的动力测试，一般是在桩顶施加一激振能量，引起桩身的振动，利用特定的仪器记录下桩身的振动信号并加以分析，从中提取能够反映桩身性质的信息，从而达到确定桩身材料强度、检查桩身的完整性、评价桩身施工质量和桩身承载力等目的。按照测试时桩身和桩周土所产生的相对位移大小的不同，基桩的动力测试又可以分为低应变法和高应变法。

二、单桩竖向抗压静载荷试验

桩基础是以承受竖向下压荷载为主的。单桩竖向抗压静载荷试验采用接近于竖向抗压桩实际工作条件的试验方法，确定单桩的竖向承载力。当桩身中埋设有量测元件时，还可以实测桩周各土层的侧阻力和桩端阻力。同一条件下的试桩数量不应少于总桩数的 1%，并不少于 3 根，工程总桩数在 50 根以内时，不应该少于 2 根。在实际测试时，可根据工程的实际情况参照相关的规范进行。

（一）试验设备

单桩竖向抗压静载荷试验的试验装置和地基土静载荷试验的试验装置基本相同。

1. 加载装置

加载反力装置可根据现场条件选择锚桩横梁反力装置、压重平台反力装置和锚桩压重联合反力装置。

（1）锚桩横梁反力装置

一般锚桩至少要 4 根。用灌注桩作为锚桩时，其钢筋笼要沿桩身通长配置；如用预制长桩作锚桩，要加强接头的连接，锚桩的设计参数应按抗拔桩的规定计算确定。采用工程桩作锚桩时，锚桩数量不应少于 4 根，并且应监测锚桩上拔量。另外，横梁的刚度、强度以及锚杆钢筋总断面等在试验前都要进行验算。当桩身承载力较大时，横梁自重有时很大，这时它就需要放置在其他工程桩之上，而且基准梁应放在其他工程桩上较为稳妥。这种加载方法的不足之处在于它对桩身承载力很大的钻孔灌注桩无法进行随机抽样。

（2）压重平台反力装置

堆载材料一般为铁锭、混凝土块或沙袋。堆载在检测前应一次加足，并稳固地放置于平台上。压重施加于地基的压应力不宜大于地基承载力特征值的 1.5 倍。在软土地基上放置大量堆载将引起地面较大下沉，这时基准梁要支撑在其他工程桩上并远离沉降影响施围。作为基准梁的工字钢应尽量长些，但其高跨比以不小于 1/40 为宜。堆载的优点是能对试桩进行随机抽样，适合不配筋或者少配筋的桩；不足之处是测试费用高，压重材料运输吊装费时费力。

（3）锚桩压重联合反力装置

当试桩最大加载重量超过锚桩的抗拔能力时，可在锚桩或横梁上配重，由锚桩与堆重共同承担上拔力。由于堆载的作用，锚桩混凝土裂缝的开展就可以得到有效的控制。这种反力装置的缺点是，桁架或横梁上挂重或堆重的存在使得因为桩的突发性破坏所引起的振动、反弹对安全不利。千斤顶应平放于试桩中心，并保持严格的物理对中。采用千斤顶的型号、规格应相同。当采用两个以上千斤顶并联合加载时，其上下部应设置足够刚度的钢垫箱，千斤顶的合力中心应与桩轴线重合。

2. 测试仪表

荷载可用放置于千斤顶上的应力环、应变式压力传感器直接测定，或采用并联于千斤顶油路的高精度压力表或压力传感器测定油压，并根据千斤顶的率定曲线换算成荷载。传感器的测量误差不应大于1%，压力表精度等级应优于或等于0.4级。重要的桩基试验尚须在千斤顶上放置应力环或压力传感器，实行双控校正。

沉降测量一般采用位移传感器或大量程百分表，测量误差不大于0.1%FS，分辨力优于或等于0.01mm。对于直径和宽边大于500mm的桩，应在桩的两个正交直径方向对称安装4个位移测试仪表；直径和宽边小于等于500mm的桩可对称安装两个位移测试仪表。沉降测定平面宜在桩顶200m以下位道，测点应牢固地固定于桩身。基准梁应具有一定的刚度，梁的一端应固定于基准桩上，另一端应简支于基准桩上。固定和支承百分表的夹具和横梁在构造上应确保不受气温、振动及其他外界因素的影响而发生竖向变位。当采用堆载反力装置时，为防止堆载引起的地面下沉影响测读精度，应采用水准仪对基准梁进行监控。

3. 桩身量测元件

（1）钢弦式钢筋应力计

钢筋应力计直接焊接在桩身的钢筋中，并且代替这一段钢筋工作，为了保证钢筋应力计和桩身变形的一致性，钢筋应力计的横断面沿桩身长度方向不应有急剧的增加或减少。在加工过程中应尽量使钢筋应力计的强度和桩身钢筋的强度、弹性模量相等，钢弦长度以6cm为宜，工作应力一般在$1.5\times10^5\sim5.0\times10^5$kPa范围内，相应的频率变化值在800Hz左右。

钢筋应力计埋设之前必须在试验机上进行标定，绘出每个钢筋应力计力（P）—频率（f）曲线，并与标定曲线相核对，若重复性不好，每级误差超过3Hz时，则应淘汰；每隔两天要测量钢筋应力计的初频变化，若初频一直在变，且变化超过3Hz，说明该钢筋应力计有零漂，不能使用，钢筋应力计及预埋的屏蔽线均需在室内进行绝缘防潮处理。

（2）电阻应变片

电阻应变片主要用来测量桩身的应变，为了保证应变片的良好工作状态，应选用基底很薄而且刚性较小的应变片和抗剪强度较高的粘接剂。同时，为了克服由于工作环境温度变化而引起应变片的温度效应，量测时采用温度补偿片予以消除。

（3）测杆式应变计

在国外，以美国材料及试验学会（ASTM）推荐的量测桩身应变的方法最为常用，其基本方法是沿桩身的不同标高处预埋不同长度的金属管和测杆，用千分表量测杆趾

部相对于桩顶处的下沉量，经过计算而求出应变与荷载。

$$Q_3 = \frac{2A_p E_c \Delta_3}{L_3} - Q \tag{6-4}$$

$$Q_2 = \frac{2A_p E_c \Delta_2}{L_2} - Q \tag{6-5}$$

$$Q_1 = \frac{2A_p E_c \Delta_1}{L_1} - Q \tag{6-6}$$

式中：Q_3、Q_2、Q_1——分别为第3、第2和第1个测杆处的轴向力（kN）；

A_p——桩身的截面积（m^2）；

E_c——桩身材料的弹性模量（MPa）：施加于桩顶的荷载（kN）；

Q——施加于桩顶的荷载（kN）：

Δ_3、Δ_2、Δ_1——分别为第3、第2和第1个测杆量测的变形值（mm）：

L_3、L_2、L_1——分别为第3、第2和第1个测杆量测的长度（m）。

此时，桩端阻力一般是用埋置于桩端的扁千斤顶量测得到的。

（二）试验方法

1. 试桩要求

为了保证试验能够最大限度地模拟实际工作条件，使试验结果更准确、更具有代表性，进行载荷试验的试桩必须满足一定要求。这些要求主要有下列几个方面：

（1）试桩的成桩工艺和质量控制标准应与工程桩一致；

（2）混凝土桩应凿掉桩顶部的破碎层和软弱混凝土，桩头顶面应平整，桩头中轴线与桩身上部的中轴线应重合；

（3）桩头主筋应全部直通至桩顶混凝土保护层之下，各主筋应在同一高度上；

（4）距桩顶一倍桩径范围内，宜用厚度为3~5mm的钢板围裹或距桩顶1.5倍桩径范围内设置箍筋，间距不宜大于100mm。桩顶应设置钢筋网片2~3层，间距60~100mm；

（5）桩头混凝土强度等级宜比桩身混凝土提高1~2级，且不得低于C30；

（6）对于预制桩，如果桩头出现破损，其顶部要在外加封闭箍之后浇捣高强细石混凝土予以加强；

（7）开始试验时间：预制桩在砂土中沉桩7d后；黏性土之中不得少于15d灌注桩应在桩身混凝土达到设计强度后方可进行；

（8）在试桩间歇期内，试桩区周围30m范围内尽量不要产生能造成桩间土中孔隙水压力上升的干扰。

2. 加载要求

（1）加载总量要求

进行单桩竖向抗压静载荷试验时，试桩的加载量应该满足以下要求：

① 对于以桩身承载力控制极限承载力的工程桩试验，加荷至设计承载力的1.5~2.0倍；

② 对于嵌岩桩，当桩身沉降量很小时，最大加载量不应小于设计承载力的 2 倍；

③ 当以堆载为反力时，堆载重量不应小于试桩预估极限承载力的 1.2 倍。

（2）加载方式

单桩竖向抗压静载荷试验的加载方式有慢速法、快速法、等贯入速率法与循环法等。

慢速法是慢速维持荷载法的简称，即先逐级加载，待该级荷载达到相对稳定后，再加下一级荷载，直到试验破坏，然后按每级加载量的 2 倍卸载到零。慢速法载荷试验的加载分级，一般是按试桩的最大预估极限承载力将荷载等分成 10 ~ 15 级逐级施加。实际试验过程中，也可将开始阶段沉降变化较小时的第一、二级荷载合并，将试验最后一级荷载分成两级施加。卸载应分级进行，每级卸载量取加载时分级荷载的 2 倍，逐级等量卸载。加、卸载时应使荷载传递均匀、连续、无冲击，每级荷载在维持过程中的变化幅度不得超过分级荷载的 ±10%。为设计提供依据的竖向抗压静载荷试验应采用慢速维持荷载法。施工后的工程桩验收检测应采用慢速维持荷载法。

3. 慢速法载荷试验沉降测读规定

每级加载后按第 5min、15min、30min、45min、60min 测读桩顶沉降量，以后每隔 30min 测读一次。

4. 慢速法载荷试验的稳定标准

每一小时内桩顶的沉降量不超过 0.1mm，并且连续出现两次。当桩顶沉降速率达到相对稳定标准时，再施加下一级荷载。

5. 慢速载荷试验的试验终止条件

当试桩过程中出现下列条件之一时，可终止加荷：

（1）某级荷载作用下，桩顶沉降量大于前一级荷载作用下沉降量的 5 倍；

（2）某级荷载作用下，桩顶沉降量大于前一级荷载作用下沉降量的 2 倍，且经过 24h 尚未达到相对稳定标准；

（3）已达到设计要求的最大加载量；

（4）当工程桩作锚桩时，锚桩上拔量已达到允许值；

（5）当荷载—沉降曲线呈缓变型时，可以加载至桩顶总沉降量 60 ~ 80mm；在特殊情况下，可根据具体要求加载至桩顶累计沉降量超过 80mm。

6. 慢速载荷试验的卸载规定

卸载时，每级荷载维持 1h，按第 15min、30min，60min 测读桩顶沉降量后，即可卸下一级荷载。卸载至零后，应测读桩顶残余沉降量，维持时间为 3h，测读时间为第 15min、30min，以后每隔 30min 测读一次。

快速法载荷试验的程序与慢速法载荷试验基本相同，在实际应用时可参照相应的规范操作，在此不再赘述。

（三）试验资料整理

1. 填写试验记录表

为了能够比较准确地描述静载荷试验过程中的现象，便于实际应用和统计，单桩

竖向抗压静载荷试验成果宜整理成表格形式，并且对成桩和试验过程中出现的异常现象做必要的补充说明。

2. 绘制有关试验成果曲线

为了确定单桩竖向抗压极限承载力，通常应绘制竖向荷载—沉降（$Q-s$）、沉降—时间对数（$s-\lg t$）、沉降—荷载对数（$s-\lg Q$）曲线及其他进行辅助分析所需的曲线。在单桩竖向抗压静载荷试验的各种曲线中，不同地基土、不同桩型的 $Q-s$ 曲线具有不同的特征。

当单桩竖向抗压静载荷试验的同时进行桩身应力、应变和桩端阻力测定时，应整理出有关数据的记录表和绘制桩身轴力分布、桩侧阻力分布、桩端阻力等与各级荷载关系曲线。

（四）单桩竖向抗压承载力的确定

1. 单桩竖向抗压极限承载力的确定

按下列方法综合分析确定单桩竖向抗压极限承载力 Q_U：

（1）根据沉降随荷载变化的特征确定：对陡降型的 $Q-s$ 曲线，取其发生明显陡降的起始点对应的荷载值；

（2）根据沉降随时间变化的特征确定：应取 $s-\lg t$ 曲线尾部出现明显向下弯曲的前一级荷载值；

（3）某级荷载作用下，桩顶沉降量大于前一级荷载作用下沉降量的 2 倍，且经 24h 尚未达到相对稳定标准，则取前一级荷载值；

（4）对于缓变型 $Q-s$ 曲线可根据沉降量确定，宜取 $s=40$mm 对应的荷载值；当桩长大于 40m 时，宜考虑桩身弹性压缩量；对直径大于或等于 800mm 的桩，可取 $s=0.05D$（D 为桩端直径）对应的荷载值；

（5）当按上述四条判定桩的竖向抗压承载力未达到极限时，桩的竖向抗压极限承载力应取最大试验荷载值。

2. 单桩竖向抗压承载力特征值的确定

单桩竖向抗压承载力特征值按单桩竖向抗压极限承载力统计值除以安全系数 2 得到。

单桩竖向抗压极限承载力统计值的确定应符合下列规定：

（1）参加统计的试桩结果，当满足其极差不超过平均值的 30% 时，取其平均值为单桩竖向抗压极限承载力。

（2）当其极差超过平均值的 30% 时，应该分析极差过大的原因，结合工程具体情况综合确定，必要时可增加试桩数量。

（3）对桩数为 3 根或 3 根以下的柱下承台，或工程桩抽检数量少于 3 根，应取低值。

三、单桩竖向抗拔静载荷试验

（一）试验设备

1. 加载装置

试验加载装置一般采用油压千斤顶，千斤顶的加载反力装置可根据现场情况确定，可以利用工程桩为反力锚桩，也可采用天然地基提供支座反力。若工程桩中的灌注桩作为反力锚桩时，宜沿灌注桩桩身通长配筋，避免出现桩身的破损；采用天然地基提供反力时，施加于地基的压应力不宜超过地基承载力特征值的 1.5 倍；反力梁支点重心应与支柱中心重合；反力桩顶面应平整并具有一定的强度。

2. 荷载与变形量测装置

荷载可用放置于千斤顶上的应力环、应变式压力传感器直接测定，也可采用连接于千斤顶上的标准压力表测定油压，根据千斤顶荷载—油压率定曲线换算出实际荷载值。试桩上拔变形一般用百分表量测，其布置方法与单桩竖向抗压静载荷试验相同。

（二）试验方法

1. 现场检测

从成桩到开始试验的时间间隔一般应遵循下列要求：在确定桩身强度已达到要求的前提下，对于砂类土，不应少于 10d；对于粉土和黏性土，不应小于 15d；对于淤泥或淤泥质土，不应少于 25d。

单桩竖向抗拔静载荷试验一般采用慢速维持荷载法，需要时也可采用多循环加、卸载法，慢速维持荷载法的加载分级、试验方法可以按单桩竖向抗压静载荷试验的规定执行。

2. 终止加载条件

试验过程中，当出现下列情况之一时，即可以终止加载：

（1）按钢筋抗拉强度控制，桩顶上拔荷载达到钢筋强度标准值的 90%；

（2）某级荷载作用下，桩顶上拔位移量大于前一级上拔荷载作用下上拔量的 5 倍；

（3）试桩的累计上拔量超过 100mm 时；

（4）对于抽样检测的工程桩，达到设计要求的最大上拔荷载值。

3. 确定单桩竖向抗拔承载力

（1）单桩竖向抗拔极限承载力的确定

① 对于陡变型的 $U-\delta$ 曲线（图 6－1），可根据 $U-\delta$ 曲线的特征点来确定。大量试验结果表明，单桩竖向抗拔 $U-\delta$ 曲线大致可划分为三段：第Ⅰ段为直线段，$U-\delta$ 按比例增加；第Ⅱ段为曲线段，随着桩土相对位移的增大，上拔位移量比侧阻力增加的速率快；第Ⅲ段又呈直线段，此时即使上拔荷载增加很小，桩的位移量仍继续上升，同时桩周地面往往式出现环向裂缝，第Ⅲ段起始点所对应的荷载值即为桩的竖向抗拔极限承载力。

② 对于缓变型的 $U-\delta$ 曲线，可根据 $\delta-\lg t$ 曲线的变化情况综合判定，一般取 $\delta-\lg t$ 曲线尾部显著弯曲的前一级荷载为竖向抗拔极限承载力，如图 6－2 所示。

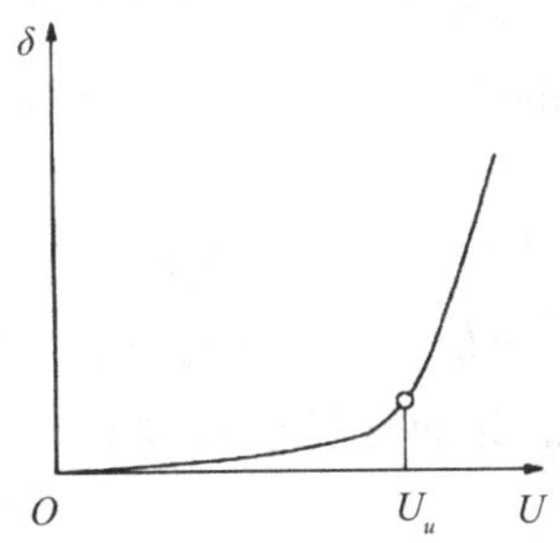

图 6－1　陡变型 $U-\delta$ 曲线确定单桩竖向抗拔极限承载力

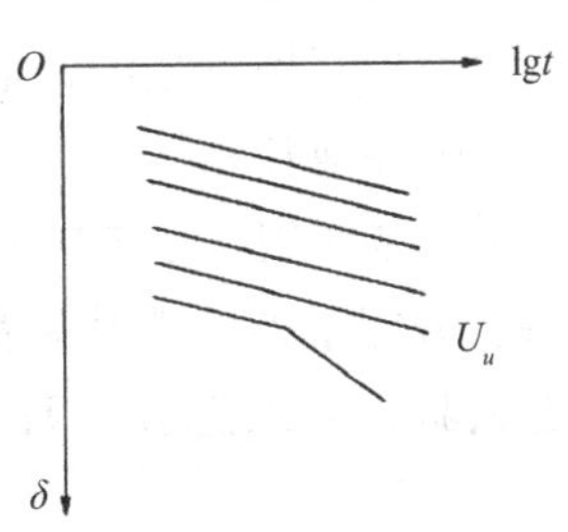

图 6－2　缓变型 $U-\delta$ 曲线根据 $\delta-\lg t$ 曲线确定单桩竖向抗拔极限承载力

③ 根据 $\delta-\lg U$ 曲线来确定单桩竖向抗拔极限承载力时，可以取 $\delta-\lg U$ 曲线的直线段的起始点所对应的荷载作为桩的竖向抗拔极限承载力。将直线段延长与横坐标相交，交点的荷载值为极限侧阻力，其余部分为桩端阻力，如图 6－3 所示。

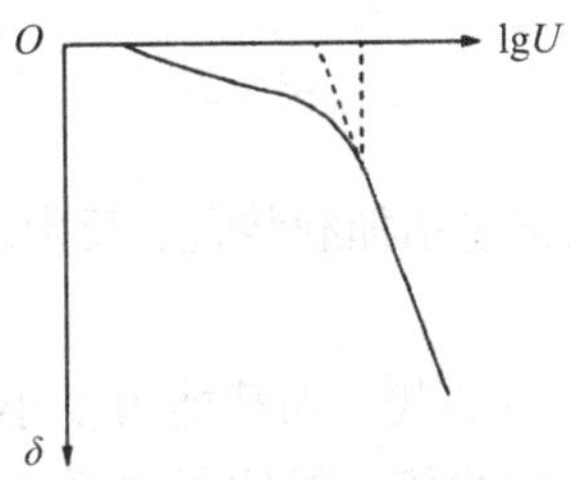

图 6－3　根据 $\delta-\lg U$ 曲线来确定单桩竖向抗拔极限承载力

（2）单桩竖向抗拔承载力特征值的确定

① 单桩竖向抗拔极限承载力统计值的确定方法和单桩竖向抗压统计值的确定方法相同。

② 单位工程同一条件下的单桩竖向抗拔承载力特征值应按单桩竖向抗拔极限承载力统计值的一半取值。

③ 当工程桩不允许带裂缝工作时，取桩身开裂的前一级荷载作为单桩竖向抗拔承载力特征值，并且与按极限承载力一半取值确定的承载力相比取小值。

四、单桩水平静载荷试验

单桩水平静载荷试验一般以桩顶自由的单桩为对象，采用了接近于水平受荷桩实际工作条件的试验方法来达到以下目的：

第一，确定试桩的水平承载力

检验和确定试桩的水平承载能力是单桩水平静载荷试验的主要目的。试桩的水平承载力可直接由水平荷载（H）和水平位移（X）之间的关系曲线来确定，亦可根据实测桩身应变来判定。

第二，确定试桩在各级水平荷载作用下桩身弯矩的分配规律

当桩身埋设有量测元件时，可比较准确地量测出各级水平荷载作用下桩身弯矩的分配情况，从而为检测桩身强度，推求不同深度处的弹性地基系数提供依据。

第三，确定弹性地基系数

在进行水平荷载作用下单桩的受力分析时，弹性地基系数的选取至关重要。C 法、m 法和 K 法各自假定了弹性地基系数沿不同深度的分布模式，而且它们也有各自的适用范围，通过试验，可以选择一种比较符合实际情况的计算模式及相应的弹性地基系数。

第四，推求桩侧土的水平抗力（q）和桩身挠度（y）之间的关系曲线

求解水平受荷桩的弹性地基系数法虽然应用简便，但误差较大，事实上，弹性地基系数沿深度的变化是很复杂的，它随桩身侧向位移的变化是非线性的，当桩身侧向位移较大时，这种现象更加明显。因此，通过试验可直接获得不同深度处地基土的抗力和桩身挠度之间的关系，绘制桩身不同深度处的曲线，并且用它来分析工程桩在水平荷载作用下的受力情况更符合实际。

（一）试验设备

单桩水平静载荷试验装置通常包括加载装置、反力装置、量测装置三部分。

1. 加载装置

试桩时一般都采用卧式千斤顶加载，加载能力不小于最大试验荷载的 1.2 倍，用测力环或测力传感器测定施加的荷载值。对往复式循环试验可采用双向往复式油压千斤顶，水平力作用线应通过地面标高处（地面标高处应与实际工程桩基承台地面标高一致）。为了防止桩身荷载作用点处局部的挤压破坏，一般需用钢块对荷载作用点进行局部加强。

单桩水平静载荷试验的千斤顶一般应有较大的引程。为保证千斤顶施加的作用力能水平通过桩身曲线，应在千斤顶与试桩接触处安置一球形铰座。

2. 反力装置

反力装置的选用应考虑充分利用试桩周围的现有条件，但必须满足其承载力应大于最大预估荷载的 1.2 倍的要求，其作用力方向上的刚度不应小于试桩本身的刚度。常用的方法是利用试桩周围的工程桩或垂直静载荷试验用的锚桩作为反力墩，也可根据需要把两根或更多根桩连成一体作为反力墩，条件许可时也可利用周围现有结构物作反力，必要时也可浇筑专门支墩来作反力。

3. 量测装置

（1）桩顶水平位移量测

桩顶的水平位移采用大量程百分表来量测，每一试桩都应在荷载作用平面和该平面以上 50cm 左右各安装一只或两只百分表，下表量测桩身在地面处的水平位移，上表量测桩顶水平位移，根据两表位移差与两表距离的比值求出地面以 h 桩身的转角。如

果桩身露出地面较短，也可只在荷载作用水平面上安装百分表量测水平位移。

位移测量基准点设置不应受试验和其他因素的影响，基准点应设置在与作用力方向垂直且与位移方向相反的试桩侧面，基准点和试桩净距不应小于一倍桩径。

（2）桩身弯矩量测

水平荷载作用下桩身的弯矩并不能直接量测得到，它只能通过量测得到桩身的应变来推算。因此，当需要研究桩身弯矩的分布规律时，应在桩身粘贴应变量测元件。一般情况下，量测预制桩和灌注桩桩身应变时，可采用在钢筋表面粘贴电阻应变片制成的应变计。

各测试断面的测量传感器应沿受力方向对称布置在远离中性轴的受拉和受压主筋上；埋设传感器的纵剖面与受力方向之间的夹角不大于10°。在地面下10倍桩径的主要受力部分应加密测试断面，断面间距不宜超过一倍桩径；超过此深度，测试端面间距可适当加大。

（3）桩身挠曲变形量测

量测桩身的挠曲变形，可在桩内预埋测斜管，用测斜仪量测不同深度处桩截面倾角，利用桩顶实测位移或桩端转角和位移为零的条件（对于长桩），求出桩身的挠曲变形曲线。由于测斜管埋设比较困难，系统误差比较大，较好的方法是利用应变片测得各断面的弯曲应变，直接推算桩轴线的挠曲变形。

（二）试验方法

1. 试桩要求

（1）试桩的位置应根据场地地质、地形条件和设计要求及地区经验等因素综合考虑，选择有代表性的地点，通常应位于工程建设或使用过程中可能出现最不利条件的地方。

（2）试桩前应在离试桩边2～6m范围内布置工程地质钻孔，在16*D*（*D*为桩径）的深度范围内，按间距为1m取土样进行常规物理力学性质试验，有条件时亦应进行其他原位测试，如十字板剪切试验、静力触探试验、标准贯入试验等。

（3）试桩数量应根据设计要求和工程地质条件确定，通常不少于2根。

（4）沉桩时桩顶中心偏差不大于*D*/8（*D*为桩径），且不大于10cm，轴线倾斜度不大于0.1%。当桩身埋设有量测元件时，应严格控制试桩方向，使最终实际受荷方向与设计要求的方向之间夹角小于±10°。

（5）从成桩到开始试验的时间间隔，砂性土中的打入桩不应少于3d；黏性土中的打入桩不应少于14d；钻孔灌注桩从灌入混凝土到试桩的时间间隔一般不少于28d。

2. 加载和卸载方式

实际工程中，桩的受力情况十分复杂，荷载稳定时间、加载形式、周期、加荷速率等因素都将直接影响到桩的承载能力。常用的加、卸荷方式有单向多循环加、卸荷法和双向多循环加、卸荷法或慢速维持荷载法。

慢速维持荷载法的加、卸载分级、试验方法及稳定标准同单桩竖向静载荷试验。

3. 终止试验条件

当试验过程出现下列情况之一时，即可以终止试验：

（1）桩身折断；

（2）桩身水平位移超过30～40mm（软土中取40mm）；

（3）水平位移达到设计要求的水平位移允许值。

（三）试验资料的整理

1. 单桩水平静载荷试验概况的记录

可参照表6－2记录实验基本情况，并且对试验过程中发生的异常现象加以记录和补充说明。

2. 整理单桩水平静载荷试验记录表

将单桩水平静载荷试验记录表按表6－2的形式整理，来预备进一步分析计算之用。

表6－2　单桩水平静载荷试验记录表

工程名称						桩号			日期	上下表距		
油压（Mh）	荷载（kN）	观测时间	循环数	加载		卸载		水平位移（mm）		加载上下表读数差	转角	备注
				上表	下表	上表	下表	加载	卸载			

3. 计算弹性地基系数的比例系数

地基土弹性地基系数的比例系数一般按下面的公式计算：

$$m=\frac{\left(\frac{H_{cr}}{X_{cr}}v_x\right)^{\frac{5}{3}}}{B\left(E_cI\right)^{\frac{2}{3}}} \tag{6-7}$$

式中：m——地基土弹性地基系数的比例系数（MN/m^4）；这个数值为地面以下$2(D+1)$ m深度内各土的综合值；

H_{cr}——单桩水平临界荷载（kN）；

X_{cr}——单桩水平临界荷载对应的位移（m）；

v_x——桩顶水平位移系数，按表6－3采用；

E_c——地基土的弹性模量；

B——桩身计算宽度（m），按以下规定取值：

圆形桩：当桩径 $D\leqslant1.0$ 时，$B=0.9\ (1.5D+0.5)$；

当桩径 $D\geqslant1.0$ 时，$B=0.9\ (D+1)$；

方形桩：当桩宽 $b\leqslant1.0$ 时，$B=1.5b+0.5$；

当桩宽 $b\geqslant1.0$ 时，$B=b+1$。

表 6－3　桩顶水平位移系数 v_x

桩顶约束情况	桩的换算深度（$\alpha_0 h$）	v_x
铰接、自由	4.0	2.441
	3.5	2.502
	3.0	2.727
	2.8	2.905
	2.6	3.163
	2.4	3.526

注：表中 α_0 为桩身水平变形系数 $a_0=\sqrt[5]{\frac{mB}{E_c I}}(\mathrm{m}^{-1})$。

（四）单桩水平承载力特征值确定

按照水平极限承载力和水平临界荷载统计值确定，单位工程同一条件下的单桩水平承载力特征值的确定应符合下列规定：

1. 当水平承载力按桩身强度控制时，取水平临界荷载统计值为单桩承载力特征值；

2. 当桩受长期水平荷载作用且桩不允许开裂时，取水平竖向荷载统计值的 80% 作为单桩水平承载力特征值；

3. 当水平承载力按设计要求的允许水平位移控制时，可以取设计要求的水平允许位移对应的水平荷载作为单桩水平承载力特征值，但应满足有关规范抗裂设计的要求。

五、基桩的高应变动力检测

概念：高应变动力检测是通过重锤锤击桩顶，让桩土系统产生一定的塑性动态位移，并同时测量桩顶附近应力和加速度响应，并且借此分析桩的结构完整性和竖向极限承载力的一种动态检测方法。

检测目的：监测预制桩或钢桩的打桩应力，为选择合适的沉桩工艺和确定桩型、桩长提供参考；判断桩身完整性；分析估算桩的单桩竖向极限承载力。

高应变动力检测主要方法的介绍见表 6－4。

其他分类方法：

（一）打桩公式法

用于预制桩施工时的同步测试，采用刚体碰撞过程中的动量与能量守恒原理，打桩公式法以工程新闻公式和海利打桩公式最为流行；

（二）锤击贯入法

简称锤贯法，曾在我国许多地方得到应用，仿照静载荷试验法获得动态打击力和

相应沉降之间的 $Q_{\mathrm{d}} - \sum_{e}$ 曲线，通过动静对比系数计算静承载力，也有人采用波动方程法和经验公式法计算承载力；

（三）Smith 波动方程法

设桩为一维弹性杆，桩土间符合牛顿黏性体和理想弹塑性体模型，将锤、冲击块、锤垫、桩垫、桩等离散化为一系列单元，编程求解离散系统的差分方程组，得到了打桩反应曲线，依据实测贯入度，考虑土的吸着系数，求得桩的极限承载力；

表 6－4　高应变动力检测的主要方法

方法名称	波动方程法		改进的动力打桩公式法	静动法
	CASE 法	曲线拟合法（CAPWAP）		
激振方式	自由振动（锤击）		自由振动（锤击）	自由振动（高压气体）
现场实测的物理量	1. 桩顶加速度随时间的变化曲线 2. 桩顶应力随时间的变化曲线		1. 贯入度 2. 弹性变形值 3. 桩顶冲击能	1. 位移、速度、加速度 2. 力
主要功能	1. 预估竖向极限承载力 2. 测定有效锤击能力 3. 检验桩身质量、桩身缺陷位置	1. 预估吸向极限承载力 2. 测定有效锤击能力 3. 计算桩底及桩侧摩阻力和有关参数 4. 模拟桩的静载荷试验曲线 5. 检验桩身质量及缺陷程度	估算竖向极限承载力	1. 估算垂直极限承载力 2. 估算水平极限承载力 3. 估算斜桩极限承载力

（四）波动方程半经验解析解法

也称 CASE 法，将桩假定为一维弹性杆件，土体静阻力不随时间变化，动阻力仅集中在桩尖。根据应力波理论，同时分析桩身完整性及桩土系统承载力；

（五）波动方程拟合法

即 CAPWAP 法，其模型较为复杂，只能编程计算，是目前广泛应用的一种较合理的方法；

（六）静动法

也称伪静力法，其意义在于延长冲击力作用时间（～100ms），使之更接近于静载荷试验状态。

六、基桩的低应变动力检测

基桩的低应变动力检测（简称动测）就是通过对桩顶施加激振能量，引起桩身以及周围土体的微幅振动，同时用仪表量测和记录桩顶的振动速度和加速度，利用波动

理论或机械阻抗理论对记录结果加以分析，从而达到检验桩基施工质量、判断桩身完整性、判定桩身缺陷程度及位置等目的。低应变动测具有快速、简便、经济、实用等优点。

基桩低应变动测的一般要求是：

（一）检测前的准备工作

检测前必须收集场地工程地质资料、施工原始记录、基础设计图和桩位布置图，明确测试目的和要求。通过现场调查，确定需要检测桩的位置和数量，并对这些桩进行检测前的处理。另外，还得及时对仪器设备进行检查和调试，选定合适的测试方法和仪器参数。

（二）检测数量的确定

桩基的检测数 M 应根据建（构）筑物的特点、桩的类型、场地工程地质条件、检测目的、施工记录等因素综合考虑决定。对于一柱一桩的建（构）筑物，全部桩基都应进行检测；非一柱一桩时，若检测混凝土灌注桩身完整，则抽测数不得少于该批桩总数的 30%，且不得少于 10 根。如抽测结果不合格的桩数超过抽测数的 30%，应加倍抽测；加倍抽测后，不合格的桩数仍然超过抽测数的 30% 时，那么应全面检测。

（三）仪器设备及保养

用于基桩低应变动测的仪器设备，其性能应满足各种检测方法的要求。检测仪器应具有防尘、防潮性能，并可在 -10 ~ 50℃ 的环境温度下正常工作。

对桩身材料强度进行检测时，如工期较紧，亦可根据桩身混凝土实测纵波波速来推求桩身混凝土的强度。

低应变法基桩动测的方法很多，在工程中应用比较广泛、效果较好的有反射波法、机械阻抗法、动力参数法等几种方法。

1. 反射波法

（1）概述

埋设于地下的桩的长度要远大于其直径，因此可以将其简化为无侧限约束的一维弹性杆件，在桩顶初始扰力作用下产生的应力波沿桩身向下传播并且满足一维波动方程：

$$\frac{\partial^2 u}{\partial t^2} = c^2 \frac{\partial^2 u}{\partial x^2} \tag{6-8}$$

式中：u——x 方向位移（m）；

c——桩身材料的纵波波速（m/s）。

弹性波沿桩身传播过程中，在桩身夹泥、离析、扩颈、缩颈、断裂、桩端等桩身阻抗变化处将会发生反射和透射，用记录仪记录下反射波在桩身中传播的波形，通过对反射波曲线特征的分析即可对桩身的完整性、缺陷的位置进行判定，并对桩身混凝七的强度进行评估。

（2）检测设备

用于反射波法桩基动测的仪器一般有传感器、放大器、滤波器、数据处理系统以及激振设备和专用附件等。

① 传感器

传感器是反射波法桩基动测的重要仪器，传感器通常选用宽频带的速度或加速度传感器。速度传感器的频率范围宜为 10～500Hz，灵敏度应高于 $300mV/(cm \cdot s^{-1})$。加速度传感器的频率范围宜为 1Hz～10kHz，灵敏度应高于 100mV/g。

② 放大器

放大器的增益应大于 60dB，长期变化量小于 1%，折合输入端的噪声水平应低于 $3\mu V$，频带宽度应宽于 1Hz～20kHz，滤波频率可调。模数转换器的位数至少应为 8bit，采样时间间隔至少应为 50～1000 μs，每个通道数据采集、暂存器的容量应不小于 1kbit，多通道采集系统应具有良好的一致性，其振幅偏差应小于 3%，相位偏差应小于 0.1ms。

③ 激振设备

激振设备应有不同材质、不同重量之分，以便于改变激振频谱和能量，满足不同的检测目的。目前工程中常用的锤头有塑料头锤和尼龙头锤，它们激振的主频分别为 2000Hz 左右和 1000Hz 左右；锤柄有塑料柄、尼龙柄和铁柄等，柄长可根据需要而变化。一般来说，柄越短，则由柄本身振动所引起的噪声越小，而且短柄产生的力脉冲宽度小、力谱宽度大。当检测深部缺陷时，应该选用柄长、重的尼龙锤来加大冲击能量；当检测浅部缺陷时，可选用柄短及轻的尼龙锤。

（3）检测方法

现场检测工作一般应遵循下面的一些基本程序：

① 对被测桩头进行处理，凿去浮浆，平整桩头，割除桩外露的过长钢筋；

② 接通电源，对测试仪器进行预热，进行激振和接收条件的选择性试验，以确定最佳激振方式和接收条件；

③ 对于灌注桩和预制桩，激振点一般选在桩头的中心部位；对于水泥土桩，激振点应选择在 1/4 桩径处；传感器应稳固地安置于桩头上，为了保证传感器与桩头的紧密接触，应在传感器底面涂抹凡士林或黄油；当桩径较大时，可在桩头安放两个或多个传感器；

④ 为了减少随机干扰的影响，可采用信号增强技术进行多次重复激振，以提高信噪比；

⑤ 为了提高反射波的分辨率，应尽量使用小能量激振并选用截止频率较高的传感器和放大器；

⑥ 由于面波的干扰，桩身浅部的反射比较紊乱，为有效地识别桩头附近的浅部缺陷，必要时可采用横向激振水平接收的方式进行辅助判别；

⑦ 每根试桩应进行 3～5 次重复测试，出现异常波形应立即分析原因，排除影响测

试的不良因素后再重复测试，重复测试的波形应与原波形有良好的相似性。

（4）检测结果的应用

① 确定桩身混凝土的纵波波速。

桩身混凝土纵波波速可按下式计算：

$$c = \frac{2L}{t_r} \tag{6-9}$$

式中：C——桩身纵波波速（m/s）；

L——桩长（m）；

t_r——桩底反射波到达时间（s）。

② 评价桩身质量

反射波形的特征是桩身质量的反映，利用反射波曲线进行桩身完整性判定时，应根据波形、相位、振幅、频率及波至时刻等因素综合考虑，桩身不同缺陷反射波特征如下：

a. 完整桩的波形特征。完整性好的基桩反射波具有波形规则、清晰、桩底反射波明显、反射波至时间容易读取、桩身混凝土平均纵波波速较高的特性，同一场地完整桩反射波形具有较好的相似性。

b. 离析和缩颈桩的波形特征。离析及缩颈桩桩身混凝土纵波波速较低，反射波幅减小，频率降低。

c. 断裂桩的波形特征。桩身断裂时其反射波到达时间小于桩底反射波到达时间，波幅较大，往往出现多次反射，难以观测到桩底反射。

③ 确定桩身缺陷的位置与范围。

桩身缺陷离开桩顶的位置 L' 由下式计算：

$$L' = \frac{1}{2}t'_r C_0 \tag{6-10}$$

式中：L'——桩身缺陷的位置（m）；

t'_r——桩身缺陷部位的反射波至时间（s）；

C_0——场地范围内桩身纵波波速平均值（m/s）。

桩身缺陷范围是指桩身缺陷沿轴向的经历长度。桩身缺陷范围可以按下面的方法计算：

$$l = \frac{1}{2}\Delta t C' \tag{6-11}$$

式中：l——桩身缺陷的位置（m）；

Δt——桩身缺陷的上、下面反射波至时间差（s）；

C'——桩身缺陷段纵波波速（m/s），可由表6-5确定。

表6-5　桩身缺陷段纵波波速

缺陷类别	离析	断层夹泥	裂缝空间	缩颈
纵波速度（m/s）	1500~2700	800~1000	<600	正常纵波速度

④ 推求桩身混凝土强度

推求桩身混凝土强度是反射波法基桩动测的重要内容。桩身纵波波速与桩身混凝土强度之间的关系受施工方法、检测仪器的精度、桩周土性能等因素的影响，依据实践经验，表 6－6 中桩身纵波波速与桩身混凝土强度间的关系比较符合实际，效果更好。

表 6－6　混凝土纵波波速与桩身强度关系

混凝土纵波波速（$m \cdot s^{-1}$）	混凝土强度等级	混凝土纵波波速（$m \cdot s^{-1}$）	混凝土强度等级
>4100	>C35	2500～3500	C20
3700～4100	C30		
3500～3700	C25	<2700	<C20

2. 机械阻抗法

（1）概述

埋设于地下的桩与其周围的土体构成连续系统，亦即无限自由度系统，但当桩身存在一些缺陷，如断裂、夹泥、扩颈或离析时，土体系可视为有限自由度系统，而且这有限个自由度的共振频率是可以足够分离的。因此，在考虑每一级共振时可将系统看成是单自由度系统，故在测试频率范围内可依次激发出各个阶共振频率。这就是机械阻抗法检测基桩质量的理论依据。

依据频率不同的激振方式，机械阻抗法可以分为稳态激振和瞬态激振两种。实际工程中多采用稳态正弦激振法。利用机械阻抗法进行基桩动测，可以达到检测桩身混凝土的完整性，判定桩身缺陷的类型和位置等目的。对于摩擦桩，机械阻抗法测试的有效范围为 $L/D \leqslant 30$；对于摩擦端承桩或端承桩，测试的有效范围可达 $L/D \leqslant 50$（L 为桩长，D 为桩断面直径或宽度）。

（2）检测设备

机械阻抗法的主要设备由激振器、量测系统和信号分析系统三部分组成。

① 激振器

稳态激振应选用电磁激振器，应满足下列技术要求：

a. 频率范围：5～1500Hz；

b. 最大出力：当桩径小于 1.5m 时，应大于 200N；当桩径在 1.5～3.0m 之间时，应大于 400N；当桩径大于 3.0m 时，应大于 600N。

悬挂装置可采用柔性悬挂（橡皮绳）或半刚性悬挂。在采用柔性悬挂时应注意避免高频段出现的横向振动。在采用半刚性悬挂时，在激振频率为 10～1500Hz 的范围内，系统本身特性曲线出现的谐振（共振及反共振）峰不应超过一个。为了减少横向振动的干扰，激振装置在初次使用及长距离运输后，正式使用前应进行仔细的调整，使横向振动系数（ξ）控制在 10% 以下，谐振时最大值应不超过 25%。横向振动系数（ξ）由式（6－12）计算：

$$\xi = \frac{1}{a_r}\sqrt{a_s^2 + a_g^2} \times 100\% \tag{6-12}$$

式中：a_s——横向最大加速度值（m/s^2）；

a_g——与垂直方向上的横向最大加速度值（m/s^2）；

a_r——竖直方向上的最大加速度值（m/s^2）。

当使用力锤作激振设备时，所选用的力锤设备的频率响应优于1kHz，最大激振力不小于300N。

② 量测系统

量测系统主要由力传感器、速度（加速度）传感器等组成。传感器的技术特性应符合下列要求：

a. 力传感器

频率响应为5～10kHz，幅度畸变小于1dB，灵敏度不小于100Pc/kN，量程应视激振最大值而定，但不应小于1000N。

b. 速度（加速度）传感器

频率响应：速度传感器5～1500Hz，加速度传感器1Hz～10kHz；灵敏度：当桩径小于60cm时，速度传感器的灵敏度S_v >300mV/(cm · s^{-1})，加速度传感器的灵敏度S_a >1000Pc/g；当桩径大于60cm时，S_v >800mV/(cm · s^{-1})，S_a >2000Pc/g。横向灵敏度不大于5%。加速度传感器的量程，稳态激振时不少于5g，瞬态激振时不少于20g。

速度（加速度）传感器的灵敏度应每年标定一次，力传感器可用振动台进行相对标定，或采用压力试验机作准静态标定。进行准静态标定所采用的电荷放大器，其输入阻抗应不小于$10^{11}\Omega$，测量响应的传感器可以采用振动台进行相对标定。在有条件时，可进行绝对标定。

③ 信号分析系统

信号分析系统可采用专用的机械阻抗分析系统，也可采用由通用的仪器设备组成的分析系统。压电加速度传感器的信号放大器应采用电荷放大器，磁电式速度传感器的信号放大器应采用电压放大器。带宽应大于5～2000Hz，增益应大于80dB，动态范围应在40dB以上，折合输入端的噪声应小于10μV。在稳态测试中，为了减少其他振动的干扰，必须采用跟踪滤波器或在放大器内设置性能相似的滤波系统，滤波器的阻尼衰减应不小于40dB。在瞬态测试分析仪中，应该具有频率均匀和计算相干函数的功能。如采用计算机进行数据采集分析，其模数转换器的位数应不小于12bit。

（3）检测方法

在进行正式测试前，必须认真做好被测桩的准备工作，以保证得到较为准确的测试结果。首先应进行桩头的清理，去除覆盖在桩头上的松散层，露出密实的桩顶。将桩头顶面修凿得大致平整，并且尽可能与周围的地面保持齐平。桩径小于60cm时，可布置一个测点；桩径为60～150cm时，应布置2～3个测点；桩径大于150cm时，应在互相垂直的两个方向布置4个测点。

粘贴在桩顶的圆形钢板必须在放置激振装置和传感器的一面用铣床加工成△7 以上的光洁表面。接触桩顶的一面则应粗糙些，以使其与桩头粘贴牢同。将加工好的圆形钢板用浓稠的环氧树脂进行粘贴。大钢板粘贴在桩头正中处，小钢板粘贴在桩顶边缘处。粘贴之前应先将粘贴表面处修凿平整的表面清扫干净，再摊铺上浓稠的环氧树脂，贴上钢板并挤压，使钢板四周有少许粘贴剂挤出，钢板与桩之间填满环氧树脂，然后立即用水平尺反复校正，使钢板表面保持平整，待 10～20h 环氧树脂完全同化后即可进行测试。如不立即测试，可在钢板上涂上黄油，来防止锈蚀。桩头上不要放置与测试无关的东西，桩身主筋不要出露过长，以免产生谐振干扰。半刚性悬挂装置和传感器必须用螺丝固定在桩头钢板上。在安装和连接测试仪器时，必须妥善设置接地线，要求整个检测系统一点接地，以减少电噪声干扰。传感器的接地电缆应采用屏蔽电缆并且不宜过长，加速度传感器在标定时应使用和测试时等长的电缆线连接，以减少量测误差。

安装好全部测试设备并确认各仪器装置处于正常工作状态后方可开始测试。在正式测试前必须正确选定仪器系统的各项工作参数，使仪器能在设定的状态下完成试验工作。在测试过程中应注意观察各设备的工作状态，例如未出现不正常状态，则该次测试为有效测试。

在同一工地中如果某桩实测的导纳曲线幅度明显过大，则有可能在接近桩顶部位存在严重缺陷，此时应增大扫频频率上限，来判定缺陷位置。

（4）检测结果的分析及应用

① 计算有关参数

根据记录到的桩的导纳曲线，如图 6－4 所示，可计算出以下参数：

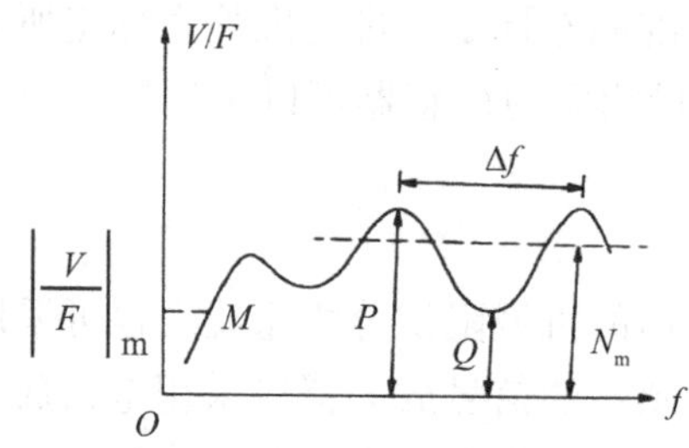

图 6－4　实测桩顶导纳曲线

a. 导纳的几何平均值：

$$N_m = \sqrt{PQ} \tag{6－13}$$

式中：N_m——导纳的几何平均值 [m/(kN · s)]；

P——导纳的极大值 [m/(kN · s)]；

Q——导纳的极小值 [m/(kN · s)]。

b. 完整桩的桩身纵波波速：

$$C = 2L\Delta f \tag{6－14}$$

式中：L——测点下桩长；

Δf——两个谐振峰之间的频差（Hz）。

c. 桩身动刚度：

$$K_{\mathrm{d}} = \frac{2\Pi f_{\mathrm{m}}}{\left|\frac{V}{F}\right|_{\mathrm{m}}} \tag{6-15}$$

式中：K_{d} ——桩的动刚度（kN/m）；

f_{m} ——导纳曲线初始线段上任一点的频率（Hz）；

$\left|\frac{V}{F}\right|_{m}$ ——导纳曲线初始直线段上任一点的导纳［m/(kN・s)］；

V——振动速度（m/s）；

F——激振力（kN）。

d. 检测桩的长度：

$$L_{\mathrm{m}} = \frac{C}{2\Delta f} \tag{6-16}$$

式中：L_{m} ——桩的检测长度（m）。

e. 计算导纳的理论值：

$$N_{\mathrm{c}} = \frac{1}{\rho C A_{\mathrm{p}}} \tag{6-17}$$

式中：Nc ——导纳曲线的理论值［m/(kN・s)］；

ρ ——桩身材料的质量密度（kg/m^3）；

A_{p} ——桩截面积（m^2）。

② 分析桩身质量

计算出上述各参数后，结合导纳曲线形状，可判断桩身混凝土完整性、判定桩身缺陷类型、计算缺陷出现的部位。

a. 完整桩的导纳特征：

第一，动刚度 K_{d} 大于或等于场地桩的平均动刚度 $\overline{K_{\mathrm{d}}}$；

第二，实测平均几何导纳值 N_{m} 小于或等于导纳理论值 N_{c}；

第三，纵波波速值 C 不小于场地桩的平均纵波波速 C_0；

第四，导纳曲线谱形状特征正常；

第五，导纳曲线谱中通常有完整桩振动特性反映。

b. 缺陷桩的导纳特征：

第一，动刚度 K_{d} 小于场地桩的平均动刚度 $\overline{K_{\mathrm{d}}}$；

第二，平均几何导纳值 N_{m} 大于导纳理论值 N_c；

第三，纵波波速值 C 不大于场地桩的平均纵波波速 C_0；

第四，导纳曲线谱形状特征异常；

第五，导纳曲线谱中通常有缺陷桩振动特性反映。

3. 动力参数法

（1）概述

动力参数法检测桩基承载力的实质是用敲击法测定桩的自振频率，或者同时测定桩的频率和初速度，用以换算基桩的各种设计参数。

在桩顶竖向干扰力作用下，桩身将和桩周部分土体一起做自由振动，我们可以将其简化为单自由度的质量—弹簧体系，该体系的弹簧刚度 K 和频率 f 间的关系为

$$K = \frac{(2\Pi f)^2}{g}Q \tag{6-18}$$

式中：f——体系自振频率（Hz）；

Q——参振的桩（土）重量（kN）；

g——重力加速度，g = 9.8m/s^2。

如果先按桩与其周围土体的原始数据计算出参振总重量，则只要实测出桩基的频率就可进行承压桩参数的计算，这就是频率法；如果将桩基频率和初速度同时量测，则无须桩和土的原始数据也可算出参振重量，从而求出桩基承载力及其他参数，这种方法称为频率—初速度法。下面将分别介绍这两种方法。

（2）频率—初速度法

① 检测设备

动力参数法检测桩基的仪器和设备主要有激振装置、量测装置和数据处理装置三部分。

a. 激振装置

激振设备宜采用带导杆的穿心锤，从规定的落距自由下落，撞击桩顶中心，以产生额定的冲击能量。穿心锤的重量从 25 ~ 1000kN 形成系列，落距自 180 ~ 500mm 分二至三挡，以适应不同承载力的基桩检测要求。对不同承载力的基桩，应调节冲击能 M，使振动波幅基本一致，穿心锤底面应加工成球面，穿心孔直径应比导杆直径大 3mm 左右。

b. 量测装置

拾振器宜采用竖、横两向兼用的速度传感器，传感器的频响范围应宽于 10 ~ 300Hz，最大可测位移量的峰值不小于 2mm，速度灵敏度应不低于 200mV/(cm · s^{-1})。传感器的固有频率不得处于基桩的主频附近；检测桩基承载力时，有源低通滤波器的截止频率宜取 120Hz 左右；放大器增益应大于 40dB，长期绝对变化量应小于 1%，折合到输入端的噪声信号不大于 10mV，频响范围应宽于 10 ~ 1000Hz。

c. 数据处理装置

接收系统宜采用数字式采集、处理和存储系统，并且具有定时时域显示及频谱分析功能。模—数转换器的位数至少应为 8bit，采样时间间隔应在 50 ~ 1000 μs 范围内分数档可调，每道数据采集暂存器的容量不小于 1kB。

为了保证仪器的正常工作，传感器和仪器每年至少应该在标准振动台上进行一次系统灵敏度系数的标定，在 10 ~ 300Hz 范围内至少标定 10 个频点并描出灵敏度系数随频率变化的曲线。

② 检测方法

现场检测前应做好下列准备工作：

a. 清除桩身上段浮浆及破碎部分。

b. 凿平桩顶中心部位，用胶粘剂（如环氧树脂等）粘贴一块钢板垫，待固化后方可检测。对预估承载力标准值小于2000kN的桩，钢垫板面积约（100×100）mm^2，厚10mm，中心钻一盲孔，孔深约8mm，孔径12mm。对承载力较大的桩，钢垫板面积及厚度应适当加大。

c. 用胶粘剂（如烧石膏）在冲击点与桩身钢筋之间粘贴一块小钢板，用磁性底座吸附的方法将传感器竖向安装在钢板上。

d. 用屏蔽导线将传感器、滤波器、放大器及接收系统连接。设置合适的仪器参数，检查仪器、接头及钢板与桩顶粘接情况，确保一切处于正常工作状态。在检测瞬间应暂时中断邻区振源。测试系统不可多点接地。

激振时，将导杆插入钢垫板的盲孔中，按选定的穿心锤质量 m 及落距 H 提起穿心锤，任其自由下落并在撞击垫板后自由回弹再自由下落，来完成一次测试，进行记录。重复测试三次，以便比较。

波形记录应符合下列要求：每次激振后，应通过屏幕观察波形是否正常；要求出现清晰而完整的第一次及第二次冲击振动波形，且第一次冲击振动波形的振幅值符合规定的范圈，否则应改变冲击能确认波形合格后进行记录。

③ 检测数据的处理与计算

对检测数据进行处理时，首先要对振波记录进行“掐头去尾”处理，亦即要排除敲击瞬间出现的高频杂波及后段的地面脉冲波，仅仅取前面1~2个主波进行计算。桩—土体系竖向自振频率 f_r 由下式计算：

$$f_r = \frac{V}{\lambda} \tag{6-19}$$

式中：V——记录纸移动速度（mm/s）；

λ——主波波长（mm）。

穿心锤的回弹高度 h 可按下式计算：

$$h = \frac{1}{2}g\left(\frac{\Delta t}{2}\right)^2 \tag{6-20}$$

式中：Δt——第一次冲击与回弹后第二次冲击的时距（s）。

碰撞系数 ε 可按下式计算：

$$\varepsilon = \sqrt{\frac{h}{H}} \tag{6-21}$$

式中：H——穿心锤落距（m）。

桩头振动的初速度按下式计算：

$$V_0 = {}_{\alpha}A_d \tag{6-22}$$

式中：α——与人相应的测试系统灵敏度系数［$m/(s \cdot mm^{-1})$］；

A_d——第一次冲击振波形成的最大峰幅值（mm）。

求出了上述诸参数后，即可由下式计算单桩竖向承载力的标准值：

$$R_k = \frac{f_r(1+\varepsilon)W_0\sqrt{H}}{KV_0}\beta_v \tag{6-23}$$

式中：R_k ——单桩竖向承载力标准值（kN）；

f_r ——桩—土体系的固有频率（Hz）；

W_0 ——穿心锤重量（kN）；

ε ——回弹系数；

β_v ——频率—初速度法的调整系数，与仪器性能、冲击能量的大小、桩长、桩端支承条件及成桩方式等有关，应该预先积累动、静对比资料经统计分析加以调整；

K ——安全系数，一般取 2。对沉降敏感的建筑物及在新填土中，K 值可酌情增加。

（3）频率法

上面介绍了动力参数法中的频率—初速度法，下列简要地介绍动力参数法中的另一种方法——频率法。

一般来说，频率法的适用范围仅限于摩擦桩，并要求有准确的地质勘探及土工试验资料供计算选用，桩的入土深度不宜大于40m 亦不宜小于 5m。频率法所使用的仪器与频率—初速度法相同，但频率法不要求进行系统灵敏度系数的标定，激振设备可仍用穿心锤，也可以采用其他能引起桩—土体系振动的激振方式。

当用频率法进行桩基承载力检测时，基桩竖向承载力的标准值可以按下面的方法得到：

① 计算单桩竖向抗压强度。

$$K_z = \frac{(2\Pi f_r)^2(Q_1+Q_2)}{2.365g} \tag{6-24}$$

式中：Q_1 ——折算后参振桩重（kN）；

Q_2 ——折算后参振土重（kN）；

其余符号意义同前。

Q_1, Q_2 的计算方法如下：

$$Q_1 = \frac{1}{3}A_P L\gamma_1 \tag{6-25}$$

式中：γ_1 ——桩身材料的重度（kN/m^3）。

其余符号意义同前。

Q_2 的计算图式

$$Q_2 = \frac{1}{3}\left[\frac{\Pi}{9}r_z^2(1+16r_z) - \frac{1}{3}LA_P\right]\gamma_2 \tag{6-26}$$

$$\gamma_2 = \frac{1}{2}\left(\frac{2}{3}L\tan\frac{\varphi}{2} + d\right) \tag{6-27}$$

式中：L——桩的入土深度（m）；

r_z ——土体的扩散半径（m）；

γ_2 ——桩的下段 1/3 范围内土的重度（kN/m^3）；

φ——桩的下段1/3范围内土的平均内摩擦角（°）。

② 计算单桩临界荷载。

$$P_{cr} = \eta K_z \tag{6-28}$$

式中：η——静测临界荷载与动测抗压强度间比例系数，可取0.004。

③ 计算单桩竖向容许承载力标准值

a. 对于端承桩

$$R_k = P_{cr} \tag{6-29}$$

b. 对于摩擦桩

$$R_k = P_{cr}/K \tag{6-30}$$

式中：K——系数，一般取2，对新近填土，可以适当增大安全系数。

动力参数法也可用来检测桩的横向承载力，其测试方法和桩竖向承载力检测方法类似，但所需能量较小，且波形也较为规则。

第七章　土木工程隧道工程施工监测

第一节　土木工程岩石隧道工程施工监测

一、概述

岩石隧道最早的设计理论是来自俄国的普氏理论，普氏理论认为在山岩中开挖隧道后，洞顶有一部分岩体将因松动而可能坍落，坍落后形成拱形，然后才能稳定，这块拱形坍落体就是作用在衬砌顶上的围岩压力，然后按结构上能承受这些围岩压力来设计结构，这种方法与地面结构的设计方法相仿，归类为荷载结构法。经过较长时间的实践，人们发现这些方法只适合于明挖回填法施工的岩石隧道。随后，人们逐渐认识到了围岩对结构受力变形的约束作用，提出了假定抗力法和弹性地基梁法，这类方法对于覆盖层厚度不大的暗挖地下结构的设计计算是较为适合的。

另一方面，把岩石隧道和围岩看作一个整体，按连续介质力学理论计算隧道衬砌及围岩的应力分布内力。由于岩体介质本构关系研究的进步与数值方法和计算机技术的发展，连续介质方法已能求解各种洞型、多种支护形式的弹性、弹塑性、黏弹性和黏弹塑性解，已成为岩石隧道计算中较为完整的理论。但由于岩体介质和地质条件的复杂性，计算所需的输入量都有很大的不确定性，因而大大地影响了其实用性。

20 世纪 60 年代起，奥地利学者总结出了以尽可能不要恶化围岩中的应力分布为前提，在施工过程中密切监测围岩变形和应力等，通过调整支护措施来控制变形，从而达到最大限度地发挥围岩本身自承能力的新奥法隧道施工技术。由于新奥法施工过程中最容易且可直接监测到拱顶下沉和洞周收敛，而要控制的是隧道的变形量，因而，人们开始研究用位移监测资料来确定合理的支护结构形式以及其设置时间的收敛限制法设计理论。

新奥法隧道施工技术的精髓是认为围岩有自承能力，新奥法隧道施工技术的三要素：光面爆破、锚喷支护和监控量测也是紧密围绕着围岩自承能力，光面爆破是在爆破中尽量少扰动围岩以保护围岩的自承能力，锚喷支护是通过对围岩的适当加固以提高围岩的自承能力，监控量测是根据监测结果选择合理的支护时机以便发挥围岩的自

承能力。

近年来，我国隧道建设得到了迅猛的发展，隧道建设总里程超过10万km，数量超过10万座，并且穿越的地质条件也各种各样、复杂多变，公路隧道从单洞两车道发展到单洞四车道，隧道单洞跨度超过20m，而且各种跨度的连拱隧道、小净距隧道等特殊隧道也越来越多，近些年随着交通流量的增大，各种形式隧道改扩建施工也越来越多。这几年来这么巨量的隧道施工，绝大多数隧道都进行了施工监测，隧道施工监测的方法有了一定的进步，但技术水平并没有明显的提高，监测数据质量和真实性越来越成为隧道施工监测中的问题，导致这么多隧道施工监测的海量数据并没有能总结出可指导隧道施工的经验成果，隧道的现场监控量测仍然是隧道施工过程中必须实施的工序。

岩体中的隧道工程由于地质条件的复杂多变，在隧道设计、施工和运营过程中，常常存在着很大的不确定性和高风险性，其设计和施工需要动态的信息反馈，即要采用隧道的信息化动态设计和施工方法，它是在隧道施工的过程中采集围岩稳定性及支护的工作状态信息，如围岩和支护的变形、应力等，反馈于施工和设计决策，据以判断隧道围岩的稳定状态和支护的作用，以及所采用的支护设计参数及施工工艺参数的合理性，用以指导施工作业，并为必要时修正施工工艺参数或支护设计参数提供依据。因此，监控测量是施工中的一个重要工序，应贯穿施工全过程，动态信息反馈过程也是随每次掘进开挖和支护的循环进行一次。隧道的信息化动态设计和施工方法是以力学计算的理论方法和以工程类比的经验方法为基础，结合施工监测动态信息反馈。根据地质调查和岩土力学性质试验结果用力学计算及工程类比对隧道进行预设计，初步确定设计支护参数和施工工艺参数，然后，根据在施工过程中监测所获得的关于围岩稳定性、支护系统力学和工作状态的信息，再采用力学计算和工程类比，对施工工艺参数和支护设计参数进行调整。这种方法并且不排斥各种力学计算、模型实验及经验类比等设计方法，而是把它们最大限度地包含在内发挥各种方法特有的长处。与上部建筑工程不同，在岩石隧道设计施工过程中，勘察、设计、施工等诸环节允许有同步、反复和渐进的。

岩石隧道施工监测的主要目的是：

（一）确保隧道结构、相邻隧道和建（构）筑物的安全；

（二）信息反馈指导施工，确定支护的合理时机以发挥围岩自承能力，必要时调整施工工艺参数；

（三）信息反馈指导设计，为修改支护参数和计算参数提供依据；

（四）为验证和研究新的隧道类型、新的设计方法和新的施工工艺采集数据，给岩石隧道工程设计和施工的技术进步收集积累资料。

二、岩石隧道工程监测的项目和方法

岩石隧道工程监测的对象主要是围岩、衬砌、锚杆和钢拱架及其他支撑，监测的部位包括地表、围岩内、洞壁、衬砌内和衬砌内壁等，监测类型主要是位移和压力，有时也监测围岩松动圈和声发射等其他物理量。岩石隧道工程监测的项目和所用仪器见表7-1。

表7-1　岩石隧道监测的项目和所用仪器

监测类型	监测项目	监测仪器或方法
位移	地表沉降	水准仪、全站仪
	拱顶下沉	水准仪、激光收敛仪、全站仪
	围岩体内位移（径向）	单点位移计、多点位移计、三维位移计
	围岩体内位移（水平）	测斜仪、三维位移计
	洞周收敛	收敛计、激光收敛仪、巴塞特系统、全站仪
	隧道周边三维位移	全站仪
压力	衬砌内力	钢筋应力计或应变计、频率计
	围岩压力	岩土压力计、压力枕
	两层支护间压力	压力盒、压力枕
	锚杆轴力	钢筋应力计或应变计、应变片、轴力计
	钢拱架压力和内力	钢筋应力计或应变计、应变片、轴力计
	地下水渗透压力	渗压计
其他物理量	围岩松动圈	声波仪、形变电阻法
	超前地质预报	超前钻、探地雷达、TSP2003
	爆破震动	测震仪
	声发射	声发射检测仪
	微震事件	微震监测

（一）洞内、外观察

洞内观察是不借助于任何量测仪器，人工观察隧道和支衬的变形以及受力情况，隧道松石和渗流水情况、围岩的完整性等，以给监测直接的定性指导，是最直接有效的手段。其目的是核对地质资料，判别围岩和支护系统的稳定性，为施工管理和工序安排提供依据，并检验支护参数。因此，监测人员在用仪器监测之前，首先是细致观察隧道内地质条件的变化情况，裂隙的发育和扩展情况，渗漏水情况，观察隧道两边以及顶部有无松动岩石，锚杆有无松动，喷层有无开裂以及中墙衬砌上有无裂隙出现，尤其是中墙衬砌上的裂缝，如发现有裂缝则要用裂缝观察仪密切观测记录裂缝的开展情况。隧道内观察这项工作应与施工单位的工程技术人员配合进行，并及时交流信息和资料。此项工作贯穿于隧道施工的全过程，来方便为施工提供直观的信息。

洞外观察重点是洞口段和洞身浅埋段，记录地表开裂、变形以及边仰坡稳定等情况。

（二）地表沉降监测

地表沉降监测是采用水准仪和铟钢尺进行水准测量测定地面高程随时间的变化情

况，是隧道工程施工监测中最主要的监测项目之一。进行地表沉降观测要在测区内选定适量的水准点作为观测点，并埋设标志，同时在沉降范围外的稳定处设置适量的基准点，如城市中的永久水准点或工程施工时使用的临时水准点作为基准点，根据基准点的高程确定待测点的高程变化情况。不同日期两次测得同一观测点的高程之差，就代表地面高程在这两次观测期间的变化。

（三）洞周收敛监测

隧道内壁面两点连线方向的相对位移称为隧道洞周收敛，是隧道周边内部净空尺寸的变化。洞周收敛监测作用是监控围岩的稳定性、保证施工安全，并为确定二次衬砌的施设时间、修正支护设计参数，优化施工工艺提供依据，同时也为进行围岩力学性质参数的位移反分析提供原始数据。因为洞周收敛物理概念直观明确、监测方便，因而也是隧道施工监测中最重要且最有效的监测项目。

1. 机械式收敛计

穿孔钢卷尺重锤式收敛计，监测的粗读元件是钢尺，细读元件是百分表或测微计，钢尺的固定拉力可由重锤实现，由于百分表的量程有限，钢卷尺每隔数厘米宜打一小孔，以便根据收敛量的变化情况调整粗读数。铟钢卷尺弹簧式收敛计，收敛位移量由读数表读取，固定拉力由弹簧提供，由测力环配拉力百分表显示拉紧程度，采用铟钢卷尺制作的收敛计，可提高收敛计的温度稳定性，进而提高监测精度。

铟钢丝收敛计和穿孔钢卷尺式收敛计的精度为0.1mm。

机械式收敛计安装较为烦琐的过程，收敛计挂钩和洞壁卡钩的接触部位、钢卷尺的张拉力等均会影响其测量精度。当隧道断面较大时，收敛计挂设困难，严重影响监测效率，而且监测过程中悬挂于隧道中间的收敛计还会影响隧道内正常的施工作业。

跨度小、位移较大的隧道，可用测杆监测其收敛量，测杆可由数节组成，杆端一般装设百分表或游标尺，以提高监测精度，可以用精密水准仪监测。一些跨度和位移均较大的洞室，也可用全站仪。

2. 激光收敛仪

激光收敛仪是作者为解决大断面隧道收敛计挂设困难而研制的，由主机、对准调节装置、固定螺栓、转换接头、反光片以及后处理软件组成。测量时调节对准调节装置，对准反光片上的目标点后，使用主机测得仪器与目标点间的测线长度，通过测线长度的变化实现隧道周边收敛的监测。

激光收敛仪主机开发有面板，并具有编辑、测量、计算和传输等面板功能。

（1）编辑功能

测量前，提示输入项目名称、断面编号和测线编号等，可以进行编辑工作。

（2）测量功能

对准目标点后，触发外接按钮测量数据并储存于主机内存中，在存储数据时，对测量数据设置了加密算法以防止数据造假。开发外接按钮的目的是避免直接在面板上按测量键引起仪器抖动而影响测量精度。

（3）计算功能

调用该测线的前一次监测数据计算该测线的收敛变形增量，以及调用该测线的第一次监测数据（即初始读数）计算该测线的累计收敛变形量。及时地计算可了解监测结果的正确性，也可根据隧道收敛累计变形量及收敛变形增量来判断隧道的安全状况，以便及时地采取对策。

（4）传输功能

主机可以储存4000条监测数据，开发了RS485数据接口连接电脑，以及蓝牙接口连接电脑和手机。这样，无论隧道工地有多偏僻，均可以通过互联网将数据直接传输给数据处理和分析部门，从而可以大大减少数据处理和分析技术部门的人员数量，提高监测反馈的速度和效率。

传输和导入的数据可以直接与自行开发的后处理软件对接，自动生成监测数据报表、时间变形曲线和时间一变形速率曲线等，大大提高了监测数据的处理效率。主机和后处理软件对监测数据设置了加密算法，原始数据仅能被查看。每个监测数据都标记有详细的编号、测量时间，让伪造数据的时间成本大于实际的测量时间，从而避免数据造假。

主机的监测精度为±1mm，分辨率为0.1mm，量程为30m。

激光收敛仪对准调节装置设有两个转轴，可实现主机绕俯仰轴、回转轴进行360°调节，同时具有锁死粗调后进行微调的功能，确保主机激光束能够精确对准前方半平面空间内的任一目标点。为了实现对准调节装置方便快捷地安装和拆卸，对准调节装置底部设置了快接母头，固定螺栓上设置快接公头，固定螺栓埋设固定在隧道围岩上，安装时将快接母头插入快接公头，两者精密匹配，旋紧锁死螺母，即可进行激光点对准调节的操作。

为保证测量精度，拱顶监测点采用可以调节角度的合页反光片，安装时调节合页的角度，使得激光束和反光片尽量能垂直，合页反光片用固定螺钉固定安装于隧道围岩壁面上。

3. 全站仪

在隧道位移监测中采用全站仪监测其三维反光片板，位移的技术近年来正在探索应用中。通常采用洞内自由设站法，其步骤是：

（1）在洞口设置两个基准点，用常规测量方法测定出其三维坐标；

（2）在开挖成洞的横断面上布设若干测点，测点上贴上反射片（简易反射镜）；

（3）在基准点上安置好反射镜或简易反射镜后，选一适当位置安置全站仪，用全圆方向法测基准点和测点之间的水平角、竖直角、斜距；

（4）当测到一定远处时，再在某一断面上设两个基准点，向后传递三维坐标。

三维位移监测技术的优点是：

① 可在运营隧道和施工隧道内自由设站；

② 在一个测站上可对多个断面进行观测；

③ 各断面上测点可较多的设置。

其不足之处在于：采用该技术需要观测多测回，洞内观测时间太长。断面上设点越多，观测时间越长，对隧道开挖和隧道内运输干扰严重。由于全站仪免棱镜测量的精度限制以及测点坐标变化换算得到收敛值的误差传递，让得全站仪的实测精度难以满足隧道收敛监测的要求。

（四）拱顶下沉监测

1. 水准仪

隧道开挖后，由于围岩自重和应力调整造成隧道顶板向下移动的现象称为拱顶下沉。拱顶是隧道周边上一个特殊点，通过监测其位移情况，可判断隧道的稳定性，也为二次衬砌的施设提供依据，还可以作为用收敛监测结果计算各点位移绝对量的验证之用。

由于隧道拱顶一般较高，不能用通常使用的标尺测量，因此可在拱顶用短锚杆设置挂钩，悬挂长度略小于隧道高度的铟钢丝，再在下面悬挂标尺，或将钢尺或收敛计挂在拱顶作为标尺，后视点设置在稳定衬砌或地面上，然后采用水准仪监测。

为了方便钢尺或收敛计的悬挂，可将挂钩设计成升降式套环。

对于浅埋隧道，可由地面钻孔，测定拱顶相对于地面不动点的位移。

2. 激光收敛仪

上述采用激光收敛仪监测隧道周边收敛的方法，也还可以同时测得拱顶下沉量，其原理如图 7－1 所示。隧道开挖后尽快在靠近掌子面的断面上布置呈三角形的测线 *AB*、*BC*、*CA*，用激光收敛仪测量三条测线 *BC*、*BA* 和 *CA* 的长度，隧道变形后再测量其变形后的长度，用三角形的知识就可计算拱顶下沉。

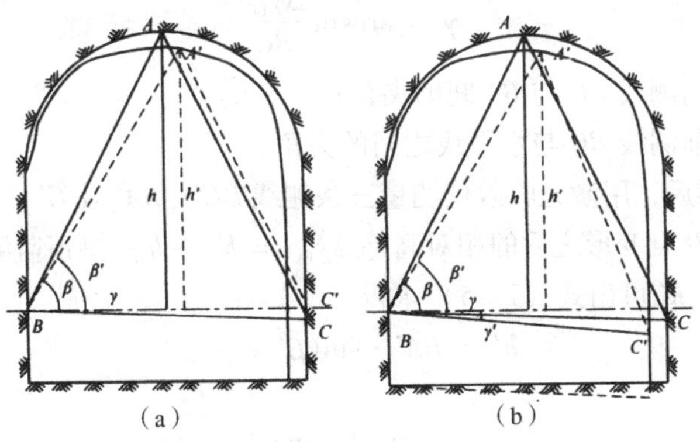

图 7－1 激光收敛仪监测拱顶下沉的原理图

（a）较好围岩中拱脚没有沉降；（b）软岩中拱脚有沉降

（1）较好围岩中拱脚没有沉降的情况

当围岩较好拱脚没有沉降时，且 *B*、*C* 两点设在同一水平线上，以 *B* 点为基准点，隧道围岩变形前，拱顶 *A* 相对于基准点 *B* 的初始高差 *A* 可由式（7－1）求得：

$$h = BA \cdot \sin\beta \tag{7-1}$$

其中

$$\beta = \arccos\left(\frac{BC^2 + BA^2 - CA^2}{2BC \cdot BA}\right)$$

式中：β——变形前测线 BC 与 BA 间的夹角。

隧道围岩变形后，用激光收敛仪测量三条测线 BC'、BA' 和 $C'A'$ 的长度，就拱顶监测点 A' 相对于基准点 B 的变形后高差 h' 可由式（7－2）求得：

$$h' = BA' \cdot \sin\beta' \tag{7-2}$$

其中

$$\beta' = \arccos\left(\frac{BC'^2 + BA'^2 - C'A'^2}{2BC' \cdot BA'}\right)$$

式中：β'——变形后测线 BC' 与 BA' 间的夹角。

式（7－1）减去式（7－2）即可得拱顶监测点 A 的拱顶下沉 u：

$$u = h - h' = BA \cdot \sin\beta - BA' \cdot \sin\beta' \tag{7-3}$$

（2）软岩中拱脚有沉降的情况

隧道开挖后尽快在靠近掌子面的断面之上布置呈三角形的测线 AB、BC、CA，用水准仪测得 C 点相对于 B 点的相对高差 $\Delta y_{BC} = h_C - h_E$。以 B 点为基准点，隧道围岩变形前，拱顶 A 相对于基准点 B 的初始高差 h 可由式（7－4）求得：

$$h = BA \cdot \sin(\beta + \gamma) \tag{7-4}$$

其中

$$\beta = \arccos\left(\frac{BC^2 + BA^2 - CA^2}{2BC \cdot BA}\right)$$

$$\gamma = \arcsin\frac{\Delta y_{BC}}{BC}$$

式中：β——变形前测线 BC 与 BA 间的夹角；

γ——变形前测线 BC 与水平线之间的夹角。

隧道围岩变形后，用激光收敛仪测量三条测线 BC'、BA' 及 $C'A'$ 的长度，用水准仪测得 C' 点相对于 B 点变形之后的相对高差 $\Delta y_{BC'} = h_{C'} - h_B$。拱顶监测点 A' 相对于基准点 B 的变形后高差 h' 可由式（7－5）求得：

$$h' = BA' \cdot \sin(\beta' + \gamma') \tag{7-5}$$

其中

$$\beta' = \arccos\left(\frac{BC'^2 + BA'^2 - C'A'^2}{2BC' \cdot BA'}\right)$$

$$\gamma' = \arcsin\frac{\Delta y_{BC}}{BC'}$$

式中：β'——变形后测线 BC' 与 BA' 间的夹角；

γ'——变形后测线 BC' 与水平线之间的夹角。

根据式（7－4）和式（7－5），结合用水准仪测得基准点 B 的沉降，拱顶监测点 A

的拱顶下沉 u 可由式（7－6）求得：

$$u = h - h' + h_B - h'_B = BA \cdot \sin(\beta + \gamma) - BA' \cdot \sin(\beta' + \gamma') + h_B - h'_B \quad (7-6)$$

式中：h_B ——B 点的初始高程；

h'_B ——B 点变形后的高程；

两者之差即为 B 点的沉降。

在软岩中，隧道侧壁围岩的竖向位移通常也远小于拱顶，因此，当拱顶下沉较小时，仍然可以按拱脚没有沉降情况用式（7－3）计算拱顶沉降，因而，可以不必每次都量测脚点 B、C 的高程，但监测点布设时应读取脚点 B、C 的初始高程。

通常拱顶下沉达到报警值的 1/2 时，才需要用水准仪定期量测脚点 B、C 的高程，采用拱脚有沉降情况的式（7－6）来精确计算拱顶下沉。这样的话，较好围岩中拱脚没有沉降的情况，用激光收敛仪监测拱顶下沉可以不用水准仪。即使在软岩中拱脚有沉降的情况，也只有当拱顶下沉达到其报警值的 1/2 时，才少量使用水准仪监测拱脚点的下沉，而且这也比用水准仪直接监测拱顶下沉方便容易。

（五）围岩体内位移监测

围岩内位移为隧道围岩内距离洞壁不同深度处沿隧道径向的变形，据此可以分析判断隧道围岩位移的变化范围和围岩松弛范围，预测围岩的稳定性，以检验或修改计算模型和模型参数，同时为修改锚杆支护参数提供重要依据。为监测隧道洞壁的绝对位移和围岩不同深度处的位移，可采用单点位移计、多点位移计和滑动式位移计等。

1. 单点位移计

单点位移计是端部固定于钻孔底部的一根锚杆加上孔口的测读装置。位移计安装在钻孔中，锚杆体可用直径 22mm 的钢筋制作，锚固端或用螺纹钢筋灌浆锚固，或用楔子与钻孔壁楔紧，自由端装有平整光滑的测头，可自由伸缩。定位器固定于钻孔孔口的外壳上，测量时将测环插入定位器，测环和定位器上都有刻痕，插入测量时将两者的刻痕对准，测环上安装有百分表或位移计以测取读数。测头、定位器和测环用不锈钢制作。单点位移计结构简单，制作容易，测试精度高，钻孔直径小，受外界因素影响小，容易保护，因而可以紧跟爆破开挖面安设，单点位移计通常与多点位移计配合使用。

由单点位移计测得的位移量是洞壁与锚杆固定点之间的相对位移，若钻孔足够深，则孔底可视为位移很小的不动点，故可视测量值为洞壁绝对位移。不动点的深度与围岩工程地质条件、断面尺寸、开挖方法和支护时间等因素有关。

2. 多点位移计

在同一测孔内，若设置不同深度的位移监测点，可测得不同深度的岩层相对于隧道洞壁的位移量，据此可画出距洞壁不同深度的位移量的变化曲线。

注浆锚固式多点位移计，由锚固器和位移测定器组成，锚固器安装在钻孔内，起固定测点的作用，位移测定器安装在钻孔口部，内部安装有位移传感器，位移传感器与锚固器之间用铟钢丝杆连接。同一钻孔中可设置多个测点，一个测点设置一个锚固器，各自与孔口的位移传感器相连，监测值为这些测点相对于隧道洞壁的相对位移量。这种将位移传感器固定在孔口上，用铟钢丝杆将不同埋深处的锚头的位移传给位移传感器，称作并联式多点位移计。

注浆锚固的锚固器的锚固头用长约30cm的招5的螺纹钢加工而成，在远离孔口的一端钻一小孔，一根细钢丝穿过小孔用以固定注浆管。锚固头的另一头加工长3cm，外径为φ20的光滑圆柱状，中心攻有螺孔，铟钢丝杆可拧入螺孔，铟钢丝杆外面用PVC管保护，内径为招ϕ20PVC管插入光滑圆柱状头中，铟钢丝杆和PVC管均约2m一节，铟钢丝杆用螺纹逐节连接，两节PVC管间套一长15cm的套管，用PVC胶水粘接。待锚固头下到预定位置后，用砂浆灌满钻孔，待砂浆凝结后，锚固头与围岩一起运动，而铟钢丝杆由PVC管与砂浆和周围岩体隔离，不随围岩一起运动，因此，将锚固头处围岩的位移直接传递到孔口。一个孔中一般最多可布设6个测点。

该种多点位移计由于不必在钻孔中埋设传感元件，克服多点位移计测试费用高、测点少、位移计可靠性不易检验及测头易损坏等缺点，具有一台仪器对多个测孔进行巡回监测的优点。

（六）围岩压力和两支护间压力监测

围岩压力监测包括围岩和初衬间接触压力、初衬和二衬间的接触压力以及隧道围岩内部压力和支衬结构内部的压力的监测。

1. 液压枕

液压枕，又称油枕应力计，可埋设在混凝土结构内、围岩内以及结构与围岩的接触面处，长期监测结构和围岩内的压力以及它们接触面的应力。其结构主要由枕壳、注油三通、紫铜管和压力表组成，为了安设时排净系统内空气，设有球式排气阀。液压枕需在室内组装，经高压密封性试验合格后才能埋设使用。

液压枕在埋设前用液压泵往枕壳内充油，排尽系统中空气，埋入测试点，待周围包裹的砂浆达到凝固强度后，即可打油施加初始压力，此后，压力表值经24h后的稳定读数定为该测试液压枕的初承力，以后将随地层附加应力变化而变化，定期观察和记录压力表上的数值，就可得到围岩压力或混凝土层中应力变化的规律。

在混凝土结构和混凝土与围岩的接触面上埋设，只需在浇筑混凝土前将其定位固定，待浇筑好混凝土后即可。在钻孔内埋设时，则需先在试验位置垂直于岩面钻预计测试深度的钻孔，孔径一般为ϕ3～45mm，埋设前用高压风水将孔内岩粉冲洗干净，然后把液压枕放入，并用深度标尺校正其位置，最后用速凝砂浆充填密实。一个钻孔中可以放多个液压枕，按需要分别布置在孔底、中间和孔口。液压枕常要紧跟工作面埋设，对外露的压力表应加罩保护，以防爆破或其他人为因素损坏。在钻孔内埋设液压枕，得到的是围岩内不同深度处的环向应力，在混凝土结构内和在界面上埋设液压枕，得到分别是结构内的环向应力和径向应力。

液压枕测试具有直观可靠、结构简单、防潮防振、不受干扰、稳定性好、读数方便、成本低、不要电源，能在有瓦斯的隧道工程中使用等优点，故是现场测试常用的手段。

2. 压力盒

压力盒用于测量围岩与初衬之间、初衬与二衬之间接触应力，分别有钢弦频率式压力盒、油腔压力盒等类型。

埋设围岩与初衬之间、初衬与二衬之间的压力盒时，可以采取如下几种方式：先用水泥砂浆或石膏将压力盒固定在岩面或初衬表面上，使混凝土和土压力盒之间不要有间隙以保证其均匀受压，并避免压力膜受到粗颗粒、高硬度的回填材料的不良影响。但在拱顶处埋设因为土压力盒会掉下来，采取先采用电动打磨机对测点处岩面进行打磨，然后在打磨处垫一层无纺布，最后采用射钉枪将压力盒固定在岩石表面。最多采用的方法是先用锤子将测点处岩面锤击平整，再用水泥砂浆抹平，待水泥砂浆达到一定强度后（约 4h），用钻机在所需位置钻孔并将利 4mm 钢筋固定在钻孔中，最后用铁丝将压力盒绑扎在钻孔钢筋上。埋设初衬与二衬之间的压盒时，还可以紧贴防水板将压力盒绑扎在二衬钢筋上。为了使围岩和初衬的压力能更好地传递到压力盒上，最好在围岩或初衬与压力盒的感应膜之间放一个直径大于压力盒的钢膜油囊。

（七）锚杆轴力监测

锚杆轴力监测是为了掌握锚杆的实际受力状态，为修正锚杆的设计参数提供依据。

锚杆轴力可以采用在锚杆上串联焊接钢筋应力计或者并联焊接钢筋应变计的方法监测，安装和监测方法与第三章监测钢筋混凝土构件内力相类似。只监测锚杆总轴力时，也可以采用在锚杆尾部安设环式锚杆轴力计的方法监测。全长粘接锚杆为了监测锚杆轴力沿锚杆长度的分布，通常在一根锚杆上布置 3~4 个测点。锚杆轴力也可以采用粘贴应变片的方法监测，对粘贴应变片的部位要经过特殊的加工，粘贴应变片后要做防潮处理，并加密封保护罩。这种方法价格低廉，使用灵活，精度高，但是由于防潮要求高，抗干扰能力低，大大限制了它的使用范围。

钢管式锚杆可以采用在钢管上焊接钢表面应变计或者粘贴应变片的方法监测其轴力。

（八）钢拱架和衬砌内力监测

隧道内钢拱架主要属于受弯构件，其稳定性主要取决于最大弯矩是否超出了其承载力。钢拱架压力监测的目的是监控围岩的稳定性和钢支撑自身的安全性，并为二次衬砌结构的设计提供反馈信息。

钢拱架分型钢钢拱架和格栅钢拱架，型钢拱架内力可采用钢应变计、电阻应变片监测。根据型钢钢拱架内处两侧监测得到的应变值，按压弯构件的应变计算方式，可按式（7-7）计算其轴力和弯矩：

$$N = \frac{\varepsilon_1 + \varepsilon_2}{2} E_0 A_0 \tag{7-7a}$$

$$M = \pm \frac{(\varepsilon_1 - \varepsilon_2) E_0 I_0}{b} \tag{7-7b}$$

式中：A_0——型钢的面积；

I_0——惯性矩；

E_0——钢拱架弹性模量。

记应变受拉为正，受压为负。

钢拱架内力监测结果分析时，可在隧道横断面上按照一定的比例把轴力、弯矩值点画在各测点位置，并将各点连接形成隧道钢拱架轴力及弯矩分布图。

（九）地下水渗透压力和水流量监测

隧道开挖引起的地表沉降等都与岩土体中孔隙水压力的变化有关。通过地下水渗透压力和水流量监测，可及时了解地下工程中水的渗流压力分布情况及其大小，检验有无管涌、流土及不同土质接触面的渗透破坏，防止地下水对工程的影响，保证工程安全和施工进度。

地下水渗透压力一般采用渗压计（也称作孔隙水压力计）进行测量，根据压力与水深成正比关系的静水压力原理，当传感器固定在水下某一点时，该测点以上水柱压力作用于孔隙水压力敏感元件上，这样就可间接测出该点的孔隙水压力。

（十）爆破震动监测

隧道施工爆破产生的地震波会对邻近地下结构和地面建（构）筑物产生不同程度的影响，当需要保护这些邻近地下结构和地面建（构）筑物时，需要在爆破施工期间对它们进行爆破震动监测，以便调整爆破施工工艺参数，将爆破震动对地下结构和地面建（构）筑物的影响控制在安全的范围内。连拱隧道、小净距隧道和既有隧道改建和扩建等会遇到后行隧道对先行隧道以及新建隧道对既有隧道爆破施工的影响问题，必要时需要进行爆破震动监测。

爆破震动监测主要是在被保护对象上布设速度或加速度传感器，通过控制爆破施工引起的被保护对象上速度或加速度来实现其安全保护的，监测仪器及监测方法见第六章。

三、监测方案

岩石隧道在开工前应编制施工全过程的监测方案。监测方案编制是否合理，不仅关系到现场监测能否顺利进行，而且关系到监测结果能否反馈于工程的设计和施工，为推动设计理论和方法的进步提供依据，编制合理、周密的监测方案是现场监测能否达到预期目的的关键。岩石隧道工程施工监测方案编制的主要内容是：①监测项目的确定；②监测方法和精度的确定；③监测断面和测点布置的确定；④监测频率和期限的确定；⑤报警值及报警制度。

（一）监测项目的确定

洞内外观察是人工用肉眼观察隧道围岩和支护的变形和受力情况、围岩松石和渗

流水情况、围岩的完整性等，以给监测直接的定性指导，是最直接有效的手段，通常在每次爆破施工后都需要做这项工作。

岩石隧道监测项目的确定应该主要取决于：①工程的规模、埋深以及重要性程度，包括临近建（构）筑物的情况；②隧道的形状、尺寸、工程结构和支护特点；③施工工法和施工工序；④工程地质和水文地质条件。在考虑监测结果可靠的前提下，同时要考虑便于测点埋设和方便监测，尽量减少对施工的干扰，并考虑经济上的合理性。此外，所选择监测项目的物理量要概念明确，量值显著，而且该物理量在设计能够计算并能确定其控制值的量，也即可测也能算的物理量，从而易于实现反馈和报警。位移类监测是最直接易行的，因而，通常作为隧道施工监测的重要必测项目。但在完整坚硬的岩体中位移值往往较小，故也要配合应力与压力测量。在地应力高的脆性岩体中，有可能产生岩爆，则要监测岩爆的可能性或预测岩爆的时间。

对于浅埋隧道和隧道洞口段，地表沉降动态是判断周围地层稳定性的一个重要标志。能反映隧道开挖过程中围岩变形的全过程，而且监测方法简便，可以把地表沉降作为一个主要的监测项目，其重要性随埋深变浅而加大，见表 7－2。

表 7－2　地表沉降监测的重要性

埋深	重要性	监测与否
$3D<h$	小	可不测
$2D<h<3D$	一般	选测
$D<h<2D$	重要	必测
$h<D$	非常重要	必测，列为主要监测项目

注：D 为隧道直径，h 为埋深。

对于深埋岩石隧道工程，水平方向的洞周收敛和水平方向钻孔的单点及多点位移计监测围岩体内位移就显得非常重要。

国家行业标准规定，复合式衬砌与喷锚式衬砌隧道施工时所进行的监测项目分为必测项目和选测项目两大类，其中必测项目见表 7－3，选测项目见表 7－4，必测项目是为了在设计、施工中保证围岩的稳定，并通过判断其稳定性来指导设计、施工。

表 7－3　隧道监控量测必测项目

序号	项目名称	方法及工具	布置	监测精度	监测频率			
					1～15d	16d～1 个月	1～3 个月	大于 3 个月
1	洞内、外观察	现场观测、地质罗盘等	开挖及初期支护后进行	—	—			
2	洞周收敛	各种类型收敛计	每 5～50m 一个断面，每断面 2～3 对测点	0.5mm	1～2 次/d	1 次/2d	1～2 次/周	1～3 次/月
3	拱顶下沉	水准测量的方法，水准仪、铟钢尺等	每 5～50m 一个断面	0.5mm	1～2 次/d	1 次/2d	1～2 次/周	1～3 次/月

续表

序号	项目名称	方法及工具	布置	监测精度	监测频率			
					1～15d	16d～1个月	1～3个月	大于3个月
4	地表下沉	水准测量的方法，水准仪、铟钢尺等	洞口段、浅埋段（$h_0 \leq 2b$）	0.5mm	开挖面距量测断面前后小于26时，1～2次/d 开挖面距量测断面前后小于56时，1次/2～3d 开挖面距量测断面前后大于56时，1次/3～7d			

表7－4 隧道现场监控量测选测项目

序号	项目名称	方法及工具	布置	测试精度	监测频率			
					1～15d	16d～1个月	1～3个月	大于3个月
1	钢架压力及内力	支柱压力计，表面应变计或钢筋计	每个代表性或特殊性地段1～2个断面，每断面钢支撑内力3～7个测点，或外力1对测力计	0.1MPa	1～2次/d	1次/2d	1～2次/周	1～3次/月
2	围岩体内位移（洞内设点）	洞内钻孔，安设单点、多点杆式或钢丝A位移计	每个代表性或特殊性地段1～2个断面，每断面3～7个钻孔	0.1mm	1～2次/d	1次/2d	1～2次/周	1～3次/月
3	围岩体内位移（地表设点）	地面钻孔，安设各类位移计	每个代表性或特殊性地段1～2个断面，每断面3～5个钻孔	0.1mm	同地表沉降要求			
4	围岩压力	各种类型岩土压力盒	每个代表性或特殊性地段1～2个断面，每断面3～7个测点	0.01MPa	1～2次/d	1次/2d	1～2次/周	1～3次/月
5	两层支护间压力	各种类型岩土压力盒	每个代表性或特殊性地段1～2个断面，每断面3～7个测点	0.01MPa	1～2次/d	1次/2d	1～2次/周	1～3次/月

续表

<table>
<tr><th rowspan="2">序号</th><th rowspan="2">项目名称</th><th rowspan="2">方法及工具</th><th rowspan="2">布置</th><th rowspan="2">测试精度</th><th colspan="4">监测频率</th></tr>
<tr><th>1～15d</th><th>16d～1个月</th><th>1～3个月</th><th>大于3个月</th></tr>
<tr><td>6</td><td>锚杆轴力</td><td>钢筋计、锚杆测力计</td><td>每个代表性或特殊性地段1～2个断面，每断面3～7锚杆（索），每根锚杆2～4测点</td><td>0.01MPa</td><td>1～2次/d</td><td>1次/2d</td><td>1～2次/周</td><td>1～3次/月</td></tr>
<tr><td>7</td><td>衬砌内力</td><td>混凝土应变计，钢筋计</td><td>每个代表性或特殊性地段1～2个断面，每断面3～7个测点</td><td>0.01MPa</td><td>1～2次/d</td><td>1次/2d</td><td>1～2次/周</td><td>1～3次/月</td></tr>
<tr><td>8</td><td>围岩弹性波速度</td><td>各种声波仪及配套探头</td><td>在有每个代表性或特殊性地段设置</td><td></td><td colspan="4"></td></tr>
<tr><td>9</td><td>爆破震动</td><td>测振及配套传感器</td><td>邻近建筑物</td><td></td><td colspan="4">随爆破进行</td></tr>
<tr><td>10</td><td>渗水压力、水流量</td><td>渗压计、流量计</td><td></td><td>0.01MPa</td><td colspan="4"></td></tr>
<tr><td>11</td><td>地表沉降</td><td>水准测短的方法．水准仪和铟钢尺，全站仪等</td><td>洞口段、浅埋段（$h_0 > 2b$）</td><td>0.5mm</td><td colspan="4">开挖面距量测断面前后小于 $2b$ 时，1～2次/d；开挖面距量测断面前后小于 $5b$ 时，1次/2～3d；开挖面距量测断面前后大于 $5b$ 时，1次/(3～7) d</td></tr>
</table>

（二）监测仪器和精度的确定

根据国际测量工作者联合会（FIG）建议的观测中误差应小于允许变形值的1/20～1/10的要求，结合隧道施工对预留变形量的设计值要求和隧道施工监测统计分析结果，建议公路隧道施工阶段的周边收敛和拱顶下沉的监测精度要求为0.5～1.0mm。在通常要求条件下，Ⅰ、Ⅱ级硬岩中的二车道、三车道隧道可以取较小值0.5mm，Ⅲ、Ⅳ围岩中的二车道、三车道隧道可取较大值1.0mm，对大变形软岩隧道变形监测的精度可以在1.0mm的精度要求下适当放宽。对于周边环境特别复杂，变形控制要求特别严格的公路隧道，周边收敛和拱顶下沉的监测精度要求可以专门规定，例如仍为0.1mm。这个精度要求充分考虑了监测精度对隧道施工变形的分辨能力，具有合理性和实用价值。同时，0.5～1.0mm的监测精度在保证隧道施工安全的同时，可促进高精度全站仪、激光收敛测量装置等非接触量测方法与仪器在公路隧道施工变形监测中应用和推广，从而提高施工变形的监测效率，也可以避免因达不到监测精度要求进而引发的监测数据造假现象。

支柱压力计、表面应变计和各种钢筋计、土压力计（盒）、孔隙水压力计、锚杆轴力计、用于监测衬砌内力、锚杆拉力的各种钢筋应力计和应变计分辨率应不大于0.2%FS（满量程），精度优于0.5%。其量程应取最大设计值或理论估算值的1.5~2倍。监测围岩体内位移的位移计的精度可取为0.1mm。

监测仪器的选择主要取决于被测物理量的量程和精度要求及监测的环境条件。通常，对于软弱围岩中的隧道工程，由于围岩变形量值较大，因而可以采用精度稍低的仪器和装置；而在硬岩中则必须采用高精度监测元件和仪器。在一些干燥无水的隧道工程中，电测仪表往往能工作得很好；在地下水发育的地层中进行电测就较为困难。埋设各种类型的监测元件时，对深埋隧道工程，必须在隧道内钻孔安装，对浅埋隧道工程则可以从地表钻孔安装，从而可以监测隧道工程开挖过程中围岩变形后的全过程。

仪器选择前需首先估算各物理量的变化范围，并根据监测项目的重要性程度确定测试仪器的精度和分辨率。

现阶段现场监测除了光学类监测仪器外，主流的电测元件是钢弦频率式的各类传感器。近几年，也有光纤传感器应用于隧道工程监测的探索与若干成功的实例。电测式传感器一般是引出导线用二次仪表进行监测，但近几年在长期监测中也有采用无线遥测的。用于长期监测的测点，尽管在施工时变化较大，精度可低些，但在长期监测时变化较小，因而，要选择精度较高的位移计。

（三）监测断面的确定和测点的布置

1. 监测断面的确定

监测断面分为两种：①代表性监测断面；②特殊性监测断面。从围岩稳定监控出发，代表性监测断面是从确定二衬合理支护时机、评价和反馈施工工艺参数以及设计支护参数合理性出发，在具有普遍代表性的地段布设的监测断面。特殊性监测断面是在围岩级别差和断层破碎带，以及洞口和隧道分叉处等特别部位布设的监测断面。

监测断面的布设间距视地质条件变化和隧道长度而定，拱顶下沉和洞周收敛等必测项目的监测断面间距为：Ⅰ~Ⅱ级：30~50m；Ⅲ级：10~30m；Ⅳ~Ⅴ级：5~10m。洞口段、浅埋地段、特别软弱地层段监测断面间隔应小于20m。在施工初期区段，监测断面间距取较小值，取得了一定监测数据资料后可适当加大监测断面间距，在洞口及埋深较小地段亦应适当缩小监测断面间距。当地质条件情况良好，或者开挖过程中地质条件连续不变时，间距可加大，地质变化显著时，间距应缩短。

地表沉降监测范围沿隧道纵向应在掌子面前后（1~2）$(h+h_0)$（h 为隧道开挖高度，h_0 为隧道埋深），监测断面间距与隧道埋深和地表状况有关，当地表是山岭田野时，断面间距根据埋深定为：埋深介于两倍和两点五倍洞径时，间距为20~50m；埋深在一倍洞径与两倍洞径之间时，间距为10~20m；埋深小于洞径时，间距为5~10m。当地表有建筑物时，应在建筑物上增设沉降测点。

选测项目应该在每个代表性地段和每个特殊性地段布设1~2个断面，通常布设选

测项目的监测断面都要进行必测项目的监测。

各监测断面上的监测项目应尽量靠近断面布设，尤其是地表沉降、洞周收敛、围岩体内位移、拱顶下沉等位移量应尽量布置在同一断面上，围岩压力、衬砌内力、钢拱架内力与锚杆轴力等受力最好布置在同一断面上，以使监测结果互相对照，相互检验。

洞内布设的监测点必须尽量靠近开挖工作面，但太近会造成爆破的碎石砸坏测点，太远使得该断面监测项目的监测值有较大的前期损失值，所以，通常要求距开挖面2m范围埋设，并应保证爆破后24h内或下一次爆破前测读初次读数，以便尽可能完整地获得围岩开挖后初期力学形态的变化和变形情况，这段时间内监测得到的数据对于判断围岩形态是特别重要的。

2. 地表沉降测点布置

地表沉降监测点应布置在隧道轴线上方的地表，并横向往两侧延伸至隧道距离隧道轴线一到两倍的（$b/2+h+h_0$）（b为隧道开挖宽度，h为隧道开挖高度，h_0为隧道埋深）。在横断面测点间距宜为2～5，轴线上方可布置得密一些，横向向两侧延伸可以逐渐变疏一些。一个测区内地表沉降基准点要求数目不少于3个，以便通过联测验证其稳定性，组成水准控制网。

3. 拱顶下沉测点布置

采用全断面法和上下台阶法开挖的两车道隧道，通常在拱顶设置一个拱顶下沉的监测测点，采用全断面法、上下台阶法或三台阶法开挖三车道和四车道隧道，一般在拱顶设置一个监测点，距拱顶左右1m再各布设一个监测点，以便判断拱顶是否有不对称沉降。其他工法如侧壁导坑法和双侧壁导坑法等，凡开挖形成拱顶则需在拱顶布设拱顶下沉监测点。

4. 洞周收敛测线布置

洞周收敛测线布置应视开挖方法、隧道跨度和地质情况而定。三角形布置更易于校核监测数据，尤其是顶角是拱顶的三角形布置可以利用三角关系计算拱顶下沉，所以，一般均采用这种布设形式。隧道跨度较大时，可设置多个三角形的布置形式。当采用上下台阶法开挖时，其测线布设与全断面法类似，但是上下台阶要分别布设三条测线，形成三角形。

只是为了监控围岩稳定性的一般性地段，可采用较为简洁的布置形式。布置有选测项目的断面，以及监测结果还要考虑为岩体地应力场和围岩力学参数作反分析时，则要采用有三角形的布置方案。对大跨度复杂工法施工的隧道，洞周收敛测线的布置还要根据隧道的开挖工法和开挖工序分步布置。

（四）监测频率和期限的确定

监测频率应根据隧道的地质条件、断面大小和形式、施工方法、施工进度等情况和特点，并结合当地工程经验综合确定。

监测断面处开挖1～15d内，监测频率为1～2次/d；

监测断面处开挖 16d ~ 1 个月内，监测频率为 1 次/d；

监测断面处开挖 1 ~ 3 个月内，监测频率为 1 ~ 2 次/周；

监测断面处开挖大于 3 个月，1 ~ 3 次/月。

洞周收敛和拱顶下沉的监测期限是到其达到稳定标准或者施筑二衬为止。

对地表沉降监测频率的要求是：

当开挖面距量测断面前后小于 2b 时，监测频率为 1 ~ 2 次/d；

当开挖面距量测断面前后小于 5b 时，监测频率为 1 次/(2 ~ 3) d；

当开挖面距量测断面前后大于 5b 时，监测频率 1 次/(3 ~ 7) d。

地表沉降监测点应在隧道开挖影响范围到达前埋设并读取初读数，从而可以监测到隧道开挖前后地表沉降变化的全过程，当隧道二次衬砌全部施工完毕且地表沉降基本趋于停止时可以停止监测工作。

表 7 – 5　洞周收敛和拱顶下沉的监测频率

位移速度（mm/d）	量测断面距开挖面距离（m）	监测频率
>5	—	2 ~ 3 次/d
1 ~ 5	0 ~ 2b	1 次/d
0.5 ~ 1	2 ~ 5b	1 次/(2 ~ 3) d
<0.5	>5b	1 次/(3 ~ 7) d

隧道断面内的监测频率也可以根据洞周收敛与拱顶下沉的位移速率并结合监测断面与开挖面的距离来确定，如表 7 – 5 所列，开挖下台阶，撤除临时支护等施工状态发生变化时，应适当增加监测频率。监测断面内各监测项目的监测频率应该相同，当隧道断面内某个监测项目的累计值接近报警值或变化速率较大时，可以加大该断面的监测频率。

（五）报警值和报警制度

1. 容许位移量和容许位移速率

容许位移量是指在保证隧道围岩不产生有害松动和保证地表不产生有害下沉量的条件下，自隧道开挖起到变形稳定为止，在起拱线位置的隧道洞周收敛位移量或拱顶下沉量最大值。在隧道施工过程中，若监测到或根据监测数据预测到最终位移将超过该值，则意味着围岩不稳定，支护系统必须加强。

容许位移速率是指在保证隧道围岩不产生有害松动和保证地表不产生有害下沉量的条件下，在起拱线位置的隧道洞周收敛位移速率或拱顶下沉速率的最大值。

容许位移量和容许位移速率与岩体条件、隧道埋深、断面尺寸及地表建筑物等因素有关，例如矿山法施工的城市地铁隧道，通过建筑群时一般要求地表沉降容许量见表 7 – 6。

表 7-6　岩石隧道地表沉降监测项目控制值

监测等级及区域		累计值（mm）	变化速率（mm/d）
一级	区间	20~30	3
	车站	40~60	4
二级	区间	30~40	3
	车站	50~70	4
三级	区间	30~40	4

注：1. 表中数值适用于土的类型为中软土、中硬土及坚硬土中的密实砂卵石地层；2. 大断面区间的地表沉降监测控制值可参照车站执行。

容许位移量可以通过理论计算、经验公式和参照规范取值等方法确定。

事实上，容许位移量和容许位移速率的确定并不是一件容易的事，每一具体工程条件各异，显现出十分复杂的情况，因此，需要根据工程具体情况结合前人的经验，再根据工程施工进展情况探索改进。特别是对完整的硬岩，失稳时围岩变形往往较小，要特别注意。

2. 报警制度

隧道开挖后，由于围岩变形发展的时空效应，围岩的变形曲线呈现出三个阶段。

（1）基本稳定阶段，主要标志是变形速率不断下降，即变形加速度小于0；

（2）过渡阶段，变形速度长时间基本保持恒定不变的值，即变形加速度等于0；

（3）破坏阶段，变形速率逐渐增加甚至急剧增加，即变形加速度大于0。

如果隧道开挖后监测得到的变形时程曲线持续衰减，变形加速度始终保持小于0，则围岩是稳定的；如果变形时程曲线持续上升，出现变形加速度等于0的情况，亦即变形速度不再继续下降，则说明围岩进入变形持续增加状态，需要发出预警，加强监测，做好加强支护系统的准备；一旦变形时程曲线出现变形逐渐增加甚至急剧增加，即加速度大于0的情况，则表示已进入危险状态，必须发出报警并立即停工，进行加固。根据该方法判断围岩的稳定性，应区分由于分部开挖时围岩中随分步开挖进度而随时间释放的弹塑性变形的突然增加，使变形时程曲线上呈现变形速率加速，由于这是由隧道开挖引起变形的空间效应反映在变形时程曲线上，并不是预示着围岩进入破坏阶段。

在隧道施工险情预报中，应同时考虑相对变形量、变形累计量、变形速度时程曲线，结合观察洞周围岩喷射混凝土和衬砌的表面状况等综合因素做出预报。隧道变形或变形速率的骤然增加往往是围岩破坏、衬砌开裂的前兆，当变形或变形速率的骤然增加报警后，为了控制隧道变形的进一步发展，可采取停止掘进、补打锚杆、挂钢筋网、补喷混凝土加固等施工措施，待变形趋于正常后才可继续开挖。

压力类监测项目，一般实测值与容许值的比值大于或等于0.8时，判定围岩不稳定，应加强支护；当实测值和容许值的比值小于0.8时，判定围岩处于稳定状态。

（六）监测数据处理

由于各种可预见或不可预见的原因，现场监测所得的原始数据具有一定的离散性，必须进行误差分析、回归分析和归纳整理等去粗存精的分析处理后，才可以很好地解释监测结果的含义，充分地利用监测分析的成果。

从理论上说，设计合理的、可靠的支护系统，应该是一切表征围岩与支护系统力学形态的物理量随时间而渐趋稳定，反之，如果测得表征围岩或支护系统力学形态特点的某几种或某一种物理量，其变化随时间不是渐趋稳定，则可以断定围岩不稳定，支护必须加强，或需要修改设计参数。

围岩位移与时间的关系既有开挖因素的影响又有流变因素的影响，而开挖进展虽然反映的是空间关系，但因开挖进展与时间密切相关，所以同样包含了时间因素。隧道内埋设的监测元件都是隧道开挖到监测断面时才进行埋设，而且也不可能在开挖后立即紧贴开挖面埋设并立即进行监测，因此，从开挖到元件埋设好后读取初读数已经历过时间 t_0，在这段时间里已有量值为的围岩变形释放，此外，在隧道开挖面尚未到达监测断面时，其实也已有量值为 u_2 的变形产生，这两个部分变形都加到监测值上之后才是围岩的全位移。即：

$$u = u_m + u_1 + u_2 \tag{7-8}$$

式中：u_m——变形监测值。

通常对观测资料进行回归分析，取 $t \geqslant 0$，设回归分析所得的位移时程曲线为 $u = f(t)$，则 u_1 可以用拟合曲线外延的办法估算即：

$$u_1 = f(0) \tag{7-9}$$

而根据有关文献：

$$u_2 = \lambda_0 u$$

式中：λ_0——经验系数，取 0.265 ~0.330。

所以

$$u = \frac{u_m + |f(0)|}{1 - \lambda_0} \tag{7-10}$$

第二节　土木工程盾构隧道岩石工程监测

一、概述

盾构法施工是在地表面以下暗挖隧道的一种施工方法，近年来由于盾构法在技术上的不断改进，机械化程度越来越高，对地层的适应性也越来越好。由于其埋置深度可以很深而不受地面建筑物和交通的影响，因此在水底公路隧道、城市地下铁道和大

型市政工程等领域均被广泛采用。在软土层之中采用盾构法掘进隧道，会引起地层移动而导致不同程度的竖向位移和水平位移，即使采用先进的土压平衡和泥水平衡式盾构，并辅以盾尾注浆技术，也难以完全防止地面竖向位移和水平位移。由于盾构穿越地层的地质条件千变万化，岩土介质的物理力学性质也异常复杂，而工程地质勘察总是局部和有限的，因而对地质条件和岩土介质的物理力学性质的认识总存在诸多不确定性和不完善性。估算盾构隧道施工引起的土体移动和地面位移的影响因素多，理论和方法也还不够成熟，无法对其做出准确的估计。所以，需对盾构推进的全过程进行监测，并在施工过程中根据监测数据积极改进施工工艺和工艺参数，以保证盾构隧道工程安全经济顺利地进行。随着城市隧道工程的增多，在既有建筑物下、既有隧道下甚至机场跑道下进行盾构法隧道施工必须要求将地层移动控制到最低程度。为此，通过监测，掌握由盾构施工引起的周围地层的移动规律，及时采取必要的技术措施改进施工工艺，对于控制周围地层位移量，确保邻近建筑物的安全也是非常必要的。

在盾构隧道的设计阶段要根据周围环境、地质条件和施工工艺特点，做出施工监测设计和预算，在施工阶段要按监测结果及时反馈，用合理调整施工参数和采取技术措施，最大限度地减少地层移动，以确保工程安全并且保护周围环境。施工监测的主要目的是：

（一）确保盾构隧道和邻近建筑物的安全

根据监测数据，预测地表和土体变形及其发展趋势以及邻近建筑物情况，决定是否需要采取保护措施，并为确定经济合理的保护措施提供依据；检查施工引起的地面和邻近建筑物变形是否控制在允许的范围内；建立预警机制，控制盾构隧道施工对地面和邻近建筑物的影响，以减少工程保护费用；保证工程安全，避免隧道、地面和邻近建筑物等的环境安全事故；当发生工程环境责任事故时，为仲裁提供具有法律意义的数据。

（二）指导盾构隧道的施工，必要时调整施工工艺参数和设计参数

认识各种因素对地表和土体变形等的影响，来方便有针对性地改进施工工艺和修改施工参数，减少地表和土体的变形，控制盾构施工对邻近建筑物的影响。

（三）为盾构隧道设计和施工的技术进步收集积累资料

为研究岩土性质、地下水条件、施工方法与地表和土体变形的关系积累数据，为改进设计和施工提供依据，为研究地表竖向位移和土体变形的分析计算方法，尤其是为研究特殊的盾构隧道结构和特殊地层中的盾构施工工法等积累资料。

二、盾构隧道工程监测的项目和方法

盾构隧道监测的对象主要是地层、隧道结构和周围环境。监测的部位包括地表、土体内部、盾构隧道结构以及周围道路、建筑物、地下管线和隧道等。

（一）隧道内部收敛监测

盾构隧道内部收敛可采用钢卷尺式收敛计、激光收敛仪及巴赛特收敛系统（Bassett Convergence System）进行监测，下面对巴赛特收敛系统进行介绍。

巴赛特收敛系统是一种测量隧道横断面轮廓线的仪器，由多组首尾相接内设倾角传感器的杆件组成，杆件之间用活动铰连接，隧洞壁上任一点的位移通过杆件的转动使倾角传感器产生角度变化，已知各杆件的长度和一个杆件一端的坐标点及各倾角传感器的起始倾角，就能以此为起点用以后各时刻测得的杆件倾角计算各点的变化值和坐标位置。巴塞特收敛系统配备有一个专用的数据采集系统，既可用串行口与计算机相连，也可用电话线经调制解调器与计算机相连，采集的数据可自动处理。

巴赛特收敛系统由数据量测部分、数据采集部分和数据处理部分等三个部分组成：

1. 数据量测部分

该部分由安装在隧道断面内壁上首尾铰接的短臂杆和长臂杆组成，每根臂杆上都装有测角传感器。当监测断面发生某一变形时，臂杆通过协调运动将断面变形信息转换成一组与之对应的转角信息，并通过臂杆上的测角传感器反应和读取。

2. 数据采集部

采集器将按设定的采样周期自动采集并且存储测角传感器的数据。

3. 数据处理部分

该部分是一台微型计算机和专用数据处理软件。该软件利用各臂杆的端点坐标、臂杆的转角增量和温度增量等数据，计算、打印或显示出隧道壁面各测点的二维变形。

用于连接臂杆的铰分为两类，一类是安装在隧道壁面上的固定铰，固定铰同时也是壁面收敛位移的测点；另一类是呈悬浮状态的浮点铰，长、短臂杆由铰连接成不同跨度的受力零杆形式，短杆具有相同的长度，长杆就需视其跨距大小确定。臂杆的安装需做到以下要求：

（1）各定点铰座的中心应保持在垂直隧道中轴线的同一个平面内；

（2）各铰座的转轴线应平行于隧道的中轴线；

（3）在浮点铰处，长、短臂的轴线应构成直角；

（4）为了绕过隧道壁面上的障碍物（如管线、轨道等），长臂可预制成任何适当的形式，但是杆的两端点连线与短杆在浮点铰处仍应呈直角；

（5）定点铰座必须牢靠固定在壁面上，臂杆与铰之间必须连接紧密且转动自如，臂杆不受铰点以外的其他约束；

（6）在有条件的情况下监测断面应尽量按闭合环式布置，以便计算结果平差计算。若闭合布设有困难也可按非闭合形式布设。

（二）管片接缝张开度监测

管片接缝张开度监测主要是通过测微计或位移传感器等仪器量测管片接缝的张开距离实现，以了解管片结构变形情况。

用测微计监测管片接缝张开度时，先在管片接缝两侧各布设一根钢钉，作为管片接缝张开度的测点，用数字式游标卡尺测定接缝两侧钢钉的间距变化，即可以获取管片接缝张开度的变化。

用位移传感器监测管片接缝张开度时，在管片接缝的一侧安装位移传递片，在另一侧安装位移传感器固定装置。监测时，将位移传感器固定装置安装在接缝的一侧，而将位移传感器的触头抵到接缝另一侧的位移传递片上，自动或者定期用二次仪表监测位移传感器的数值，即可获取管片接缝张开度的变化。

（三）管片周围土压力和孔隙水压力监测

管片周围土压力和孔隙水压力监测采用土压力计、孔隙水压力计和频率仪，以了解作用在管片外侧的受力情况，分析管片结构的稳定状态。

管片周围土压力计的埋设，先是在管片预制时，在土压力上点焊三根细钢筋，在水中把细钢筋一头焊到土压力计底周边上，三根细钢筋均匀分布，形成三角支点，再将三根钢筋的另一端点焊至管片的钢筋笼上，轻压土压力计，使土压力计受压面与管片外表面平齐或略高出管片混凝土面1～2mm，如受压面高出管片表面太多，将导致测量结果偏大；如土压计受压面低于子管片表面，测量结果将偏小。然后将土压计的正面（敏感膜）用保护板盖住，管片钢筋笼放入钢模时，应确保土压计外侧的保护板与钢模贴紧，最后浇筑混凝土。

土压力计的导线沿管片钢筋集中引到在管片内侧布置的接线盒内或专门预埋的注浆孔中，然后从接线盒或预埋注浆孔引出，一般每个注浆孔可引出三根导线，在接线盒内或预埋注浆孔中预留导线的长度一般为300～500mm。

（四）管片结构内力监测

管片结构内力监测是了解和掌握管片受力情况，来分析管片的受力特征及分布规律和管片结构的安全状态。监测采用钢筋计和频率仪。

管片内钢筋应力计的埋设方法与支撑内的基本相同。先将连接螺杆与长约50cm的等直径短钢筋焊接牢，然后将连接螺杆拧入钢筋应力形成测杆，对于环向钢筋应力计还需将测杆弯成与钢筋笼一样的圆弧形。然后将管片钢筋笼测点处的受力钢筋截去略大于应力计加两根连接螺杆的长度，将钢筋应力计对准受力钢筋截去的缺口处，把测杆两端的短钢筋与受力钢筋焊接牢。焊接时用湿毛巾护住连接螺杆，以起隔热作用保护钢筋应力计。也可以采用钢筋应变计以并联的方式，把其焊接到管片钢筋笼内外缘的主钢筋上。

（五）管片连接螺栓轴力监测

管片连接螺栓轴力监测采用应变片和电阻应变仪监测，以了解和掌握螺栓的受力情况，分析管片的受力特征及管片结构的安全状态。

用应变片监测螺栓轴力是将应变片粘贴在螺栓的未攻丝部位，先将该部位锉平粘贴好应变片，在螺栓中心从螺栓顶部预钻一个直径2mm的小孔，在粘贴应变片部位的附近沿螺栓直径方向也钻一个直径2mm的小孔与从螺栓顶部预钻螺栓中心小孔打通，应变片的导线从这个小孔引出，应变片的引线与接线端焊接，在接头部位涂上环氧树脂，以保护接头不被损坏，自动或定期用应变仪监测其应变值，依据螺栓的弹性模量和直径可以换算成螺栓轴力。

（六）土体回弹监测

在地铁盾构隧道掘进中，由于卸除了隧道内的土层会引起隧道内外影响范围内的土体回弹。土体回弹是地铁盾构隧道掘进后相对于地铁盾构隧道掘进前的隧道底部和两侧土体的上抬量。一般在盾构前方埋设回弹桩采用精密水准仪测量的方法监测。底部土体回弹桩应埋入隧道底面以下30~50cm，两侧土体回弹桩的埋设要利用回弹变形的近似对称性，对称埋设或单边埋设。

三、盾构隧道监测方案

盾构隧道监测方案编制前应该重点弄清楚地表和地下建筑物的情况以及保护要求，结合盾构隧道在施工过程中可以调整的施工工艺参数。合理监测方案编制是能及时将采集地表、土体和临近建筑物变形的数据反馈于施工，通过去调整施工工艺参数，将地表、土体和临近建筑物变形控制在允许的范围内。

（一）监测项目和方法的确定

盾构法隧道施工监测项目的选择要考虑如下因素：

1. 工程地质和水文地质情况；

2. 隧道埋深、直径、结构形式和盾构施工工艺；

3. 双线隧道的间距；

4. 隧道施工影响范围内各种既有建筑物的结构特点、形状尺寸以及其与隧道轴线的相对位置；

5. 设计提供的变形及其他控制值及其安全储备系数。

对于具体的隧道工程，还需要根据每个工程的具体情况、特殊要求、经费投入等因素综合确定，目标是要使施工监测能最大限度地反映周围土体和建筑物的变形情况，不导致对周围建筑物的有害破坏。对于某一些施工细节和施工工艺参数需在施工时通过实测确定时，则要专门进行研究性监测。

表7-7是盾构隧道管片结构和周围岩土体的监测项目表，表中工程监测等级可以划分为三级，是根据隧道工程的自身风险等级和周边环境风险等级确定的，具体划分如下：

一级：隧道工程的自身风险等级为一级或周边环境风险等级为一级的隧道工程；

二级：隧道工程的自身风险等级为二级，且周边环境风险等级为二级~四级的隧道工程；隧道工程的自身风险等级为三级，且周边环境风险等级为二级的隧道工程；

三级：隧道工程的自身风险等级为三级，且周边环境风险等级为三级～四级的隧道工程。

其中，隧道工程的自身风险等级划分标准为：超浅埋隧道和超大断面隧道属一级；浅埋隧道、近距离并行或交叠的隧道、盾构始发和接收区段以及大断面隧道属二级；深埋隧道和一般断面隧道属三级。

表7－7　盾构隧道管片结构和周围岩土体监测项目

序号	监测项目	工程监测等级		
		一级	二级	三级
1	管片结构竖向位移	√	√	√
2	管片结构水平位移	○	○	○
3	管片结构周边收敛	√	√	√
4	管片结构内力	○	○	○
5	管片连接螺栓轴力	○	○	○
6	地表竖向位移	√	√	√
7	土体深层水平位移	○	○	○
8	土体分层竖向位移	○	○	○
9	管片周围压力	○	○	○
10	孔隙水压力	○	○	○

注：√——必测项目，○——选测项目。

周边环境风险等级的划分见表7－8。

表7－8　周边环境风险等级

周边环境风险等级	等级划分标准
一级	主要影响区内存在既有轨道交通设施、重要建筑物、重要桥梁与隧道、河流或湖泊
二级	主要影响区内存在一般建筑物、一般桥梁与隧道、高速公路或地下管线；次要影响区存在既有轨道交通设施、重要建筑物、重要桥梁与隧道、河流或湖泊：隧道工程上穿既有轨道交通设施
三级	主要影响区内存在城市重要道路、一般地下管线或一般市政设施；次要影响区内存在一般建筑物、一般桥梁与隧道、高速公路或地下管线
四级	次要影响区内存在城市重要道路、一般地下管线或一般市政设施

监测方法应根据监测对象和监测项目的特点、工程监测等级、设计要求、精度要求、场地条件和当地工程经验等综合确定，并应合理易行。监测过程中，应该做好监测点和传感器的保护工作。测斜管、水位观测孔、分层竖向位移管等管口应砌筑窨井，并且加盖保护；爆破振动、应力应变等传感器应防止信号线被损坏。

（二）监测断面和测点布置

1. 监测断面布置

监测断面分纵向监测断面和横向监测断面，沿隧道轴线方向布置的是纵向监测断面，垂直于隧道轴线方向布置的是横向监测断面。纵向监测断面和横向监测断面上都需进行地表水平位移和地表竖向位移监测。横向监测断面布置与周边环境、地质条件以及监测等级有关。当监测等级为一级时，监测断面间距为 50～100m，当监测等级为二级、三级时，间距为 100～150m。如下情况需专门布置横向监测断面：

（1）盾构始发与接收段、联络通道附近、左右线交叠或者邻近段、小半径曲线段等区段；

（2）存在地层偏压、围岩软硬不均、地下水位较高等地质条件复杂区段；

（3）下穿或邻近重要建筑物、地下管线、河流湖泊等周边环境条件复杂区段。

遇到如下情况时，需要布设横向监测断面，并且在监测断面上要布设土层深层水平位移和分层竖向位移监测项目：

（1）地层疏松、土洞、溶洞、破碎带等地质条件复杂地段；

（2）软土、膨胀性岩土、湿陷性土等特殊性岩土地段；

（3）工程施工对岩土扰动较大或邻近重要建筑物、地下管线等地段。

而在隧道管片结构受力和变形较大、存在饱和软土和易产生液化的粉细砂土层等有代表性区段，需要布设横向监测断面，并且在监测断面上要布设管片周围土压力和孔隙水压力以及地下水位监测项目。

所有监测项目，无论是必测项目还是选测项目均应尽量布置在同一监测断面上。

2. 测点布设

纵向监测断面和横向监测断面上都需要进行地表水平位移和地表竖向位移监测。盾构隧道管片结构变形监测中，不同监测项目一般在每个监测断面的拱顶、拱底及两侧拱腰处布置，其中拱顶与拱底的净空收敛监测点同时作为竖向位移的监测点，拱腰处的净空收敛监测点同时作为水平位移监测点。管片结构内外力监测中，不同监测项目一般在每个监测断面上布设不少于 5 个测点。

盾构隧道地表水平位移和竖向位移纵向监测断面测点的布设一般需保证盾构顶部始终有监测点，所以，沿轴线方向监测点间距一般小于盾构长度，通常为 3～10m 一个测点。横向监测断面上，从盾构轴线由中心向两侧一般布设 7～11 个监测点，主要影响区的测点按间距从 3m 到 5m 递增布设，次要影响区的测点按间距从 5m 到 10m 递增布设。布设的范围一般为盾构外径的 2～3 倍，在该范围之内的建筑物和管线等就需进行变形监测。

在地表竖向位移控制要求较高的地区，往往在盾构推进起始段进行以土体变形为主的监测。土层深层水平位移和分层竖向位移监测点一般沿盾构前方两侧布置，以分析盾构推进中对土体扰动引起的水平位移，或者在隧道中心线上布置，以诊查施工状态和工艺参数。土体回弹监测点一般设置在盾构前方一侧的盾构底部以土体中，以分

析这种回弹量可能引起的隧道下卧土层的再固结沉降。

盾构隧道管片结构变形监测项目一般布设在监测断面的拱顶、拱底及两侧拱腰处，其中拱顶与拱底的周边收敛监测点同时作为隧道结构竖向位移的监测点，拱腰处的周边收敛监测点同时作为水平位移监测点。管片结构内外力监测项目一般在每个监测断面上布设不少于5个测点。一般尽可能沿圆周均匀布置，同时结合管片分块情况，尽可能地使每块管片上都埋设有管片结构内外力监测的传感器。

盾构隧道周围土层孔隙水压力和土压力的监测点一般在水压力变化影响深度范围内按土层分布情况布设，钻孔内的测点间距为2～5m，测点数量不少于3个。地下水位监测采用专门打设的水位观测井，分全长水位观测井和特定水位观测井，全长水位观测井设置在隧道中心线或在隧道一侧，井管深度自地面到隧道底部，沿井管全长开透水孔。特定水位观测井是为观测特定土层中和特定部位的地下水位而专门设置的，如监测某一个或者几个含水层中的地下水位的水位观测井，设置于接近盾构顶部这样的关键点上的水位观测井，监测隧道直径范围内土层中水位的观测井，监测隧道底下透水地层的水位观测井。

道路竖向位移监测必须将地表桩埋入路面下的土层中才能比较真实地测量到地表竖向位移。铁路的竖向位移监测必须同时监测路基和铁轨的竖向位移。

在监测点的布设中，还要根据施工现场的实际情况，根据以下原则灵活调整：

（1）按监测方案在现场布置测点，当实际地形不允许时，在靠近设计测点位置设置测点，以能达到监测目的为原则；

（2）为验证设计数据而设的测点布置在设计最不利位置和断面，为指导施工而设的测点布置在相同工况下最先施工部位，其目的是为了及时反馈信息，以修改设计和指导施工；

（3）地表变形测点的位置既要考虑反映对象的变形特征，又要便于采用仪器进行监测，还要有利于测点的保护；

（4）深埋测点（结构变形测点等）不能妨碍结构的正常受力，不能削弱结构的刚度和承载力；

（5）各类监测点的布置在时间和空间上有机结合，力求同一监测部位能同时反映不同的物理变化量，以便能找出其内在的联系和变化规律；

（6）测点的埋设应提前一定的时间，并且及时进行初始状态数据的量测；

（7）测点在施工过程中一旦破坏，尽快在原来的位置或者尽量靠近原来位置补设测点，以保证该测点监测数据的连续性。

（三）监测频率的确定

将开挖面前方和后方的监测频率分开规定，并根据开挖面与监测点或监测断面的水平距离确定频率的大小。开挖面前方主要监测周围岩土体和环境上的监测项目，开挖面后方则再增加管片结构上的监测项目。

（四）报警值和报警制度

盾构隧道施工监测应根据工程特点、监测项目控制值和当地施工经验等制定监测预警等级和预警标准。监测项目控制值应按监测项目的性质分为变形监测控制值和力学监测控制值。变形监测控制值应包括变形监测数据的累计变化值和变化速率值；力学监测控制值宜包括力学监测数据的最大值和最小值。盾构施工过程之中，当监测数据达到预警标准时，必须进行警情报送。

地表竖向位移和盾构隧道管片结构竖向位移、周边收敛控制值应根据工程地质条件、隧道设计参数、工程监测等级及当地工程经验等确定。

盾构隧道穿越或邻近高速工程和铁路线施工时，监测项目的控制值应根据对应行业规范的要求，对风险等级较高或有特殊要求的高速公路、城市道路和铁路线，要通过现场探测和安全性评估，并结合地方工程经验，确定其竖向位移等控制值。

（五）地表变形曲线分析

盾构施工监测的所有数据应及时整理并绘制成有关的图表，施工监测数据的整理和分析必须与盾构的施工参数采集相结合，如开挖面土压力，盾构推力、盾构姿态、出土量和盾尾注浆量等。在地表竖向位移时程曲线图上，横坐标为时间或测点与盾构的距离，并标上重要的工况，如盾构到达、盾尾通过和壁后注浆。地表横向竖向位移槽是垂直盾构推进方向的横剖面上若干个地表监测点在特殊工况和特殊时间的地表变形的形象图，其横坐标是测点距离盾构轴线的位置。在时程曲线上要尽量表明盾构推进的位置，而在纵向和横向沉降槽曲线，要标上典型工况与典型时间点，如：盾构到达、盾尾通过及 1 个月后。根据横断面地表变形曲线与预计计算出的沉降槽曲线相比，若两者较接近，说明盾构施工基本正常，盾构施工参数合理，若实测沉降值偏大，说明地层损失过大，需要按监测反馈资料调整盾构正面推力、压浆时间、压浆数量和压力、推进速度、出土量等施工参数，以达到控制沉降的最优效果。

盾构推进引起的地层移动因素有盾构直径、埋深、土质、盾构施工情况等，其中隧道线型、盾构外径、埋深等设计条件和土的强度、变形特性、地下水位分布等地质条件是客观因素，而盾构形式、辅助工法、衬砌壁后注浆、施工管理情况是主观因素。

盾构推进过程中，地层移动的特点是以盾构本体为中心的三维运动的延伸，其分布随盾构推进而前移。在盾构开挖面前方及其附近的挖土区的地层一般随盾构的向前推进而产生竖向位移；但也会因盾构出土量少而使土体向上隆起。挖土区以外的地层，因盾构外壳与土的摩擦作用而沿推进方向挤压，盾尾地层因盾尾部的间隙未能完全以及时的充填而发生竖向位移。

1. 地层移动特征

根据对地层移动的大量实测资料的分析，按照地层竖向位移变化曲线的情况，大致可分为 5 个阶段：

（1）前期竖向位移，发生在盾构开挖面前 3 ~（$H+D$） m 范围（H 为隧道上部土

层的覆盖深度，D 为盾构外径），地下水位随盾构推进而下降，使地层的有效土压力增加而产生压缩、固结的竖向位移；

（2）开挖面前的隆起，发生在切口即将到达监测点，开挖面坍塌导致地层应力释放使地表竖向位移，盾构推力过大而出土量偏少使地层应力增大，让地表隆起，盾构周围与土体的摩擦力作用使地层弹塑性变形；

（3）盾构通过时的竖向位移，从切口到达至盾尾通过之间产生的竖向位移，主要是由于土体扰动后引起的；

（4）盾尾间隙的竖向位移，盾构外径与隧道外径间的空隙在盾尾通过后，由于注浆不及时和注浆量不足而引起地层损失及弹塑性变形；

（5）后期竖向位移，盾尾通过后由于地层扰动引起的次固结竖向位移。

2. 地表竖向位移的估算

地表竖向位移的估算方法主要是派克法。派克（Peck）法认为竖向位移槽的体积等于地层损失的体积，并假定地层损失在隧道长度上均匀分布，地表竖向位移的横向分布为正态分布。

隧道上方地表竖向位移槽的横向分布的地表竖向位移量按照下式估算：

$$s(x) = \frac{V_i}{\sqrt{2\pi}i}e^{\left(\frac{x^2}{2i^2}\right)} \tag{7-11}$$

式中：$s(x)$ ——隧道横剖面上的竖向位移量（m）；

V_i ——沿隧道纵轴线的地层损失量（m^3/m）；

x ——距隧道纵轴线的距离（m）；

i ——竖向位移槽宽度系数，就是隧道中心至竖向位移曲线反弯点的距离（m）。

第九章 土木工程桥梁工程施工监测

第一节 土木工程桥梁现场荷载试验与检测

一、概述

桥梁现场试验检测包括混凝土结构桥梁的混凝土强度、裂缝和缺陷、外观尺寸，钢结构桥梁的焊缝缺陷、螺栓连接节点质量，索桥的拉索索力以及实桥的荷载试验等。

二、实桥荷载试验

（一）实桥荷载试验的基本概念

实桥荷载试验是指已建成的桥梁，根据设计车辆荷载和最大通行能力所确定的最不利工况所进行的现场荷载试验。桥梁荷载试验有静荷载与动荷载试验之分。静载试验能反映桥梁结构的实际工作受力状态，动载试验能反映出车辆荷载作用下桥梁结构的动态特性。

（二）实桥荷载试验的目的和任务

1. 检验新建桥梁的交工质量

通过试验，综合评定是否符合设计文件和规范的要求，并且作为桥梁交工验收的主要依据之一。

2. 检验旧桥的整体受力性能和实际承载力，为旧桥改造和加固提供依据

所谓旧桥是指已建成运营了较长时间的桥梁。这些桥梁有的已不能满足当前通行的需要；有的年久失修，不同程度地受到损伤与破坏，其中大多数都缺乏原始设计图纸与施工资料。因此经常采用荷载试验的方法来确定旧桥的实际承载能力与运营等级，提出加固和改造方案。

3. 处理突发性工程事故，为修复加固提供数据

对受到自然突发性灾害（地震、洪水和泥石流等）或车辆超载而遭受损坏的桥梁，

必须经过现场检测和必要的荷载试验，通过试验数据分析确定修复加固的方案。

4. 科研性试验

主要是对新型桥梁及应用的新材料、新工艺，而进行的验证和探索性试验，验证桥梁的设计计算理论的正确性，探索新型桥梁结构受力的合理范围和可靠性，为了完善桥梁结构分析理论和施工新工艺积累资料。

（三）实桥试验的现场考察与调查

1. 试验桥梁技术资料的收集与查阅

（1）试验桥梁的设计文件（如设计图纸、设计计算书等）；

（2）试验桥梁的施工文件（施工日志及记录、相关材料性能的检验报告、竣工图及隐蔽工程验收记录等）；

（3）试验桥梁如为改建或加固的旧桥，应该收集包括历次试验记录报告和改建加固的设计与施工文件等。

2. 试验桥梁的现场考察与外观检查

（1）对于新建桥梁主要考察桥梁的外观线形和外观质量。

（2）对于旧桥主要考察桥梁使用多年后的缺陷和外观损伤等。

（四）桥梁结构的现场考察与缺陷检测

桥梁结构的现场考察应由有资质的专家和试验检测人员通过现场目测和采用量测仪器对桥梁进行外观检查和检测，观察试验桥梁有无缺陷和外部损伤等。

实桥现场考察和检测一般分为上部结构、桥梁支座及下部结构三部分。

1. 桥梁上部结构外观检测

桥梁上部结构是桥梁主要承重结构，主要有梁、板、拱肋、桁架和拉索等基本构件组成。检查内容包括基本构件的主要几何尺寸及纵轴线；基本构件的横向联系；基本构件的缺陷和损伤等。

基本构件的主要几何尺寸检查：主要用钢尺量测其实际长度、截面尺寸，用混凝土保护层测试仪量测混凝土的实际保护层厚度和主筋的数量及位置。

基本构件的纵轴线检查：主要指梁桥主梁纵轴线下挠度的测量；对拱桥是指主拱圈的实际拱轴线及拱顶下沉量的测量。基本构件纵轴线的检查可以先目测，发现基本构件纵轴线发生明显变化时，再用精密水准仪量测。

基本构件的横向联系检查：对于梁桥应检查横隔板的缺陷及裂缝情况；对拱桥应检查横系梁（板）的缺陷和裂缝外，还应注意与拱肋连接处是否有脱离现象等。

基本构件的缺陷和损伤检查主要通过混凝土超声仪检测混凝土的表面裂缝、蜂窝、麻面、露筋和孔洞等，将观察到的缺陷的种类、发生部位、范围及严重程度作出详细记录。

对索桥结构，重点检查拉索护套管有否开裂破损和渗水现象，以及拉索的锚头锈蚀情况等。

2. 桥梁支座和桥梁伸缩装置的检查

（1）桥梁支座检查

桥梁支座的作用是将上部结构自重及车辆荷载作用传递给墩台，并且完成梁体按设计所要求的转角变形和水平位移。桥梁支座现在普遍采用板式橡胶支座、盆式橡胶支座和球型支座三种，存在的产品质量和施工安装质量问题的情况还不少。因此，支座的检查主要是观察支座的橡胶材料是否老化开裂，并检查支座垫石有无裂缝、破损。特别要注意的是活动支座的滑动与固定支座的转动是否正常，支座有无错位和剪切变形等缺陷。

（2）桥梁伸缩装置检查

伸缩装置的作用功能是保证上部结构在车辆荷载作用的自由伸缩变形和在温度变化情况的热胀冷缩变形。主要检查缝隙之间的均匀性和平整性，橡胶止水带的完好性，伸缩装置两边锚固混凝土有否开裂破坏，异型钢有否断裂，承压支座、压紧支座和位移控制弹簧等有无缺陷。

（3）下部结构外观检查

桥梁下部结构检查内容通常为墩台台身缺陷和混凝土裂缝；墩台变位（沉降、位移等）以及墩台基础的冲刷和浆砌片石扩大基础的破裂松散等。

对危旧桥梁的钢筋混凝土墩台主要检查混凝土的表面的侵蚀剥落、露筋、风化、掉角等；裂缝主要检查墩台沿主筋方向的裂缝或箍筋方向的裂缝以及盖梁与主筋方向垂直的裂缝。

对砖、石等砌筑墩台主要检查砌缝砂浆的风化、砌体的不规则裂缝和错位变形等。

墩台变位（位移、沉降等）可采用精密水准仪测量墩台的位移沉降量，观测点设在墩台顶面两端，与两岸设置的永久水准点组成闭合网。另外，可以在墩台上设置固定的铅垂线测点，用经纬仪观察墩台的倾斜度。

（五）桥梁荷载试验的加载方案的制订与实施

1. 加载试验工况确定原则和确定方法加载试验工况应根据不同桥型的承载力鉴定要求来确定

新建桥梁竣工验收时，抽检比例以联为划分单元：

第一，联单孔最大跨径大于100m（含100m）的桥梁，应逐联进行验收荷载试验。

第二，联单孔最大跨径大于50m（含50m）且小于100m的桥梁，抽检桥孔不少于其桥孔总数的30%。

第三，联单孔最大跨径小于50m的桥梁，抽检桥孔不少于其桥孔总数的10%。

加载试验工况应选择桥梁设计中的最不利受力状态，对单跨的中小桥可选择加载试验工况1～2个，对多跨及大跨径的大中桥梁可多选几个工况，总而言之工况的选择原则是在满足试验目的的前提下，工况宜少不宜多。

加载试验工况的布置一般以理论分析桥梁截面内力和变形影响线进行，选择一、两个主要内力和变形控制截面布置。常见的主要桥型加载试验工况如下：

（1）简支梁桥

主要工况：跨中最大弯矩和最大挠度工况。

附加工况：1/4 跨弯矩和挠度工况；支点混凝土主拉应力工况；墩台最大竖向力工况。

（2）连续梁桥与连续刚构桥

主要工况：主跨跨中最大正弯矩与最大挠度工况；主跨支点最大负弯矩工况；边跨跨中最大正弯矩和最大挠度工况。

附加工况：主跨（中）支点附近最大剪力工况；边跨跨中最大正弯矩和最大挠度工况。

（3）T 型刚构桥（悬臂梁桥）

主要工况：锚固孔跨中最大正弯矩和最大挠度工况；墩顶最大负弯矩工况。

附加工况：墩顶支点最大剪力工况；挂孔跨中最大正弯矩和最大挠度工况；悬臂端最大挠度工况；挂孔支点最大剪力工况。

（4）无铰拱桥（系杠拱桥）

主要工况：拱顶最大正弯矩和最大挠度工况；拱脚最大负弯矩工况；跨中附近吊杆最大拉力工况。

附加工况：拱脚最大水平推力工况；1/4 截面最大正弯矩与最大负弯矩工况；1/4 和 3/4 正负挠度绝对值之和最大工况。

（5）斜拉桥

主要工况：主梁中孔跨中最大正弯矩及挠度工况；主梁墩顶最大负弯矩工况；主塔塔顶纵桥向最大水平位移与塔脚截面最大弯矩工况。

附加工况：中孔跨中附近拉索最大拉力工况；主梁最大纵向漂移工况。

（6）悬索桥

主要工况：加劲梁跨中最大正弯矩及挠度工况；加劲梁 3L/8 截面最大正弯矩工况；主塔塔顶纵桥向最大水平位移与塔脚截面最大弯矩工况。

附加工况：主缆锚跨索股最大张力工况；加劲梁梁端最大纵向漂移工况；吊杆活载张力最大增量工况；吊杆张力最不利工况。

此外，对于大跨径箱梁桥面板或桥梁相对薄弱的部位，可以根据需要专门设置加载试验工况，检验桥面板或者该部位对结构整体性能的影响。

2. 荷载类型与加载方法

对于实桥荷载试验，在满足试验要求的情况下，一般只进行静载试验。为了全面了解移动车辆荷载作用于桥面不同部位的结构承载状况，通常在静载试验结束后，安排加载车（多辆车则相应的进行排列）沿桥长方向以时速小于 5km 的速度缓慢行驶一次，同时观测桥梁各截面的动态变形情况。

桥梁动载试验项目一般安排跑车试验、车辆制动试验、跳车试验以及无荷载时的脉动观测试验。

跑车试验一般用标准汽车车列以时速 10km、20km、30km、40km，50km 的匀速平行驶过预定的桥跨路线，测试桥梁的动态参数，量测桥梁的动态反应。

车辆制动力或跳车试验一般用 1 ~ 2 辆标准重车以时速 10km、20km、30km，40km 的速度行驶通过桥梁测试截面位置时进行紧急刹车或跳跃过有坡面的三角木（按国际惯例高为 7cm)，测试桥梁承受活荷载水平力性能或者测定桥梁的动态反应性能。

3. 试验荷载等级的确定

（1）控制荷载的确定

实桥试验荷载按设计惯例，通常首选的是车辆荷载，为了保证实桥荷载试验的效果，首先必须确定试验车辆的类型。为了确保桥梁荷载试验的准确性，新规规定试验前应采取可靠的方法对加载物或加载车辆称重，采用重物加载时，应根据加载分级情况，分别称量、记录各级荷载量；采用加载车加载时，应详细记录各车编号、车重、轴重和轴距。车辆荷载的称重控制误差一般为 ±5%。

桥梁试验需要鉴定承载能力的现场常用车辆荷载有以下几种：①标准汽车车队；②平板挂车或履带车；③需通行的超重车辆。其次选择上述①和②，或①和③，或第③的车辆荷载，按桥梁结构设计理论分析的内力和变形影响线进行布置，计算出控制截面的内力和变形的最不利结果，将最不利结果所对应的车辆荷载作为静载试验的控制荷载，由此决定试验用车辆的型号和所需的数量。因为平板挂车和履带车在桥梁设计规范中规定不计冲击力，所以动载试验通常采用标准汽车荷载。

实桥试验应尽量采用与设计控制荷载（车道）相近的车辆荷载，当现场客观条件有所限制时，实桥试验的车辆荷载与设计控制车辆荷载会有所不同，为了确保实桥试验的效果，在选择试验车辆荷载大小和加载位置时，采用静载试验效率 η_q 和动载试验效率 η_d 来控制。

（2）静载试验效率

静载试验效率可用下式表示：

$$\eta_q = \frac{S_s}{S(1+\mu)} \tag{8-1}$$

式中：η_q ——静载试验效率；

S_s ——静载试验车辆荷载作用下控制截面内力（或变位）计算值；

S——控制荷载作用下控制截面最不利内力（或变位）计算值；

μ ——按桥梁设计规范采用的冲击系数。当车辆为平板挂车、履带车、重型车辆时，取 $\mu=0$。

静载试验效率 η_q 的取值范围，对验收性荷载试验，荷载效率 η_q 宜为 0.85 ~ 1.05；对于鉴定性荷载试验，荷载效率 η_q 宜为 0.95 ~ 1.05。对大跨径桥梁可采用 0.8 ~ 1.0；对旧桥试验% 可采用 0.8 ~ 1.05。η_q 的取值高低主要根据桥梁试验的前期工作的具体情况来确定。当桥梁现场调查与验算工作比较完善而又受到加载设备能力限制时，η_q 可以采用低限；当桥梁现场调查、验算工作不充分，尤其是缺乏桥梁计算资料时，η_q 可采用高限；一般情况下旧桥的 η_q 值不宜低于 0.95。

实桥试验通常选择温度 5℃ ~ 35℃，风力 3 级以下相对稳定的季节和天气进行。当

大气温度变化对某些桥型结构内力产生的影响较大时，应选择对桥梁温度应力不利的季节进行试验，如果现场条件和工期受限时，可以考虑适当增大静载试验效率 η_q 来弥补温度对结构控制截面产生的不利影响。

公路桥梁荷载试验规程规定：对于悬索桥、斜拉桥、大跨径桁架拱桥及特离墩桥梁等，宜在风力 3 级及 3 级以下实施。

当现场条件受限，需用汽车荷载代替控制荷载的挂车或履带车加载时，由于汽车荷载产生的横向应力增大系数较小，为了使试验车辆产生的截面最大应力与控制荷载作用下截面产生的最大应力相等，可适当增大静载试验效率 η_q。

（3）动载试验效率

动载试验效率可用下式表示：

$$\eta_d = \frac{S_d}{S} \tag{8-2}$$

式中：η_d——动载试验效率；

S_d——动载试验荷载作用下控制截面最大计算内力值；

S——标准汽车荷载作用下控制截面最大计算内力值。

桥梁动载试验效率 η_d 的值一般采用 1。动载试验的效率不仅仅取决于试验车型及车重，而且取决于实际跑车时的车间距。因此动载试验跑车时应注意保持试验车辆之间的车间距，并应采用实测跑车时的车间距作为修正动载试验效率 η_d 的计算依据。

4. 静载加载试验工况分级与控制

实桥静载试验加载试验工况最好采用分级加载与卸载。加载级数应根据试验荷载总量和荷载分级增量确定，一般可分为 3～5 级。当桥梁技术资料不全或重点测试桥梁在荷载作用下的响应规律时，可增加或加密加载分级。

分级加载的作用在于既可控制加载速度，又可以观测到桥梁结构控制截面的应变和变位随荷载增加的变化关系，从而了解桥梁结构各个阶段的承载性能，另外在操作上分级加载也比较安全。

（1）加载工况分级控制的原则

① 当加载工况分级较为方便，而试验桥型（如钢桥）又允许时，可以将试验控制荷载均分为 5 级加载。每级加载级距为 20% 的控制荷载。

② 当使用车辆加载，车辆称重有困难而试验桥型为钢筋混凝土结构时，可按 3 级不等分加载级距加载，试验加载工况的分级为：空车、计算初裂荷载的 0.9 倍和控制荷载。

③ 当遇到桥梁现场调查和检算工作不充分或试验桥梁本身工况较差的情况，应尽量增多加载级距，而且注意在每级加载时，车辆应逐辆以不大于 5km/h 的速度缓缓驶入桥梁预定加载位置，同时通过监控控制截面的控制测点的读数，确保试验万无一失。

④ 当划分加载级距时，应充分考虑加载工况对其他截面内力增加的影响，并尽量使各截面最大内力不应超过控制荷载作用下的最不利内力。

⑤ 另外，根据桥梁现场条件划分分级加载时，最好能在每级加载后进行卸载，便

于获取每级荷载与结构的应变和变位的相应关系。当条件有所限制时，也可逐级加载至最大荷载后再分级卸载，卸载量可为加载总荷载量的一半，或者全部荷载一次卸完。

（2）车辆荷载加载分级的方法

① 先上单列车，后上双列车；

② 先上轻车，后上重车；

③ 逐渐增加加载车数量；

④ 车辆分次装载重物；

⑤ 加载车位于桥梁内力（变位）影响线预定的不同部位。

以上各法也可综合运用。

（3）加（卸）载的时间选择

加（卸）载时间的确定一般应注意两个问题：首先加（卸）载时间的长短应取决于结构变位达到稳定时所需要的时间；其次应考虑温度变化的影响。

对于正常的桥梁结构试验，加（卸）载级距间歇时间，对钢结构应不少于10min，对混凝土结构一般不少于15min。所定的加（卸）载时间是否符合实际情况，试验时，可根据观测控制截面的仪表读数是否稳定来调整。

对于采用重物加载，因其加、卸载周期比较长，为了减少温度变化对荷载试验的影响，通常桥梁荷载试验安排在晚上10时至凌晨6时时间段内进行。对于采用加（卸）载迅速、方便的车辆荷载，如受到现场条件限制，也可安排在白天进行。但加载试验时，每一加（卸）载周期花费时间应控制在20min内。

对于拱桥，当拱上建筑或桥面参与主要承重构件受力，有时因其连接较弱或变形缓慢，造成测点观测值稳定时间较长。若结构实测变位（或应变）值远小于理论计算值，则可将加载稳定时间定为20～30min。

5. 加载设备的选择

静载试验加载设备一般根据现场条件和加载要求选用，通常有下列两种加载方式：

（1）车辆加载系统

车辆加载系统是指试验用车辆与所装载重物组成的荷载系统。车辆荷载系统是桥梁结构试验最主要的加载方式，就是把桥梁规范所规定的汽车、平板挂车和履带车作为试验车道荷载车辆，也可就近利用现场车型相近施工机械车辆。装车的重物应考虑车厢是否能容纳下，装卸是否安全方便。装载的重物应置放稳妥，应采取措施以避免因车辆的行驶摇晃改变重物的位置，使车辆的轴载重量在试验过程中被改变。

采用车辆荷载作为桥梁现场试验荷载的优点在于，移动方便，可在桥面车道上任何位置加载；加（卸）载方便安全等。缺点是不能作为破坏荷载使用。因为车辆荷载既能用于静载试验，又能用于动载试验，所以是桥梁荷载试验最常用的一种加载方法。

（2）重物加载系统

重物加载系统是指重物与加载承载架等组成的荷载系统。重物加载系统是利用物件的重量作为静荷载作用于桥梁上，通常做法是按桥梁加载车辆控制荷载的着地轮迹尺寸搭设承载架，再在承载架上设置水箱或堆放重物进行加载。如加载仅为满足控制

截面的内力要求，也可采用直接在桥面上设置水箱或堆放重物的方法加载。

另外，承载架的搭设应使加载物体保持平稳，加载物的堆放应安全、合理，能按试验要求分布加载重量，避免重物因堆放空隙尺寸不合要求，而致使荷载作用方向改变。

由于重物加载系统准备工作量大，费工费事，加卸载周期所需时间较长，导致中断交通的时间也长，加之试验时温度变化引起的测点读数的影响也较大，所以适宜安排在夜间进行。

（3）加载重物的称量

① 称重法

当采用重物为砂、石材料时，可预先将砂、石过磅，统一称量为50kg，用塑料编织袋装好，按加载级数堆放整齐，以备加载时用。

当采用重物为铸钢（铁）块时，可以将试验控制荷载化整为零，按逐级加载要求将铸钢（铁）块称重后，分级码放整齐，以便加载取用。

当采用车辆荷载加载时，可先用地磅称量全车的总重，再按汽车的前后轴分别开上地磅称重，并记录下每辆车的总重、前后轴重及轴距，同时将汽车按加载工况编号，排故整齐，等候加载。

② 体积法

当采用水箱用水作重物对桥梁加载时，可以在水箱中预先设置标尺和虹吸管，试验时，可通过量测水的高度计算出水的体积并换算成水的重量来控制。

③ 综合法

根据车辆的型号、规格确定空车轴重（注意考虑车辆零部件的增减和更换，汽油、水以及乘员重量的变化），再根据已称量过所装载重物的重量及其在车厢内的重心位置将重量分配至前后各轴。对于装载重物最好采用外形规则的物件并码放整齐或采用松散均匀材料在车厢内能摊铺平整，以便准确确定其重心位置和计算重量。

无论采用何种加载重物称量方法，称量必须做到准确可靠，其称量误差一般应控制在不超过5%，有条件时也可采用两种称量方法互相校核。

6. 加载程序实施与控制

（1）加载程序的实施

加载程序实施应选择在天气较好，温度相对稳定的时间段内。加载应在现场试验指挥的统一指挥下，严格按照设计好的加载程序计划有条不紊地进行。加载施加的次序一般按计划好的工况，先易后难进行，加载量施加由小到大逐级增加。采用车辆加载时，如为对称加载，每级荷载施加次序通常纵向为先施加单列车辆，后施加双列车辆；横桥向先沿桥中心布置车辆，后施加外侧车辆。

为了防止现场试验出现意外情况，加载过程中应随时做好停止加载和卸载的准备。

（2）加载试验的控制

加载过程中，应对桥梁结构控制截面的主要测点进行监控，随时整理控制测点的实测数据，并与理论计算结果进行比较。另外注意监控桥梁构件薄弱部位的开裂和破损，组合构件的结合面的开裂错位等异常情况，并且及时报告试验指挥人员，以便采取相应措施。

加载过程中，当发现下列情况应立即终止加载：

① 控制测点挠度超过规范允许值或试验控制理论值时；

② 控制测点应力值已达到或超过按试验荷载计算的控制理论值时；

③ 结构裂缝的长度、宽度或数量明显增加；

④ 实测变形分布规律异常；

⑤ 桥体发出异常响声或发生其他异常情况；

⑥ 斜拉索或吊索（杆）索力增量实测值超过计算值。

（六）测点布置与试验数据采集

1. 测点布置

（1）测点布置的原则

① 在满足试验目的的前提下，桥梁控制截面测点布置宜少不宜多。

② 测点的位置必须有代表性。测点的位置和数量必须满足桥梁结构分析的需要，测点一般布置在桥梁结构的最不利部位，对于箱梁截面腹板高度应变测点布置应不少于5个。

③ 布置一定数量的校核性测点。在测试过程中，就可以同时测得控制数据与校核数据，以便做比较，可以判别试验数据的可靠程度。

④ 测点的布置应有利于可操作性和量测安全。为试验时量测读数方便，测点宜适当集中，可充分利用结构的对称性，尽量将测点布置在桥梁结构的半跨或1/4跨区域内。

（2）主要控制测点布置

一般情况下，桥梁试验对主要测点的布置应能监控桥梁结构的最大应力和最大挠度截面以及裂缝的出现或可能扩展的部位。几种主要桥梁体系的主要测点布置如下：

① 简支梁桥

跨中挠度，支点沉降，跨中截面应变，支点斜截面应变，混凝土梁体裂缝。

② 连续梁桥

主跨及边跨跨中截面应变，支点沉降，主跨支点斜截面应变，混凝土梁体裂缝。

③ 悬臂桥梁（包括T形刚构的悬臂部分）

锚固孔最大正弯矩截面应变以及挠度，墩顶支点沉降，墩顶附近斜截面应变，T形刚构悬臂端的挠度，T形刚构墩身控制截面应变，T形刚构墩顶支点截面应变，T形刚构挂孔跨中截面应变，混凝土梁体裂缝。

④ 拱桥

拱顶截面应变和挠度，拱脚截面应变，混凝土梁体裂缝。

⑤ 刚架桥（包括框架、斜腿刚架）

主梁跨中截面最大弯矩及挠度，主梁最大负弯矩截面应变，锚固端最大或最小弯

矩截面应变，支点沉降，混凝土梁体裂缝。

⑥ 斜拉桥

主梁中孔最大正弯矩及挠度，主梁墩顶支点斜截面应变，主塔塔顶纵桥面水平位移与塔脚截面应变，塔柱底截面应变，典型拉索索力，混凝土梁体裂缝。

⑦ 悬索桥

加劲梁最大正弯矩截面应变及挠度，主塔塔顶纵桥面水平位移与塔脚截面应变，最不利吊杆（索）增量，塔、梁体混凝土裂缝。

新规规定：纵桥向变形测点的布置宜选择各工况荷载作用下变形曲线的峰值位置。主梁测试截面竖向变形测点横向布置应充分反映桥梁横向挠度分布特征，并便于布置测点的位置。有时为了实测横向分布系数，也会在各梁跨中沿桥宽方向布置。挠度测点的横向布置数量：整体式箱梁与板梁桥通常应不少于 5 个；装配式板梁和箱梁一般每片梁底 1 ~ 2 个。

截面抗弯应变测点一般设置在跨中截面应变最大部位，沿梁高截面上、下缘布设的数量：每片梁侧面不应少于 3 个。横桥向测点设置数量以能监控到截面最大应力的分布为宜。

（3）其他测点布设

根据桥梁现场调查和桥梁试验目的的要求，结合桥梁结构的特点与状况，在确定了主要测点的基础上，为了对桥梁的工作状况进行全面评价，也可以适当增加以下测点：

① 挠度测点沿桥长或沿控制截面桥宽方向布置；

② 应变沿控制截面桥宽方向布置；

③ 剪切应变测点；

④ 组合构件的结合面上、下缘应变测点布置；

⑤ 裂缝的监控测点；

⑥ 墩台的沉降、水平位移测点。

对于桥梁现场调查发现结构横向联系构件质量较差，联结较弱的桥梁，必须实测控制截面的横向应力增大系数。简支梁的横向应力分布系数可采用观测沿桥宽方向各梁的应变变化的方法计算，也可采用观测跨中沿桥宽方向各梁的挠度变化的方法来进行计算求得。

对于剪切应变通常采用布置应变花测点的方法进行观测。梁桥的实际最大剪应力截面的测点通常设置在支座附近，而不是在支座截面上。

对于钢筋混凝土或部分预应力混凝土桥梁的裂缝的监控测点，可在桥梁结构内力最大受拉区沿受力主筋高度和方向连续布置测点，通常连续布置的长度不小于 2 ~ 3 个计算裂缝间距，监控试验荷载作用下第一条裂缝的产生以及每级荷载作用下，出现的各条裂缝宽度、开展高度和发展趋向。

（4）温度测点布置

为了消除温度变化对桥梁荷载试验观测数据的影响，通常选择在桥梁上距大多数测点较接近的部位设置 1～2 处温度观测点，另外还根据需要在桥梁控制截面的主要测点部位布置一些构件表面温度测点，进行温度补偿。

2. 试验数据的采集

（1）温度观测

在桥梁试验现场，通常在加载试验前对各测点仪表读数进行 1h 的温度稳定观测。测读时间间隔为每 10min 一次，同时记录之下温度和测点的观测数据，计算出温度变化对数据的影响误差，用于正式试验测点的温度影响修正。

（2）预载观测

在正式加载试验前应进行一至二次的预载试验。预载的目的在于：

① 预载可以起预演作用，达到检查试验现场组织和人员工作质量，检查全部观测仪表和试验装置是否工作正常，以便能及时发现问题，并在正式试验前得到解决。

② 预载可以使桥梁结构进入正常工作状态，特别是对新建桥梁，预载可以使结构趋于密实。对于钢筋混凝土结构经过若干次预载循环之后，变形与荷载的关系才能趋向稳定。

对于钢桥，预载的加载量最大可达到试验控制荷载。对于钢筋混凝土和部分预应力混凝土桥梁，预载的加载量一般不超过 90% 的开裂荷载；对于全预应力混凝土桥梁，预载的加载量为试验控制荷载的 20%～30%。

（3）仪表的观测

① 因为桥梁结构的变形与桥梁结构的受载时间有关，因此，测读仪表的一条原则就是试验现场仪表的观测读数必须在同一时间段内读取，只有同时读取的试验数据才能真实地反映桥梁结构整体受载的实际工作状态。

② 测读时间一般选在加载与卸载的间歇时间内进行。每一次加载或卸载后等 10～15min，当结构变形测点稳定后即可发出讯号，统一开始测读一次，并记录在专门的表格上或在自动打印记录上做好每级的加载时间和加载序号，以便整理资料。

③ 在仪表的观测过程中，对桥梁控制截面的重要测点数据，应边记录边做整理，计算出每级荷载下的实测值，与检算的理论值进行比较分析，发现异常情况应及时报告指挥者，查明原因后再进行。

（4）裂缝观测

裂缝观测的重点是对钢筋混凝土和预应力混凝土桥梁构件中承受拉力较大的部位以及旧桥原有的裂缝中较长和裂缝较宽的部位。加载试验前，对这些部位应仔细测量裂缝的长度、宽度，并沿裂缝走向离缝约 1～3mm 处用记号笔进行描绘。加载过程中注意观测裂缝的长度和宽度的变化，并直接在混凝土表面描绘。如发现加载过程中，裂缝长度突然增加很大，宽度突变超过允许宽度等异常情况时，应及时报告现场指挥，立即中止试验，查明情况。试验结束之后，应对桥梁结构裂缝进行全面检查记录，特别应仔细检查在桥梁结构控制截面附近是否产生新的裂缝，必要时将裂缝发展情况用照相或录像的方式记录下来，或绘制在裂缝展开图上。

（七）试验数据处理与试验结果分析

1. 静载试验数据整理分析

（1）测试值修正与计算

桥梁结构的实测值应根据各种测试仪表的率定结果进行测试数据的修正，如机械式仪表的校正系数、电测仪表的灵敏系数和电阻应变观测的导线电阻等影响。在桥梁检测中，当上述影响对于实测值的影响不超过1%时，通常可不予修正。

（2）温度影响修正计算

在桥梁荷载试验过程中，温度对测试结果的影响比较复杂，一般采用综合分析的方法来进行温度影响修正。具体做法是采用加载试验前进行的温度稳定观测结果，建立温度变化（测点处构件表面温度或大气温度）和测点实测值（应变或挠度）变化的线性关系，按下式进行修正计算：

$$S = S_n - \Delta t \cdot k_t \tag{8-3}$$

式中：S——温度修正后的测点加载观测值；

S_a——温度修正前的测点加载观测值；

Δt——相应于51时间段内的温度变化值（℃）；

k_t——空载时温度上升1℃时测点测值变化值。

$$k_t = \frac{\Delta S}{\Delta t_1} \tag{8-4}$$

式中：ΔS——空载时某一时间段内测点观测变化值；

Δt_1——相应于ΔS同一时间段内温度变化值。

在桥梁检测中，通常温度变化值的观测对应变采用构件表面温度，对挠度则采用大气温度。温度修正系数k_t应采用多次观测的平均值，如测点测试值变化与温度变化关系不明显时则不能采用。由于温度影响修正比较困难，一般可以不进行这项工作，而通过在加载过程中，尽量缩短加载时间或选择温度稳定性好的时间进行试验等方法来尽量减少温度对试验的影响。

（3）支点沉降影响的修正

当支点沉降量较大时，应修正其对挠度值的影响，修正量c可以按下式计算：

$$c = \frac{l-x}{l}a + \frac{x}{l}b \tag{8-5}$$

式中：c——测点的支点沉降影响修正量；

l——A支点到B支点的距离；

x——挠度测点到A支点的距离；

a——A支点沉降量；

b——B支点沉降量。

（4）测点变位及相对残余变位计算

① 测点变位

根据控制截面各主要测点量测的挠度，可以作下列计算：

总变位

$$S_t = S_1 - S_i \tag{8-6}$$

弹性变位

$$S_e = S_1 - S_u \tag{8-7}$$

残余变位

$$S_p = S_t - S_e = S_u - S_i \tag{8-8}$$

式中：S_i ——加载前仪表初读数；

S_1 ——加载达到稳定时仪表读数；

S_u ——卸载后达到稳定时仪表读数。

② 相对残余变位计算

桥梁结构残余变位中最重要的是残余挠度，相对残余变位的计算主要是针对桥梁结构加载试验的主要监控测点的变位进行，可以按下式计算：

$$S'_p = \frac{S_p}{S_t} \times 100\% \tag{8-9}$$

式中：S'_p ——相对残余变位。

（5）荷载横向分布系数计算

通过对试验桥梁（指多主梁）跨中及其他截面横桥向各主梁挠度的实际测定，可以整理绘制出跨中及其他截面横向挠度曲线，按照桥梁荷载横向分布的概念，采用变位互等原理，即可计算并绘制出实测的任一主梁的荷载横向分布影响线。荷载试验横向分布系数可用下式求得：

$$k_i = \frac{y_i}{\sum y_i} \tag{8-10}$$

式中：k_i ——第 i 根主梁的荷载横向分布系数；

y_i ——第 i 根主梁的实测挠度值；

$\sum y_i$ ——桥梁某截面横向各主梁实测挠度值的总和。

根据变位互等原理，以荷重 $P=1$ 作用于第 i 根主梁轴上时，绘制横桥向各个主梁处挠度的连线，即为第 i 根主梁位的荷载横向分布影响线。

（6）静载试验结果曲线整理分析

桥梁结构的荷载内力、强度、刚度（变形）及裂缝等试验资料，经过相应的修正计算后，通常将最不利工况的每级荷载作用下的桥梁控制截面的实测结果与理论分析值整理绘制成曲线，便于直观比较和分析，通常需整理的桥梁结构试验常用曲线种类大致如下：

① 桥梁结构纵横向的挠度分布曲线；

② 桥梁结构荷载位移（$P-f$）曲线；

③ 桥梁结构控制截面的荷载与应力（$P-\sigma$）曲线；

④ 桥梁结构控制截面应变沿梁高度分布曲线；

⑤ 桥梁结构裂缝开展分布图。

将上述结果整理绘制成曲线，即可直观地对实测结果与理论分析值的关系进行比较，初步判断试验桥梁的实际工作状态是否满足设计和安全运营要求。

2. 动载试验资料的整理分析

（1）桥梁实测冲击系数可按下式计算：

$$\mu_{t} = \frac{y_{dmax}}{y_{smax}} - 1 \tag{8-11}$$

式中：μ_t——试验车辆的实测冲击系数；

y_{dmax}——实测的最大动挠度；

y_{smax}——实测的最大静挠度。

对于公路桥梁行驶的车辆荷载因为无轨可循，所以不可能使两次通过桥梁的路线完全相同。因此，一般采取以不同速度通过桥梁的方法，逐次记录下控制部位的挠度时程曲线，并找出其中一次通过使挠度达到最大值的时程曲线来计算冲击系数，静挠度取动挠度记录曲线中最高位置处振动曲线的中心线。

实测的冲击系数应满足下列条件：

$$\mu_{t} \cdot \eta_{d} \leqslant \mu_{s} \tag{8-12}$$

式中：μ_t——实测冲击系数；

μ_s——设计时采用的冲击系数；

η_d——动载试验效率。

当式（8－12）条件不满足之时，应按实测的 μ_t，值来考虑试验桥梁标准设计中汽车荷载的冲击作用。

（3）频谱分析法可用于确定自振信号的各阶频率。用于分析的数据中不得包含强迫振动成分。因此采用跳车激振法时，对于跨径小于 20m 的桥梁，应该按下式对实测结构自振频率进行修正：

$$f_{0} = f\sqrt{\frac{M_{0} + M}{M_{0}}} \tag{8-13}$$

式中：f——结构的自振频率；

f_0——有附加质量影响的实测自振频率；

M_0——结构在激振处的换算质量；

M——附加质量。

结构的换算质量可用两个不同重量的突加荷载依次激振，分别测定自振频率 f_1 和 f_2，其附加质量 M_1 和 M_2，可用式（8－13）求得换算质量 M_0。

（4）桥梁结构的动刚度比，可以用下式计算：

$$\Omega = \left(\frac{f_{sc}}{f_{js}}\right) = \left(\frac{K_{SC}}{K_{JS}}\right) \tag{8-14}$$

式中：Ω——结构动刚度比；

f_{sc}——实测自振频率；

f_{js}——计算自振频率；

K_{sc}——结构实际动刚度；

K_{Js}——结构计算动刚度。

如实测频率大于计算频率，可认为结构实际动刚度大于理论动刚度，相反则实际动刚度偏小。

3. 桥梁试验结果的分析与评定标准

（1）结构的工作状况

① 校验系数 η

在桥梁试验中，结构校验系数 η 是评定桥梁结构工作状况、确定桥梁承载能力的一个重要指标。通常根据桥梁控制截面的控制测点实测的变位或应变和理论计算值比较，得到桥梁结构的校验系数

$$\eta = \frac{S_0}{S_s} \tag{8-15}$$

式中：S_0——试验荷载作用下实测的变位（或应变）值；

S_s——试验荷载作用下理论计算变位（或应变）值。

公式（8－15）计算得到的 η 值，可按以下几种情况判别：

当 $\eta=1$ 时，说明理论值与实际值相符，正好满足使用要求。

当 $\eta<1$ 时，说明结构强度（刚度）足够，承载力有余，有安全储备。

当 $\eta>1$ 时，说明结构设计强度（刚度）不足，不够安全。应根据实际情况找出原因，必要时应适当降低桥梁结构的载重等级，限载限速或者对桥梁进行加固和改建。

在大多数情况下，桥梁结构设计理论值总是偏安全的。因此，荷载试验桥梁结构的校验系数 η 往往稍小于1。

② 不均匀增大系数 ξ

采用主要测点在控制荷载工况下横桥向实测横向不均匀增大系数 f 评定结构性能。按下式计算实测横向不均匀增大系数

$$\xi = \frac{S_{smax}}{\overline{S_e}} \tag{8-16}$$

式中：ξ——实测横向不均匀增大系数；

S_{smax}——横桥向实测变形（或应变）最大值；

$\overline{S_e}$—横桥向各测点实测变形（或应变）平均值。

主要测点在控制荷载工况下的横向不均匀增大系数反映桥梁结构荷载不均匀分布程度。ξ 值越小，说明荷载横向分布越均匀，横向联系构造越可靠；ξ 值越大，说明荷载横向分布越不均匀，结构横向联结越薄弱，结构受力越不利。

③ 实测值与理论值的关系曲线

对于桥梁结构的荷载与位移（$P-f$）曲线，荷载与应力（$P-\sigma$）曲线的分析评定，因为理论值一般按线性关系计算，所以如果控制测点的实测值与理论计算值成正比，其关系曲线接近于直线，说明了结构处于良好的弹性工作状况。

④ 相对残余变位

桥梁控制测点在控制加载工况时的相对残余变位 S'_p 越小，说明桥梁结构越接近弹性工作状况。我国公路桥梁荷载试验标准一般规定 S'_p 不得大于 20%。当 S'_p 大于 20% 时，应查明原因。如确系桥梁结构强度不足，应该在评定时，酌情降低桥梁的承载能力。

⑤ 动载性能

当动载试验效率 η_d 接近 1 时，不同车速下实测的冲击系数最大值可用于桥梁结构强度及稳定性检算。

（2）结构强度及稳定性

① 新建桥梁

新建桥梁的试验荷载一般情况下，选用新规范的设计荷载作为试验荷载（其计算公式详见规范），在试验荷载的作用下，桥梁结构混凝土控制截面实测最大应力（应变）就成为评价结构强度的主要依据。一方面可通过控制截面实测最大应力与相关设计规范规定的允许应力进行比较来说明结构的安全程度；另一方面可通过控制截面实测最大应力与理论计算最大应力进行比较，采用了桥梁结构校验系数 η 来评价结构强度及稳定性。

② 旧桥

对于旧桥承载能力的检算基本上按现行的有关公路桥梁设计规范进行，但可根据桥梁现场调查得到的旧桥检算系数 Z_1 和桥梁经荷载试验得到的 Z_2 值，对于检算结果进行适当修正。

当旧桥经全面荷载试验后，可采用通过结构控制截面主要挠度测点的校验系数 η 值查取旧桥检算系数 Z_2 值代替仅仅根据现场调查得到的旧桥检算系数 Z_1 值，对旧桥进行检算，通过检算结果对桥梁结构抗力效应予来提高或折减。检算公式如下：

砖、石及混凝土桥

$$S_d(\gamma_{so}\Psi\sum\gamma_{sl}Q) \leqslant R_d\left(\frac{R^j}{\gamma_m},\alpha_k\right)\xi_c Z_2 \tag{8-17}$$

式中：S_d ——荷载效应函数；

Q ——荷载在结构上产生的效应；

γ_{so} ——结构重要性系数；

γ_{sl} ——荷载安全系数；

Ψ ——荷载组合系数；

R_d ——结构抗力效应函数；

R^j ——材料或砌体的强度设计采用值；

γ_m ——材料或砌体的安全系数；

α_k ——结构几何尺寸；

ξ_c ——截面折减系数；

Z_2 ——旧桥检算系数。

钢筋混凝土及预应力混凝土桥

$$S_d(\gamma_g G;\gamma_q \Sigma Q) \leqslant \gamma_b R_d\left(\xi_c \frac{R_c}{\gamma_c};\xi_s \frac{R_s}{\gamma_s}\right) Z_2(1-\xi_e) \tag{8-18}$$

式中：G——永久荷载（结构重力）；

γ_g——永久荷载（结构重力）的安全系数；

Q——可变荷载及永久荷载中混凝土收缩、徐变影响力，基础变位影响力，对重载交通桥梁汽车荷载效应应计入活荷载影响修正系数 ξ_q；

γ_q——荷载 Q 的安全系数；

R_d——结构抗力函数；

γ_b——结构工作条件系数；

R_c——混凝土强度设计采用值；

γ_c——在混凝土强度设计采用值基础上的混凝土安全系数；

R_s——预应力钢筋或非预应力钢筋强度设计采用值；

γ_s——在钢筋强度设计采用值基础上的钢筋安全系数；

ξ_c——混凝土结构截面折减系数；

ξ_s——钢筋截面折减系数；

ξ_e——承载能力恶化系数。

Z_2 值的取值范围根据校验系数 η 在表 8－1 中查取。η 值是评价桥梁实际工作状态的一个重要指标。对于 η 的某一个值，都可以在表 8－1 中的 Z_2 有一个相应的取值范围，符合下列条件时，Z_2 值可取高限，否则应酌减，直至取低限。

加载产生桥梁结构内力与总内力（加载产生内力与恒载内力之和）的比值较大，荷载试验效果较好；桥梁结构实测值与理论值线性关系较好，相对残余变形较小；桥梁结构各部分无损伤、风化及锈蚀情况，已经有裂缝较轻微。

当根据式（8－17）、式（8－18）采用旧桥检算系数 Z_1（现场调查得到）检算不符合要求，但采用 Z_2 值进行检算符合要求时，可评定桥梁承载能力的检算满足要求。

表 8－1　经过荷载试验桥梁检算系数 Z_2 值表

桥梁类型	应变（或应力）校验系数	烧度校验系数
钢筋混凝土板桥	0.20～0.40	0.20～0.50
钢筋混凝土梁桥	0.40～0.80	0.50～0.90
预应力混凝土桥	0.60～0.90	0.70～1.00
圬工拱桥	0.70～1.00	0.80～1.00

注：① η 值应经校验确保计算及实测无误；② η 值在表列数值之间时可内插；③当 $\eta>1$ 时应查明原因，如确系结构本身强度不够，应适当降低检算承载能力。

③ 墩台及基础

当试验荷载作用下实测的墩台沉降，水平位移以及倾角较小，符合上部结构检算要求，卸载后变位基本回复时，认为墩台和基础在检算荷载作用下能正常工作。否则，

应进一步对墩台与基础进行探查、检算，必要时应进行加固处理。

④ 结构刚度分析

在试验荷载作用下，桥梁结构控制截面在最不利工况下主要测点挠度校验系数 η 应不大于 1。

另外，在公路桥梁现有设计规范中，对于不同桥梁都分别规定了允许挠度的范围。在桥梁荷载试验中，可以测出在桥梁结构设计荷载作用时结构控制截面的最大实测挠度 f_z，应符合下列公式要求。即

$$f_z \leqslant [f] \tag{8-19}$$

式中：$[f]$ ——设计规范规定的允许挠度值；

f_z ——消除支点沉降影响的跨中截面最大实测挠度值。

实际检测中除了上述规定外，还常常用试验荷载实测值与理论值进行比较分析。

当试验荷载小于桥梁设计荷载时，可用下式推算出结构设计荷载时的最大挠度 f_z，然后与规范规定值进行比较：

$$f_z = f_s \frac{P}{P_s} \tag{8-20}$$

式中：f_s ——试验荷载时实测跨中最大挠度；

P_s ——试验荷载；

P ——结构设计荷载。

⑤ 裂缝

对于新建桥梁在试验荷载作用下全预应力混凝土结构不应该出现裂缝。

对于钢筋混凝土结构和部分预应力混凝土结构 B 类构件在试验荷载作用下出现的最大裂缝宽度不应超过有关规范规定的允许值。即

$$\delta_{\max} \leqslant [\delta] \tag{8-21}$$

式中：δ_{muxx} ——控制荷载下实测的最大裂缝宽度值；

$[\delta]$ ——规范规定的裂缝宽度允许值。

另外，一般情况下，对于钢筋混凝土结构和部分预应力混凝土结构 B 类构件，在试验荷载作用下出现的最大裂缝高度不应超过梁高的 1/2。

通过对桥梁荷载试验得到的试验数据的整理与分析，就可对桥梁结构的工作状况、强度、刚度和裂缝宽度等各项指标进行综合判定，再结合桥梁结构的下部构造和动力特性评定，就可得出试验桥梁的承载能力与正常使用的试验结论。

三、索力检测与拉索护套管检查

（一）概述

拉索在索桥结构中，广泛应用于斜拉桥、悬索桥、系杆拱桥及采用拉索施工的场合，拉索分为斜拉索、悬索和竖向索等三种。由于拉索是索桥结构中的主要受力和承重构件，所以对于索桥结构，除了在索桥施工和成桥过程中，要按设计要求对索力大

小进行严格监控外，还要求在成桥和运营后，对索桥各拉索中所持有的索力大小进行定期检测和监控。因为索桥运营后随着车辆荷载与自然环境的作用，结构各部位经过变形协调，索力大小会产生变化，索力将直接影响桥梁上部结构的受力安全。因此，对索力定期检测和安全评估具有十分重要的意义。

（二）拉索的日常检查与维护

拉索的检查维护项目有：拉索护套管的老化开裂和渗水，拉索和拉索锚头锈蚀情况等。

拉索检查方法：运用爬行机器人沿拉索逐根检查，发现护套管开裂渗水，随即用防水胶修补，以防渗水锈蚀钢丝。拉索锚头采取人工逐个检查，并用防水油脂封涂。加强日常检查维护可以延长拉索使用寿命。

（三）索力测试的常用方法

1. 千斤顶油压表读取法

该法主要用于施工阶段索力的张拉力控制，在经过对千斤顶及其配套油泵与油压表的校核标定后，利用千斤顶油压表与张拉控制力存在线性的对应关系，能够准确地测试张拉过程中张力的变化。而在成桥阶段，受预应力索锚固、千斤顶安装和操作条件等的限制，该法往往难以采用。

2. 压力传感器测定法

锚下压力测试法是在拉索张拉阶段，在锚具与锚垫板之间安装穿心式压力传感器，通过测量其读数的变化来反映和控制拉索内的张力，穿心式压力传感器一般可分为临时索力测试和长期索力测试两种。

采用锚下压力传感器测定法可用于拉索内既有索力无法精确测试场合（如系杆拱桥的刚性杆）或千斤顶油压表读取法难以精确测试的场合，只要压力传感器长期有效、稳定性好，拉索内既有索力只需读取压力传感器读数就能准确获得，从而对拟更换的拉索能方便地进行评估。

目前，由于索桥结构安装锚下压力传感器一般数量较多，相对费用较高，在桥梁规模较小，监控费用本身较低，一般施工监控不会在所有拉索都安装穿心式压力传感器，因为这会增加成桥运营阶段中刚性杆内既有索力的监控和确因需要更换拉索的难度与风险。

3. 振动频率测试法

根据结构动力学的基本原理，斜拉索的振动频率和索力之间存在着一定的相关关系。对于某一根给定的斜拉索，只要测出该拉索的振动频率，便可求得该拉索的索力。

（1）振动频率法是通过实测拉索的固有频率，利用拉索的张力和固有频率的相关关系计算索力。根据测定拉索振动频率的不同方法，振动频率法又可分为共振法和环境随机振动法。

（2）采用共振法测量拉索的振动频率时，需要采用人工激振的方法，使拉索作单

一的基频振动，通过安装在拉索上的拾振器与配套的频率计测出拉索的基频。

（3）采用环境随机振动法测量拉索的振动频率时，不用对拉索进行人工激振，而是利用大地脉动传到拉索的微小而不规则的地面振动或大气变化（风、气压等）对拉索等影响的随机激振源对拉索进行激励。具体的方法是将测试时用专用的夹具将加速度拾振器固定在拉索上，测定拉索的随机横向振动信号，通过会对拉索的随机信号进行频谱分析，一般可得到拉索的前几阶的振动频率。

振动频率测试法测定索力，设备可重复使用，仪器使用方便，测定结果可靠。特别适用于柔性拉索索力的定期监测。

以上几种方法从理论上都是可行的，但真正实施会遇到较多的实际问题。

① 在施工过程中测定拉索张拉过程的索力变化较方便，但不能测定成桥后的既有索力；

② 能准确直接地测定施工和成桥后拉索中的索力，但是因压力传感器使用数量较多，应用不广泛；

③ 能方便的实测拉索的固有频率，利用索的张力和固有频率的关系计算索力，该法目前广泛应用在施工过程与成桥后的索力监测。

（四）振动频率法检测索力的计算方法

目前振动频率测试法是对索桥结构的拉索索力的检测使用最多的方法。下列根据结构动力学的原理，简单介绍其分析和计算方法。

1. 中长索（不考虑抗弯刚度影响）的拉索振动微分方程

$$\frac{w}{g}\frac{\partial^2 y}{\partial t^2} - T\frac{\partial^2 y}{\partial x^2} = 0 \tag{8-22}$$

式中：y——由振动引起的挠度（垂直于拉索长度的方向）；

x——纵向坐标（顺拉索长度方向）；

T——索的张力；

w——单位拉索长度的质量；

g——重力加速度；

t——时间。

（1）假定所测拉索的边界条件为两端固定，可以由式（8－23）解得拉索的自振频率公式为

$$f_n = \frac{n}{2l}\sqrt{\frac{gT}{w}} \tag{8-23}$$

式中：f_n——拉索的第 n 阶自振频率；

l——拉索的计算长度；

n——拉索自振频率的阶数。

（2）根据式（8－24）可得到该拉索的索力计算公式为

$$T = \frac{4wl^2}{g}\left(\frac{f_n}{n}\right)^2 \tag{8-24}$$

式中：符号意义同前。

2. 短索（考虑抗弯刚度影响）的自由振动微分方程

$$\frac{w}{g}\frac{\partial^2 y}{\partial t^2}+EI\frac{\partial^4 y}{\partial x^4}-T\frac{\partial^2 y}{\partial x^2}=0 \qquad (8-25)$$

式中：EI——索的抗弯刚度；

其余符号意义同前。

假定拉索的边界条件是两端铰接，由式（8－25）可解得拉索的索力 T 为

$$T=\frac{4f_n^2 wl^2}{gn^2}-\frac{EIn^2\pi^2}{l^2} \qquad (8-26)$$

$$T=\frac{1}{5}\sum_{n=1}^{5}T_n \qquad (8-27)$$

式中：T——平均索力；

T_n——对应于第 n 阶自振频率计算的索力；

EI——索的抗弯刚度，对于柔性索，索的抗弯刚度可以忽略，$EI=0$；

其余符号意义同前。

需要注意的是，采用振动法测试索力时，应该通过信号处理分析获得索的至少五阶自振频率值，按每一阶自振频率计算索力，取其均值作为最终索力；另外索力测试温度宜与合拢时温度一致，两者温度差应控制在 ±5℃范围内。

（五）索力测试的几种影响因素

国内对振动频率法测定拉索索力进行了大量研究，发表的众多文献资料对拉索的抗弯刚度、支承条件、斜度、垂度及拉索的初应力等影响索力测试的因素进行了分析研究。综合可得出下面几点研究成果：

1. 张拉端边界条件的影响

对斜拉索的张拉端边界条件处理为两端固定或两端铰接，对实测索力的影响两者间相差一般不大于 5%。其影响随着索长的增加和抗弯刚度的减小，边界条件的影响将变得更小，两者的分析结果将更接近。

2. 抗弯刚度的影响

对细长索（$l>40$m）>40m 不计抗弯刚度求得的索力结果比计入抗弯刚度时偏大，但一般不会大于 3%，可不计入抗弯刚度。

对于索长 $l<40$m 的斜拉索、系杆拱吊杆的索力计算，抗弯刚度的影响有可能会超过 5%，必须计入抗弯刚度。

3. 阻尼器（减振器）的影响

目前阻尼器的使用主要在斜拉桥上采用较多，因其拉索长度长，振动幅度较大，为了抑制拉索的振动，常常在拉索两端靠近锚头附近安装阻尼器。对于跨径小于 100m 以下的系杆拱桥，其跨中吊杆一般不会超过 30m，因此较少采用阻尼器。

对于安装阻尼器的斜拉索进行索力检测时，由于改变了拉索的自振频率，其对索力的影响与拉索长度有关；有文献指出，如拉索长度超过 150m，阻尼器的影响一般不

会超过 5%；而对于短索最大可相差近 40%。

由于阻尼器的安装对拉索索力的影响复杂，用分析的方法确定影响比较困难。通常情况下，对某一特定桥梁通过测量每一根拉索安装阻尼器前后的频率变化进行识别，确定安装拉索的支承长度；但对既有桥梁的斜拉索索力实测时，可以将阻尼器松开和安装后分别量测作为对比，就可判定阻尼器对索力的影响。

4. 拉索垂度的影响

当拉索索力很小而垂度相对较大时，计算索力应计入垂度的影响。斜拉桥在施工过程中斜拉索都需经过几次张拉调整。对于第一次张拉索的索力较小而拉索的垂度相对较大，垂度对实测低阶频率影响较大时，可采用 4 阶或更高阶的自振频率计算索力来减小垂度的影响。

第二节　土木工程大跨度桥梁的健康监测技术

一、桥梁健康监测概论

（一）大跨度桥梁健康监测的基本概念

桥梁健康监测是通过先进的监测系统对桥梁结构的工作状态及整体行为进行实时监测，并对桥梁结构安全健康状况作出评估。同时为大桥在台风、雪灾、地震、泥石流、船撞及超载等突发事件下或桥梁运营状况严重异常时发出预警信号，为桥梁安全健康与维护管理提供科学的决策依据。因此，健康监测系统实质上就是为保证桥梁的安全运营所进行的以下几方面的实时监控：

1. 对桥梁的环境载荷如风速、风向、环境温湿度、结构温度及运营超载车辆等进行长期在线监测；

2. 通过设置在桥梁主体结构上的各种传感装置获取反映结构整体行为的各种变化信息，重点是在荷载作用下（包括车辆、风力、温度等）桥梁主体结构（主塔、主梁）应力应变和挠度变形，主缆和拉索的索力及锚锭的位移等；

3. 测量桥梁主体结构的动态响应。重点是主塔与主梁的振动频率和加速度等动态特性和动力反应；

4. 桥梁结构构件的损伤识别和确切部位。

桥梁健康监测不同于传统的桥梁检测，而是运用先进的检测手段与现代通信技术相结合，对桥梁结构的整体行为进行不间断的连续扫描和监控，迅速而准确地对记录信息作出判断，保证桥梁安全运营，人们将这种监控系统称之为“现场实验室”。

（二）大跨度桥梁健康监测研究的意义和实施的重要性

过去二十多年里，我国已建成一批举世瞩目的大跨度桥梁，其中有苏通长江大桥、南京长江二桥、南京长江三桥、杭州湾跨海大桥、上海南浦大桥和东海大桥等具有世界先进水平的大跨度斜拉桥。尤其是苏通大桥主跨 1 088m 位居全球第一。还有已建成的润扬长江大桥、江阴长江大桥、香港青马大桥和广东虎门大桥等特大跨度悬索桥。这些桥梁都相继安装了健康监测系统，尽管不同建设时期，技术水平有较大差异，但是都在不断升级改造，积极采用新技术。雪灾和地震的自然灾害都监测到了对大桥的安全影响数据。人们也由此进一步认识到了安全健康监测的作用和重要性。近些年我国经济发展迅速，近几年建成通车的大跨度桥梁有泰州长江大桥、南京长江四桥、京沪高铁南京长江铁路大桥、浙江舟山的西堠门和金塘跨海大桥、青岛海湾大桥等。为了确保这些耗资巨大、与国计民生相关的大桥的安全，大桥健康监测系统都已列入建设项目预算中，并得以实施。

因此，大跨度桥梁的安全健康监测越来越受到重视，国内外许多专家学者都极为关注桥梁的健康监测研究，并日益成为土木工程学科领域中一个非常活跃的研究方向。

桥梁健康监测是发展中的前沿科学技术，不但要求在测试技术上具有连续、快速和大容量的结构行为信息采集与通讯能力，而且力求对桥梁的整体行为进行在线实时监测，并准确及时地评估桥梁的健康状况，保证桥梁安全运营。更重要的是，大跨度桥梁设计中还存在许多假设和未知，通过健康监测获得的运营中的桥梁动、静力行为和气候环境的真实信息，可验证大桥的设计理论力学模型和计算假定，以进一步完善大跨度桥梁的设计。因此，大型桥梁的健康监测概念不只是传统的桥梁结构检测，而是涵盖了结构监测与健康评估、设计验证及桥梁结构理论研究与发展等三大方面的内容。

二、健康监测的主要监测项目

大跨度桥梁健康监测的监测对象分为两类：环境荷载监测和结构响应监测。

（一）荷载监测

1. 环境监测：风和温度是桥梁结构的重要荷载源，是长期在线监测的内容。健康监测系统一般采用三向超声风速风向仪、大气环境温湿度计和结构温度传感器进行环境监测。

2. 交通监测：交通荷载是桥梁结构受力和结构疲劳分析的重要依据，也是长期在线监测的内容。健康监测系统一般采用车速车载仪、激光测速仪及交通摄像机进行交通监测。

（二）结构响应监测

1. 整体位移监测

大桥的整体位移是直观评价大桥线形和整体工作状态的重要参数，是任何一座大桥重点监测的项目。健康监测系统一般采用全球定位系统（GPS）、倾斜仪、伸缩仪和静力水准仪连续实时监测桥梁的整体位移。由于桥梁位移是一个随机的动态变量，因

此，对位移监测系统测量精度进行评价的指标是其动态测试情况下的精度和分辨率。

2. 支座反力与伸缩缝位移监测

支座和伸缩装置是控制桥梁结构正常受力和变形的重要部件之一，而支座的剪切变形和滑移与反力则是直观评价支座以及大桥工作状态的重要参数，伸缩装置是直观反应桥梁的荷载变形和温度变形所引起的位移量。系统采用支座反力传感器与直线位移传感器连续监测大桥的支座受力功能和伸缩装置的位移状态。

3. 动力响应监测

风、交通、地震等荷载作用下大桥的加速度反应，是分析大桥动态特性的依据，也是采用基于振动的结构损伤检测方法进行大桥损伤检测的基础。为能在地震、台风和船舶撞墩等灾害事故发生时及时发出安全警报，健康监测系统通常采用加速度传感器连续监测大桥的加速度反应。

4. 应力应变监测

应力应变不仅是大桥疲劳分析的基础，也是验证桥梁设计和评价主桥安全受力的基础。健康监测系统通常采用应力应变传感器连续监测大桥的动态应力应变反应。

5. 索力监测

拉索是斜拉桥和悬索桥最重要的受力部件之一，而索力是评价拉索和大桥运营状态的重要参数。健康监测系统通常采用振动传感器连续监测部分拉索的索力。

三、健康监测中的新技术应用

（一）GPS 监测系统

1. GPS 的基本概念

GPS 是一种利用人造卫星定位全球地理目标位置的动态跟踪系统，开发之初主要用于军事目的。健康监测是利用它对桥梁的整体位移变化进行实时跟踪监测。GPS 主要由四部分组成：GPS 测量系统；信息收集传输系统；信息处理和分析系统；系统运作和控制系统。其硬件包括：GPS 测量系统、信息收集总控制站、光纤网络通信、GPS 电脑系统和显示屏幕等。近几年我国开发的北斗定位系统也已进入商业运行，不久将来有可能取代 GPS。

目前使用的 GPS 系统接收机备有 24 颗人造卫星跟踪通道，以双频同步跟踪测量 12 颗卫星的位距与全波长的载体相位。GPS 监测系统以划一的高速度采样率，对 GPS 测量同步进行定点位移测量，以每秒 20 次的点位更新率提供建立三维 RTK（Real Time Kinematic）实时的点位解算结果。RTK 点位输出、光纤网络传输、数据及图像处理及桥梁位移动画图像屏幕显示过程都在 2s 内完成，提供实时位移监测。另一方面，GPS 监测系统可以在无人操作情况下进行 24h 作业，配合可调校的数据备份系统，将存储的 GPS 位移数据与其他现存的桥梁监测数据加以整合，再做结构分析。利用大桥主梁和桥塔轴线的整体变化周期和幅度资料，并选定时段的桥梁整体位移变化资料，来提高桥梁健康状态监测系统的效果。

2. GPS 定位原理

GPS 定位的基本原理是根据高速运动的卫星瞬间位置作为已知的基准数据，采用空间距离后方交会的方法，确定待测点的位置。

GPS RTK 差分系统是由 GPS 基准站、GPS 接收站和通信系统组成。基准站和接收站将接收到的卫星差分信息经过光纤实时传递到监控中心，监控中心计算机将这些信息进行实时差分计算，可实时测得接收站点的三维空间坐标。

3. GPS 监测位移的特点

（1）由于 GPS 是接收卫星运行定位，所以大桥上各个测点只要能接收到 6 颗以上 GPS 卫星基准站传来的 GPS 差分信号，即可进行 RTK 差分定位，各监测站得到的是相互独立的观测值。

（2）GPS 定位受外界大气影响小，可以在暴风雨与大雾中进行监测。

（3）GPS 测量位移自动化程度高。从接收信号，捕捉卫星到完成 RTK 差分位移都是由仪器自动完成，所测结果自动存入监控中心。

（4）GPS 定位速度快，精度高。

（二）实验模态分析法

桥梁健康状态的评估中，参数识别是一个重要部分，实验模态分析法是应用比较多的结构受力评估分析方法。

实验模态分析法的应用已有十多年历史，其原理是通过对结构在不确定的动荷载下振动参数实测和模态分析，结合系统识别技术对结构进行评估。其中对振动参数进行模态分析和系统识别是关键技术。

对桥梁建筑物等大型结构进行模态试验，无论是正弦、随机或者脉冲方式的人为激励都是不可能或不允许的。但是任何大型结构物都存在一定的振动环境，例如风、水流冲击、大地脉动、移动的车辆引起的振动等，在这些自然环境的激励下，结构物都会产生微弱的振动。对于柔性结构斜拉索桥，在强风或大量汽车不断的行驶的情况下，这种环境振动还可能是很大的。虽然我们对这些激励特性无法精确定量，但也并非一无所知。可合理的假定这些激励是近似的平稳随机信号，其频率具有一定带宽的连续谱，在带宽内基本覆盖了对结构物感兴趣的频带，进而在结构物的自然环境激励下的振动信号中包含了这些模态。基于环境激励的试验模态分析技术就是仅仅通过结构在自然环境下的振动响应来进行的，我们不妨称之为 UINO 法（未知输入及 N 个输出）。显然，这样的试验方法并不是严格意义上的模态参数识别方法。由于系统的输入未知，虽然能得到共振频下的振型，却并没有获得系统输出对输入的传递函数，因此，不能建立结构的严格的动力学模型。对于大型结构物，这种试验的意义仍然是很大的。

（三）结构损伤检测定位技术

对于结构损伤检测定位方法，目前常用的有模型修正法和指纹分析法两种。

1. 模型修正法

模型修正法在桥梁监测中主要用于把实验结构的振动反应记录与原先的有限元模

型计算结果进行综合比较，利用直接的或间接的测量到的模态参数、加速度时程记录、频响函数等，通过条件优化约束，不断地修正模型中的刚度和质量信息，从而得到结构变化的信息，实现结构的损伤判别和定位。他主要修正方法有：矩阵型法、子矩阵修正法和灵敏度修正法。

2. 指纹分析法

指纹分析法是通过与桥梁动力特性有关的动力指纹及其变化来判断桥梁结构的真实状态。

在桥梁振动监测中，频率是最容易获得的模态参数，而且精度较高，因此通过监测结构频率的变化来识别结构是否损伤是最简单的。此外，振型也可用于结构损伤的发现，尽管振型的检测精度低于频率，但振型包含更多的损伤信息，利用振型判断结构的损伤是否发生的方法有柔度矩阵法。

但大量的模型和实际结构的实验表明，结构损伤导致的固有频率变化很小，但振型形式变化比较明显，而一般损伤使结构自振频率的变化都在5%以内，从对有关桥梁长期观测的记录发现，在一年期间里桥梁的自振频率变化不到10%，因此一般认为自振频率不能直接用来作为桥梁监测的指纹。而振型对结构整体刚度，特别是局部刚度比较敏感，所以通过实测振幅模态参数确定振型作为桥梁监测的指纹来判断桥梁损伤状态是有可能的。虽然精确测量比较困难，但是可以通过增加测点，特别是增加主要控制断面的测点来弥补。

四、桥梁健康监测系统的设计

（一）监测系统设计准则和测点布置

大型桥梁健康监测系统的设计准则主要考虑两方面的因素，第一是建立该系统的目的和功能；第二是投资成本和效益分析。

对于特大型桥梁，建立健康监测系统通常是以桥梁结构整体行为安全监控与评估和设计验证为目的，有时也包含研究和探索。一旦建立系统的目的确定，系统的监测项目亦可相应确定。但系统中各监测项目的规模、测点数量、测点布置、所采用的传感仪器和通信设备等的确定需要考虑投资成本的限度。因此，为了建立高效合理的监测系统，在系统设计时必须对监测系统方案进行成本—效益分析。

根据功能要求和成本——效益分析，可以将监测项目、测点数量、测点布置优化到所需要的最佳范围，这就是桥梁健康监测系统设计的两准则。

（二）监测系统设计

大跨度桥梁健康监测系统一般由以下4个子系统构成：传感器子系统；数据采集与传输子系统；数据处理与控制子系统；结构安全综合评估子系统。

这4个子系统将运行于4个层次：第一层次是传感器子系统测取大桥各部位有特征代表意义的信号；第二层次是数据采集与传输子系统采集传感器测取的信号，并将采集到的信号转换成数字信号，通过光纤网络输送到数据处理与控制子系统；第三层次是数据处理与控制子系统完成数据的处理、归档、显示以及存储，并根据后续子系统的要求为其提供特定格式和内容的数据以及处理结果；第四层次是根据处理后的数据，进行结构安全状态识别及评估，给出了养护决策。

健康监测系统的硬件部分由计算机工作站、计算机服务器、数据采集单元、光纤计算机网络以及各种传感器、信号调理器等组成。各个传感器测取的桥梁信息信号，通过信号调理器的滤波、放大产生一个规范的信号，外站工控计算机实时采集这些信号，并通过光纤计算机网络将数据送往中心计算机服务器，监控中心的计算机工作站对数据进行处理、评估、预警以及显示。

参考文献

[1] 黄丽芬，余明贵，赖华山. 土木工程施工技术［M］. 武汉：武汉理工大学出版社有限责任公司，2022.01.

[2] 张曙光. 土木工程结构试验第2版［M］. 武汉：武汉理工大学出版社有限责任公司，2022.01.

[3] 胡厚田，白志勇. 土木工程地质第4版［M］. 北京：高等教育出版社，2022.05.

[4] 吴佳晔. 土木工程检测与测试第2版［M］. 北京：高等教育出版社，2021.

[5] 谢强，郭永春，李娅. 土木工程地质第4版［M］. 成都：西南交通大学出版社，2021.

[6] 汤爱平，文爱花，孙殿民. 土木工程地质与选址［M］. 哈尔滨：哈尔滨工业大学出版社，2021.06.

[7] 宋雷. 土木工程测试第2版［M］. 徐州：中国矿业大学出版社，2019.07.

[8] 陈岩，黄非. 土木工程概论第2版［M］. 武汉：武汉理工大学出版社，2019.06.

[9] 曹建生. 土木工程材料［M］. 成都：西南交通大学出版社，2019.08.

[10] 王天稳，李杉. 土木工程结构实验第2版［M］. 武汉：武汉大学出版社，2018.06.

[11] 刘伟主，马翠玲. 土木与工程管理概论［M］. 郑州：黄河水利出版社，2018.08.

[12] 张志国，刘亚飞. 土木工程施工组织［M］. 武汉：武汉大学出版社，2018.09.

[13] 朱济祥. 土木工程地质第2版［M］. 天津：天津大学出版社，2018.01.

[14] 林龙镔，张荣洁. 土木工程测量［M］. 北京：北京理工大学出版社，2018.03.

[15] 刘新荣，杨忠平. 工程地质［M］. 武汉：武汉大学出版社，2018.12.

[16] 单伽锃，施卫星. 建筑结构混合健康监测与控制研究［M］. 上海：同济大学出版社，2018.09.

[17] 周明华. 土木工程结构试验与检测第4版［M］. 南京：东南大学出版社，2017.09.

[18] 胡坤，夏雄. 土木工程地质［M］. 北京：北京理工大学出版社，2017.04.

[19] 沈扬，张文慧. 岩土工程测试技术第2版［M］. 北京：冶金工业出版社，2017.06.

[20] 邹定祥. 土木工程岩石开挖理论和技术［M］. 北京：冶金工业出版社，2017.05.

[21] 张广兴，张忠苗. 工程地质第2版［M］. 重庆：重庆大学出版社，2017.06.

[22] 夏才初，潘国荣. 高校土木工程专业规划教材岩土与地下工程监测［M］. 北京：中国建筑工业出版社，2017.03.

[23] 孟表柱，朱金富. 土木工程智能检测智慧监测发展趋势及系统原理［M］. 北京：中国质检出版社；中国标准出版社，2017.11.

[24] 李冬生，杨凯舜，喻言. 土木工程结构损伤声发射监测及评定理论方法与应用［M］. 北京：科学出版社，2017.10.

[25] 刘伯权，吴涛，黄华. 土木工程概论第2版［M］. 武汉：武汉大学出版社，2017.07.

[26] 高伟，韩兴辉，肖鸾. 土木工程测量［M］. 北京：中国建材工业出版社，2017. 12.
[27] 张汉平. 土木工程实验系列教材桥梁工程专业实验［M］. 广州：华南理工大学出版社，2017. 05.
[28] 张广兴. 地下工程施工技术［M］. 武汉：武汉大学出版社，2017. 03.
[29] 沈扬，张文慧. 岩土工程测试技术第 2 版［M］. 北京：冶金工业出版社，2017. 06.
[30] 杜峰. 隧道工程设计施工风险评估与实践［M］. 北京：中国建材工业出版社，2017. 08.